THEODORI PRODROMI
DE RHODANTHES ET DOSICLIS AMORIBVS
LIBRI IX

EDIDIT

MIROSLAVS MARCOVICH

STVTGARDIAE ET LIPSIAE
IN AEDIBVS B. G. TEVBNERI MCMXCII

CIP-Titelaufnahme der Deutschen Bibliothek

Theodorus ⟨Prodromus⟩:
[De Rhodanthes et Dosiclis amoribus]
Theodori Prodromi De Rhodanthes et Dosiclis amoribus libri IX /
ed. Miroslavs Marcovich. –
Stutgardiae ; Lipsiae : Teubner, 1992
    (Bibliotheca scriptorum Graecorum et Romanorum Teubneriana)
    ISBN 3-8154-1703-1
NE: Marcovich, Miroslav [Hrsg.]

Printed in Germany
Satz und Druck: INTERDRUCK Leipzig GmbH

PA
3404
P87
1992

62678

Henrico Renataeque Kahane
DDD

PRAEFATIO

Poetae docti Theodori Prodromi (vixit circa A. D. 1100–1158) poema eroticum *De Rhodanthes et Dosiclis amoribus libri IX* (4614 versuum) exstat in quattuor codicibus, quorum alteram classem **HV**, alteram **UL** constituunt.[1])

H = Heidelbergensis Palatinus gr. 43, chartaceus, saec. XIV, cm 23 × 17.5, ff. 39^r–83^r, binis columnis exaratus (cm 20–21 × 6), 25–28 versus continens per col.[2]) codex optimus est, sed tempore et humiditate valde affectus, unde difficilis lectu est.[3])

V = Vaticanus gr. 121, chartaceus, saec. XIII, cm 36.5 × 25.5 (quae forma vulgo πίναξ vocatur), ff. 22^r–29^v, quaternis columnis exaratus, 61–71 versus continens per col. difficilis lectu ob litteras minusculas (4 cm per versum).[4])

U = Vaticanus Urbinas gr. 134, chartaceus, saec. XV medii, cm 22 × 14.5, ff. 78^v–119^r, binis columnis exaratus, 27 versus continens per col.[5]) ff. 43^r–213^v a librario Francopulo descripta sunt.[6])

L = Laurentianus Acquisti e Doni 341, chartaceus, saec. XVI ineuntis, cm 10.5 × 15.5, ff. 1^r–50^r, binis columnis exaratus, 23 versus continens per col.[7])

---

1) Cf. Maria Teresa Cottone, La tradizione manoscritta del romanzo di Teodoro Prodromo, Università di Padova, Istituto di Studi Bizantini e Neoellenici, Miscellanea 2, 1979, 9–34.

2) Praecedit (f. 38^v) epigramma (24 versuum) a poetae filio Theodoro compositum, quo Rhodanthes et Dosiclis codicem manuscriptum a Theodoro filio illuminatum imperatori (Emmanueli I Comneno?) dedicat. carmen edidit C. Welz in Analectis Byzantinis, Lipsiae 1910, 15 sq.

3) Cf. H. Stevenson, Codices manuscripti Palatini Graeci Bibliothecae Vaticanae descripti, Romae 1885, 23; Gu. Hörandner, Theodoros Prodromos: Historische Gedichte (Wiener Byz. Studien 11), Vindobonae 1974, 55 sq.; 151.

4) Cf. Io. Mercati et P. Franchi De' Cavalieri, Codices Vaticani Graeci, I, Romae 1923, 151 sq.

5) Cf. C. Stornajolo, Codices Urbinates Graeci Bibliothecae Vaticanae descripti, Romae 1895, 248–255.

6) Cf. f. 96^r: κρειονερίτου τοῦ φραγγοπούλου τὰ γράμματα ταῦτα et M. Vogel et V. Gardthausen, Die griechischen Schreiber des Mittelalters und der Renaissance, Lipsiae 1909, 237.

7) Cf. C. Gallavotti, Studi bizantini e neoellenici 4, 1935, 203–236.

Praeterea Michael Macarius Chrysocephalus circa A. D. 1328–1336 ex Prodromi poemate sententias *(γνώμας)* aliquot descripsit (in summa 99 versus)[1]) atque anthologio eius, quod inscribitur ʽΡοδωνιαί (hortus rosarum), inseruit. exstat Chrysocephali autographum in codice **M** = Marciano gr. 452 (collocazione 796), chartaceo, ca. 1328–1336 descripto, cm 21.5 × 14.5, ff. 245ʳ–246ᵛ.[2])

Nullius est momenti codex Musei Britannici Sloane 2003, saec. XVII, fol. 174[3]) qui Prodromi *locos communes* ex editione Gaulmini (Parisiis 1625) excerpsit.[4])

H est codex longe optimus. **HV** ex eodem codice descriptos esse suadent omissiones communes 1.136; 1.340; 6.220; 8.328 : habent **UL**.[5]) contra, codices **UL** ex eodem exemplari provenisse apparet ex lacunis communibus 1.7; 1.132–134; 1.188–192; 1.208; 1.308–310; 2.12–13, praesertim 2.329–433, 4.260–262 : habent **HV**.[6])

Prodromi poema *De Rhodanthes et Dosiclis amoribus* primus in lucem protulit Gilbertus Gaulminus (1587–1667) cum versione Latina et adnotationibus uberrimis (Parisiis 1625).[7]) usus est Gaulminus solo codice **H**, quem illi Claudius Salmasius (1588–1653) cum permultis erroribus et omissionibus descripsit (e. g. ff. 55ᵛ–56ʳ = 4.89–191 omisit).[8]) lacunam codicis **H** post f. 77ᵛ = 8.398–497 supplevit Ioannes Barclay (1582–1621) ex codice **V**. in Gaulmini editionis exemplari, quod in Bibliotheca Nationali Parisiis conserva-

---

1) I. e. poematis versus: 1.68–70; 110–111; 144b–148; 2.322–333; 421–431; 3.3–16; 51b–52; 137–147; 473–477; 495–500; 4.322–323; 6.69–72; 338–342; 7.263–265; 354; 8.40–42; 51; 173–182. Cf. G. Passarelli, Macario Crisocefalo (1300–1382) (Pont. Inst. Stud. Orientalium 210), Romae 1980, 28 et 83; E. Gamillscheg et D. Harlfinger, Repertorium der griech. Kopisten, Vindobonae 1981, I, Nr. 242.

2) Cf. A. Turyn, Dated Greek Manuscripts of the Thirteenth and Fourteenth Centuries in the Libraries of Italy, Urbanae 1972, I, 168–172; II, facsimile 138.

3) Cf. S. Ayscough, A Catalogue of the Manuscripts preserved in the British Museum, Londini 1782, II, 888.

4) Perperam R. Beaton, The medieval Greek romance, Cantabrigiae 1989, 67: "Prodromos' romance ... was excerpted in a further two [manuscripts], the second from as late as the seventeenth century ... this evidence for a continuing readership ..."

5) Lacuna maior in **H**: 8.398–497; lacuna maior in **V**: 7.1–8.27.

6) Omissiones communes in **VUL** 2.12–13 et 4.379–381 (habet **H**) commune exemplar codicum **VUL** demonstrare non videntur.

7) Theodori Prodromi philosophi Rhodanthes et Dosiclis amorum libri IX. Graece et Latine. Interprete Gilb[erto] Gaulmino Molinensi. Parisiis, apud Tussanum du Bray, sub via Iacobaea, sub spicis maturis. M.DC.XXV. Cum privilegio Regis [pp. 592]. textus Graecus et versio Latina pp. 1–423; adnotationes pp. 471–574.

8) Textum a Salmasio omissum primus edidit Ph. Le Bas, Fragments inédits de deux romans grecs, Bibliothèque de l'École des Chartes 2, 1840–1841, 413–417.

tur (Y² 6072), notas marginales Petri Danielis Hueti (1630–1721) invenies; quarum melioribus usus sum.

Secundus poema edidit Rudolphus Hercher (1821–1878) in *Eroticorum scriptorum Graecorum* tomo altero (Lipsiae 1859), XLI–LVIII et 287–434, ope viri docti Philippi Le Bas (1794–1860) fretus. Hercher codices non contulit, Gaulmini (lege: Salmasii) lectiones falsas saepenumero secutus est, typothetae errores neglexit; sed locos plurimos feliciter correxit.

Poematis archetypus variis lectionibus supra lineam scriptis abundasse videtur; Prodromi ipsius σκοτεινὴν ἔκφρασιν librarii saepius male intellexerunt. sane mireris, quot corruptelae in textum uno tantum saeculo (1150–1250) invaserint.

Ipse codices praesens bis contuli, in poematis textu constituendo codicem **H** ceteris praetuli, lemmata e consensu codicum addidi, lacunas statui, versus corruptos plurimos sanare conatus sum, docti Prodromi fontes probabiles indicavi (Haegero praeeunte). restant versus obscuri: ultra posse nemo tenetur. indicem verborum Michael Armstrong, discipulus meus, diligenter sumministravit.

Prodromi editionem Henrico Renataeque Kahane nonagenariis, dictionis Byzantinae indagatoribus sagacissimis, in Universitate Illinoensi collegis sanctissimis, grato animo dedico.

Urbanae, mense Maio A. D. MCMXC   M. M.

DISSERTATIONES

A. D. Aleksidze, Vizantijskij roman XII veka, Tbilisi 1965

M. Alexiou, A critical reappraisal of Eustathios Macrembolites' *Hysmine and Hysminias*, Byzantine and Modern Greek Studies 3, 1977, 23–43

R. Beaton, The medieval Greek romance (Cambridge Studies in Medieval Literature 6), Cambridge 1989, 67–73 et 220

H.-G. Beck, Marginalien zum byzantinischen Roman, in Kyklos: Festschrift R. Keydell, Berlin 1978, 116–128

C. Cupane, Un caso di giudizio di Dio nel romanzo di Teodoro Prodromo, Rivista di studi bizantini e neoellenici, N. S. 10–11, 1974, 147–168

–, Ἔρως – βασιλεύς: la figura di Eros nel romanzo bizantino d'amore, Atti dell'Accademia di Palermo, serie 4, 33, 1974, 243–297

F. Grossschupf, De Theodori Prodromi in Rhodantha elocutione, diss. Leipzig 1897

O. Häger, De Theodori Prodromi in fabula erotica Ῥοδάνθη καὶ Δοσικλῆς fontibus, diss. Göttingen 1908

T. Hägg, The Novel in Antiquity, Oxford 1983

I. Hilberg, Epistula critica ad Ioannem Vahlenum, Vindobonae 1877, 13–15

W. Hörandner, Theodoros Prodromos: Historische Gedichte (Wiener Byzantinistische Studien 11), Wien 1974, 55–56

H. Hunger, Die byzantinische Literatur der Komnenenzeit. Versuch einer Neubewertung, Anzeiger der philos.-hist. Klasse der Österreichischen Akademie der Wissenschaften 105, 1968, 59–76

–, Der byzantinische Katz-Mäuse-Krieg. Theodoros Prodromos, Katomyomachia (Byzantina Vindobonensia 3), Graz 1968

–, Byzantinische Froschmänner?, Antidosis, Festschrift Walther Kraus (Wiener Studien, Beiheft 5), Wien 1972, 183–187

–, Die hochsprachliche profane Literatur der Byzantiner (Byzantinisches Handbuch V 2), München 1978, 128–133

–, Antiker und byzantinischer Roman, Sitzungsberichte der Heidelberger Akademie der Wissenschaften, Philos.-hist. Klasse 1980, Abh. 3, Heidelberg 1980, 1–34

E. Jeffreys, The Comnenian background to the romans d'antiquité, Byzantion 48, 1980, 455–486

A. Každan, Bemerkungen zu Niketas Eugenianos, Jahrbuch der Österreichischen Byzantinischen Gesellschaft 16, 1967, 101–117

A. Každan and S. Franklin, Studies on Byzantine Literature of the eleventh and twelfth centuries, Cambridge and Paris 1984

A. R. Littlewood, Romantic paradises: the rôle of the garden in the Byzantine romance, Byzantine and Modern Greek Studies 5, 1979, 95–114

M. Marcovich, The Text of Prodromus' Novel, Illinois Classical Studies 16, 1991, 367–402

V. Pecoraro, La nascita del romanzo moderno nell'Europa del XII° secolo. Le sue ori-

DISSERTATIONES

gini orientali e la mediazione di Bisanzio all'Occidente, Jahrbuch der Österreichischen Byzantinistik 32, 1982, 307–319
S. V. Poljakova, O chronologičeskoj posledovatel'nosti romanov Evmatija Makremvolita i Feodora Prodroma, Vizantijskij Vremennik 32, 1971, 104–108
–, Iz istorii vizantijskogo romana, Moskva 1979, 89–124
E. Rohde, Der griechische Roman und seine Vorläufer, Leipzig ²1900, 562–565

SIGLA

H cod. Heidelbergensis Palatinus gr. 43, saec. XIV, ff. 39^r–83^r
V cod. Vaticanus gr. 121, saec. XIII, ff. 22^r–29^v

U cod. Vaticanus Urbinas gr. 134, saec. XV medii, ff. 78^v–119^r
L cod. Laurentianus Acquisti e Doni 341, saec. XVI ineuntis, ff. 1^r–50^r

M cod. Marcianus gr. 452, a. D. 1328–1336, ff. 245^r–246^v = Michaelis Macarii Chrysocephali excerpta ex Prodromo

Gaulmin Gilberti Gaulmini ed. princeps, Parisiis 1625
Hercher Rudolphi Hercheri editio in Eroticorum scriptorum Graecorum tomo altero,
Lipsiae 1859, XLI–LVIII et 287–434,

X

ΤΟΥ ΦΙΛΟΣΟΦΟΥ ΚΥΡΟΥ
ΘΕΟΔΩΡΟΥ ΤΟΥ ΠΡΟΔΡΟΜΟΥ
ΤΩΝ ΚΑΤΑ ΡΟΔΑΝΘΗΝ ΚΑΙ ΔΟΣΙΚΛΕΑ
ΒΙΒΛΙΟΝ ΠΡΩΤΟΝ

Ἤδη τὸ τετράπωλον Ἡλίου δίφρον,
τὴν γῆν διελθὸν εὐδρόμῳ περιδρόμῳ,
ταύτην ὑπελθὸν ἐγνόφου τὴν ἑσπέραν,
λιπὸν σκοτεινὸν τὸν καθ' ἡμᾶς ἀέρα,
5 καὶ ναῦς τριήρης λῃστρικῆς ναυαρχίας
πρώτη προπηδήσασα παντὸς τοῦ στόλου
ἐλλιμενίζει τῆς Ῥόδου τῷ λιμένι.
καὶ τοῖς ἐπ' ἀκτῆς ἐμβαλοῦσα χωρίοις
ἐβόσκετο ξύμπαντα τὸν πέριξ τόπον·
10 οἱ βάρβαροι γὰρ ἐξιόντες αὐτίκα
βότρυς ἐπάτουν καὶ κατέκλων ἀμπέλους,
τὰς φορταγωγοὺς ἐξεπίμπρων ὁλκάδας,
τὸν φόρτον ἁρπάσαντες ἐκ τούτων μέσων,
καὶ τοὺς ἐν αὐταῖς συνεπίμπρων ναυτίλους.
15 ἄλλου κεφαλὴν ἐξέκοπτεν ἡ σπάθη,
ἄλλος διχῇ τέτμητο πανθήκτῳ ξίφει,
ἄλλου ταλαίνης καρδίας κατηυστόχει
βέλος τιναχθὲν ἐκ παλάμης βαρβάρου,
ἄλλους ἀνῄρει τῆς μαχαίρας τὸ στόμα,
20 εἰς λαιμὸν αὐτὸν ἐμπεσὸν κτήνους δίκην.
Οὕτως ἐκείνων τῶν ἀπηνῶν βαρβάρων
καταστρεφόντων τοὺς παραλίους τόπους

---

1 Eurip. El. 866; Ion 82–83; I. A. 159; Phoen. 1562–1563; fr. 771. 2–3 (= Phaeth. 2–3); Prodromi Carm. hist. 4. 126; Georg. Pis. Hexaem. 338 ‖ 5b 5. 290; 5. 442; 6. 28; Nic. Eugen. 4. 4; 6. 111; Lycophr. Alex. 733 ‖ 9 = Ephraem. Caes. 1452 ‖ 12 1. 411; Nic. Eugen. 3. 33 ‖ 15–20 cf. Heliod. Aethiop. 1. 1 ‖ 19b = 2. 264; 5. 166; 5. 404; 6. 101; Prodromi Carm. hist. 59. 76. cf. Gen. 34. 26; 2 Sam. 15. 14; ev. Lucae 21. 24; ep. ad Hebr. 11. 34

inscr. HUL(M) : θεοδώρου τοῦ προδρόμου τὸ κατὰ ῥοδάνθην καὶ δοσικλέα βιβλίον α' V² ‖ 7 om. UL ‖ 8 ἀκτῆς HV¹ : ἀκταῖς V² : αὐτῆς L : αὐτοῖς U

ὁ ληστρικὸς πᾶς ἦλθεν εἰς Ῥόδον στόλος.
κενὰς δὲ τὰς ναῦς ἐκλιπόντες αὐτίκα
25 καὶ πάντες ἄρδην εἰσιόντες τὴν πόλιν,
λείαν Μυσῶν ἔθεντο ταύτην, ὡς λόγος·
τῶν γὰρ κατοίκων οὓς μὲν ἔκτεινε ξίφος,
οὓς δὲ προαπέκτεινε τοῦ ξίφους φόβος·
οἳ μὴν τρέμοντες βαρβάρων πικρὰς χέρας
30 ἔρριπτον αὐτοὺς εἰς φάραγγας, εἰς νάπας,
κρεῖττον κρίνοντες ζημιοῦσθαι τὸν βίον
ἢ ληστρικῇ γοῦν ἐμπεσεῖν ἀστοργίᾳ.
ἄλλους δὲ δεσμήσαντες ἐκ τῶν αὐχένων
κλοιοῖς σιδηροῖς ἐσφυρηλατημένοις
35 καὶ χεῖρας ἐκδήσαντες ἐξοπισθίως
δούλους προῆγον ἀθλίως τοὺς ἀθλίους·
μεθ᾽ ὧν Δοσικλῆς καὶ Ῥοδάνθη παρθένος
χειρὶ ξυνεσχέθησαν ὡμοῦ βαρβάρου.
Ἦν οὖν τὸ κάλλος τῆς κόρης χρῆμα ξένον,   Ἔκφρασις Ῥοδάνθης
40 ἄγαλμα σεπτόν, εἰκόνος θείας τύπος,
εἰς εἶδος Ἀρτέμιδος ἀπεξεσμένον.
μίμημα λευκῆς χιόνος τὸ σαρκίον,
παντὸς μέλους σύστοιχος ἀλληλουχία,
ἄλλου πρὸς ἄλλο δεξιῶς κολλωμένου
45 καὶ παντὸς εἰς πᾶν εὐφυῶς ἡρμοσμένου.
ὀφρὺς φυσικῶς εὖ γεωμετρουμένη

24 6.109 ‖ 26 Strattidis fr.35 Kock; Demosth. 18.72; Aristot. Rhet. A 12 p.1372 b 33; Zenob. 5.15; Harpocrat. et Suda s.v. 1478 Μυσῶν λεία; Nic. Eugen. 1.22 et al. ‖ 28 cf. 3.123; 5.386–388; 7.346; 7.519; 8.41 ‖ 29b = 3.130 ‖ 31b Matth. 16.26; Marc. 8.36; Luc. 9.25; Georg. Pis. Bell. Avar. 189 ‖ 34 = Nic. Eugen. Hypoth. 6. cf. 4.340; 7.3; Prodromi Carm. hist. 39.71; Aeschyli Pers. 747; Septem 816 ‖ 36b 1.195; 1.346; 4.188; Eurip. Phoen. 1701 ‖ 38b 6.183 ‖ 39–60 cf. Const. Man. Itiner. 1.166–199; Chron. 1157–1167; Nic. Chon. Hist. p.151 Bekker (= p.116.61–66 van Dieten); Eust. Macremb. Amor. 3.6.1–4; Achill. Tat. 1.4; Xenoph. Ephes. 1.2.6; Musaei 55–66 et saepius ‖ 40–41 cf. 1.63–67; 1.277; 7.238; Heliod. 1.2; 1.7; Chariton. 2.2–3; 3.2 s.f.; 5.9; Xenoph. Ephes. 1.2.7; 2.2.4; Nic. Eugen. 2.85; 2.246–248; 2.312 et al. ‖ 46–47 Nic. Eugen. 1.132

29 οἳ μὴν scripsi : οἱ μὲν codd. ‖ 30 αὐτοὺς codd., corr. Gaulmin ‖ 35 ἐξοπισθίως scripsi : -ίους codd. ‖ 37 αἰχμαλωσία πρώτη δοσικλέος καὶ ῥοδάνθης inscr. U ‖ 38 ξυνεσχέθησαν UL (et coni. Hilberg 14) : ξυνεδέθησαν HV, Gaulmin, Hercher (συν-) ‖ 39 inscr. HVL : ἔκφρασις κάλλους ῥοδάνθης U ‖ 43 ἀλληλουχία scripsi (cf. 42) : ἀ- codd.

εἰς εὐφυοῦς μίμησιν ἡμικυκλίου,
ὑπόγρυπος ῥὶς καὶ κόρη μελαντάτη.
κύκλοι παρειῶν αὐτόθεν γεγραμμένοι,
50 τέτταρες ἀμφοῖν, τῇ μιᾷ πάντως δύο·
ὧν τοὺς μὲν ἐκτὸς καὶ συνεκτικωτέρους
τῆς χιόνος φαίη τις ἂν ἀποσπάδα,
τοὺς δ' ἐντὸς αὐτῶν ὥσπερ ἠνθρακωμένους
ἐκ τῶν ἐνόντων αὐτοκαύστων ἀνθράκων.
55 στενὸν κομιδῇ καὶ κατάσφι⟨γ⟩κτον στόμα·
ἀγκών, βραχίων, ἁρμονία δακτύλων
ἐκ φυσικοῦ ξεστῆρος ἀπεξεσμένη.
θέσις σφυρῶν εὔτακτος, ὡς ποδῶν βάσις·
τὸ βάθρον εἶπεν ἄν τις ὡς πρὸς τὴν στέγην.
60 καὶ τἄλλα σεμνά, καὶ καλὴ πᾶσα πλάσις.
      Οὕτως ἀρίστη τὴν θέαν ἡ παρθένος,
ὡς καὶ τὸν ἀγρεύσαντα ληστὴν Γωβρύαν,
θεὰν ὑποπτεύσαντα τὴν ἠγρευμένην,
δεσμῶν ἁπάντων ἐκλιπεῖν ἐλευθέραν,
65 τρέσαντα πάντως οὐκ ἀνεύλογον φόβον,
μή που θεά τις συνδεθῇ τῶν ἐν Ῥόδῳ,
ὑποκριθεῖσα τὴν βροτησίαν πλάσιν.
οὕτω τὰ θαυμάσια τῶν θεαμάτων
καὶ βαρβαρικὸν συγκαταστέλλει θράσος,
70 ψυχὴν δὲ λῃστοῦ πρὸς κατάπληξιν στρέφει.
      Ἡ μὲν στρατιὰ τοὺς ἁλόντας ἐν Ῥόδῳ
ὁμοῦ Δοσικλεῖ καὶ Ῥοδάνθῃ τοῖς νέοις
εἰς τὰς τριήρεις ἐμβαλοῦσα τῷ τότε
καὶ φορτίδα πλήσασα φόρτου χρυσίου
75 εἰς τὴν ἑαυτῆς ἀνταπῆλθε πατρίδα.
καὶ τὸν στρατάρχην καὶ στολάρχην Μιστύλον
κύκλωθεν ὑμνήσασα καὶ περιστάδην,
καὶ τοὺς ἁλόντας αἰχμαλωσίας νόμῳ

48a Philostr. Heroic. 15; Const. Man. Itiner. 1.180; Nic. Eugen. 1.126 ‖ 55 4.337 ‖ 61b
3.366 ‖ 65b 3.141; 5.6; Nic. Eugen. 5.228; 7.176 ‖ 66 Heliod. 1.2; Chariton. 1.14 et al. ‖
68-70 Heliod. 1.4 ‖ 72 6.502 ‖ 76b 4.13; 4.22; 4.75 ‖ 77 cf. Eurip. Androm. 1136-1137

47 εὐφυοῦς V (cf. 5.113) : εὐφυᾶ HU, Gaulmin, Hercher : εὐφυεῖ L ‖ 48 κόρη
HVL : κόμη U ‖ 49 αὐτόθεν HVL : αὐτόθι U ‖ 53 ἠνθρακωμένους codd. (cf. 4.145) :
ἠνθρακευμένους Hercher ‖ 55 κατάσφικτον codd., corr. I. Th. Struve (in T. L. G.)

είρκταῖς περικλείσασα ταῖς μυχαιτέραις,
80   εἰς τοὺς ἑαυτῶν ἀντανήλθοσαν δόμους
καὶ συντετηκὸς τῷ κόπῳ τὸ σαρκίον
στρωμναῖς προσανέπαυσαν ὡς δὲ καὶ πότοις.
Τί γοῦν τὸ πλῆθος τῶν συνεγκεκλεισμένων;
ὕπνωττον (οἷον ὕπνον, ὡς κακὸν λίαν),
85   εἰς γῆν κατακλιθέντες ὡς οἷα κλίνην·
νὺξ γὰρ τὸ πᾶν κατέσχε δύντος ἡλίου.
οὐ μὴν Δοσικλῆς, ἀλλὰ πολλὰ δακρύσας,   Θρῆνος Δοσικλέος
'ὦ δυσμενὴς' ἔκραξεν, 'ἀγρία Τύχη,
ποῦ με προάγεις, εἰς τί με στήσεις τέλος;
90   ἄποικον εἰργάσω με τῆς γειναμένης,
φυγήν με κατέκρινας ὡς δὲ καὶ πλάνην,
ἀπεξένωσας συγγενῶν, γνωστῶν, φίλων,
μητρὸς ποθεινῆς, προσφιλοῦς φυτοσπόρου·
καί με ξυνέσχε δυσμενὴς πάλιν τόπος,
95   καὶ βάρβαρος χεὶρ κυριεύει μου πάλιν,
ἔχω δὲ τὴν γῆν ἀντὶ μαλακῆς κλίνης.
Καὶ ταῦτα μικρά, τῶν δ' ἐς αὔριον χάριν
πολὺς κατασπᾷ τὴν ἐμὴν ψυχὴν φόβος,
τὴν αἱμοχαρῆ καρδίαν τῶν βαρβάρων
100   καὶ τὴν ἀπηνῆ ληστρικὴν ἀστοργίαν
καὶ τὸ δριμὺ πρόσωπον ἐνθυμουμένην.
ἰδὼν γὰρ ἴσως τὴν κόρην ὁ ληστάναξ
ἔρωτος εὐθὺς ὑποδέξεται φλόγα
καὶ πῦρ ἀνάψει λάβρον ἐν τῇ καρδίᾳ,
105   βιάσεται δὲ τὴν Ῥοδάνθην εἰς γάμον.
κἂν μὲν τύχῃ, θάνατος εἰς Δοσικλέα
ἢ βαρβαρικῷ θανατούμενον ξίφει,
ἢ τῆς ἑαυτοῦ παλάμης ἀντιστάσει·

---

79 cf. Eurip. Bacch. 497; 549 ‖ 81 2.86–87 ‖ 83b 3.355; Nic. Eugen. 2.38 ‖ 88a 8.500;
Nic. Eugen. 1.213; 6.37; 8.175; 9.235 | 88b Nic. Eugen. 1.52; 5.276 ‖ 95a 3.105; 7.21 et
al. ‖ 96b 1.432; Nic. Eugen. 2.30; Iliad. 9.618; Odyss. 20.58 et al. ‖ 99a 3.114; 9.121 ‖ 100
1.32; Nic. Eugen. 4.55; 6.41 ‖ 104 Eurip. Or. 697; 4 Maccab. 16.3 ‖ 105 3.179; 3.429 ‖
108b 2.414

80 ἀνταπήλθοσαν Hercher ‖ 84 λίαν HVU²L : μέγα U¹ ‖ 88 inscr. HLU (ἐν φυλακῇ
addit U) | ἔκραξεν UL : ἔλεξεν HV | ἀγρία HVU²L : ἀθλία U¹ ‖ 89 ποῖ coni. Her-
cher ‖ 94 ξυν- HV : συν- UL ‖ 98 πολὺς codd. : λίαν Gaulmin, Hercher ‖ 107 θανατούμε-
νον L² : -μενος HVUL¹

εἰ δ' οὐ τύχῃ, θάνατος εἰς τὴν παρθένον·
θερμὸν γάρ ἐστιν εἰς ἔρον τὸ βάρβαρον
καὶ μὴ τυχὸν πρόχειρον εἰς φονουργίαν.
    Κἀγὼ μὲν ἴσως καρτερήσω τὴν βίαν,
κἂν δεσμά, κἂν κόλασιν ἐκ ῥαβδισμάτων
παθεῖν κελεύῃ δυσμενῶς ὁ Μιστύλος
τὸν αἰχμάλωτον ἄθλιον Δοσικλέα·
ἀνὴρ γάρ εἰμι καὶ μάχαις συνετράφην
καὶ μυρίους ἤθλησα πολλάκις μόθους·
ἀλλ' ἡ Ῥοδάνθη πῶς ὑποίσει τὸν πόνον,
γυνὴ θαλάμῳ καὶ τρυφαῖς εἰθισμένη,
σὰρξ ἁπαλή, πρόχειρος εἰς πᾶσαν νόσον,
εἰ καὶ μικρὰ γοῦν αἰτία παρεμπέσῃ;
    Τοιαῦτα πάσχεις, ὦ Ῥοδάνθη παρθένε,
τοιαῦτα πάσχεις τοῦ Δοσικλέος χάριν·
ἐν γῇ καθεύδεις καὶ λιμῷ τετηγμένη
ὅμως Δοσικλῆν ὑπάγεις ὑπὸ στόμα·
καλεῖς δὲ πυκνὰ τῇ καθ' ὕπνους ἐμφάσει
καὶ τοὺς ὀνείρους ἀξιοῖς ὄψιν μίαν
φέρειν ἐν ὕπνοις, τὴν θέαν Δοσικλέος.
    ἐγὼ παρέσχον ἐμπεσεῖν σε, παρθένε,
μοίραις πονηραῖς καὶ παλαμναίαις τύχαις·
καὶ πῶς τὸν ἐχθρὸν ἀγαπᾷς Δοσικλέα;'
    Οὕτως ἀποιμώζοντι τῷ νεανίᾳ
ἐφίσταται παῖς ἀγαθὸς τὴν ἰδέαν,
οἶμαι προληφθεὶς καὶ προεγκεκλεισμένος.
καὶ δὴ προσειπὼν καὶ καθεσθεὶς πλησίον
Κράτανδρος αἰχμάλωτος, Ἕλλην ἐκ Κύπρου,

*Κρατάνδρου καὶ
Δοσικλέος γνωρισμὸς
καὶ φιλία*

110 3.154; Chariton. 5.2.6 ‖ 111b 1.382; 1.398; Nic. Eugen. 4.194; Theodos. Diac. Exp. Cretae 2.69; 2.211; 3.33; Ephraem. Caes. 1654; 5165; 9329 ‖ 119b 2.83 ‖ 120a Nic. Eugen. 2.81 et al. ‖ 125b 2.301; 6.329 ‖ 126b 2.333; 3.72; 3.308; Nic. Eugen. 3.410; 6.315 ‖ 130b Nic. Eugen. 1.220; 1.301; 1.319 ‖ 133 1.444; 4.381; 7.214 ‖ 134b Nic. Eugen. 1.209; 2.55; 4.101

111 καὶ μὴ τυχὸν HVM (τυχων V) : καὶ μὴ τύχῃ UL : κἂν μὴ τύχῃ Le Bas, Her-cher ‖ 121 μικρὰ et αἰτία scripsi (cf. 2.465) : μικρὰ et αἴτια H : μικρὰ et αἰτία VUL, μικρᾷ et αἰτίᾳ Gaulmin : μικρὰ et αἰκία Hercher | παρεμπέσῃ HVU (-ει) L : παρεμ-πέσοι Hercher ‖ 132 inscr. HL (συγκαθισμὸς pro γνωρισμὸς L) : ἔνθα φιλιοῦται τὸν δο-σικλέα κράτανδρος ἐν φυλακῇ U ‖ 132-134 HV : om. UL ‖ 136 UL : om. HV

5

'παύθητι' φησὶ 'τῶν στεναγμῶν, ὦ ξένε,
ἐπίσχες ὀψὲ τὰς ῥοὰς τῶν δακρύων·
ἀπεξενώθης τῆς ἐνεγκούσης· φέρε·
140   ἔχεις γὰρ ἡμᾶς συναπεξενωμένους.
λῃστῶν ἀπηνῶν ἁρπαγῇ κατεσχέθης·
πάντες κατεσχέθημεν ὅπλοις βαρβάρων.
οἰκεῖς φυλακήν· συμπεφυλακίσμεθα.
πάντως δὲ πάντως ἡ κακῶν κοινωνία
145   φέρει παρηγόρημα τῷ πεπονθότι,
ἐλαφρύνει δὲ τοῦ πόνου τὴν φροντίδα
καὶ τῆς ὀδύνης τὴν κάμινον σβεννύει,
ὕδωρ ἐπιστάξασα παραμυθίας.
ἄφες τὸ πενθεῖν καὶ τὸ μακρὰ δακρύειν
150   (θηλυπρεπὴς γὰρ ἡ ῥοὴ τῶν δακρύων),
καὶ τὰς σεαυτοῦ δυστυχεῖς τύχας λέγε·
εἴποις γὰρ αὐτὰς ἀνδρὶ δυστυχεστέρῳ.'
   'Ἕλλην, θεοὶ σωτῆρες, οὗτος ὁ ξένος,
Ἕλλην' Δοσικλῆς εἶπεν· 'ἀλλ' ὦ μοι, ξένε,
155   σὺ τὰς σεαυτοῦ προφθάσας μᾶλλον λέγοις·
λέγων γὰρ ἴσως ἐξεώσεις τὸν πόνον
καὶ κουφιεῖς με τῶν μακρῶν στεναγμάτων.'
   'Οὐκ ἂν φθάνοιμι τὰς ἐμὰς λέγειν τύχας'
ἔλεξεν ὁ Κράτανδρος ἀνθυποφθάσας.
160   'ἐγώ, Δοσίκλεις, Κύπρον ἔσχον πατρίδα,
φυτοσπόρον Κράτωνα, μητέρα Στάλην.
ἐγειτνία μοι παρθένος Χρυσοχρόη,
Ἀνδροκλέος παῖς καὶ θυγάτηρ Μυρτάλης.

Διήγησις Κρατάνδρου
περὶ τῶν καθ' ἑαυτόν

137 3.504 ‖ 138b 1.150; 1.510; 3.488; 8.48; 8.94; Prodromi Carm. hist. 23.4; 39.47;
39.118; 45.137; 49.20; 54.73; 54.173 et al.; Georg. Pis. Hexaem. 45 ‖ 141a 1.100; Io-
ann. Mauropi Carm. 5.17 ‖ 143b 6.171; Nic. Eugen. 2.8; 2.56 ‖ 144-145 3.135-136;
Achill. Tat. 7.2.3; Heliod. 1.9; Const. Man. Amor. 1.48-54 Hercher = fr.17 Mazal ‖
144a 4.66 ‖ 147b Theodos. Diac. Exp. Cretae 1.168 ‖ 148 cf. Ps.23.2 ‖ 150a cf. 2.361; Nic.
Eugen. 9.222; Eurip. Med. 928; H.F. 536; Soph. Aiac. 580 ‖ 153-154 Heliod. 1.8 ‖ 157
Nic. Eugen. 2.36; 6.312 ‖ 158-426 cf. Heliod. 1.9-17 ‖ 159b 5.517; 9.431; Prodromi
Carm. hist. 50.23 ‖ 160 Nic. Eugen. 2.57 ‖ 162 Nic. Eugen. 2.60

139 ἀποξενωθεὶς Gaulmin, Hercher ‖ 146 φροντίδα HVUL : φορτίδα M ‖ 150 θηλυ-
πρεπὴς HUL : -πρεπὲς V ‖ 152 εἴποις Gaulmin, Hercher : εἴπης codd. ‖ 158 inscr. HV
UL

ἥλων ἐκείνης (οὐ γὰρ αἰσχύνη λέγειν
πρὸς ταὐτοπαθῆ, πρὸς ποθοῦντα, πρὸς νέον),
ἁλοὺς δὲ τὴν ἐνοῦσαν ἐν στέρνοις φλόγα
δήλην καθιστῶ τῇ κόρῃ δι' ἀγγέλου.
ἤκουσεν ἡ παῖς, καὶ προσέσχε τῷ λόγῳ
καί μοι κατηγγύησεν αὐτῆς τὸν γάμον.
      Ὡρισμένης γοῦν συντεθείσης ἑσπέρας,
καθ' ἣν ὑπελθὼν τὸν θάλαμον τῆς κόρης
λόγους παράσχω καὶ δεδέξομαι λόγους,
ἐπεὶ προσῆλθον τῇ πύλῃ τῆς εἰσόδου,
κεκλεισμένας μὲν ἀνέῳξα τὰς θύρας,
ξύλινον αὐτῶν ἐκτινάξας μοχλίον,
προβὰς δὲ πρὸς τοὔμπροσθεν ἥσυχον πόδα
ἔσπευδον ἐλθεῖν ἀμφὶ τὴν Χρυσοχρόην.
      Ἀλλ' οὐ λέληθα τὴν φυλάκισσαν Βρύαν·
τὸν δεσπότην γὰρ εὐθέως Ἀνδροκλέα
μακραῖς λαλαγαῖς ἐξεγείρει τῆς κλίνης
καὶ τοὺς ἑαυτῆς δυσμενεῖς συνοικέτας,
καὶ τὸν συλητὴν εὐθὺς ἐκπεφευγότα
λαβεῖν ἐφώρμων καὶ κτανεῖν ξύλοις, λίθοις.
ὁ μὲν ῥόπαλον ταῖν χεροῖν ἐξημμένος
ἢ θατέραν γοῦν τῶν θυρῶν παραστάδα,
ὁ δ' ἐξορύξας ἢ σπαράξας τὸν δόμον
καὶ χειροπληθῆ ταῖν χεροῖν ἄρας λίθον,
τοῖς προστυχοῦσι πάντες ἐξωπλισμένοι
τῷ νυκτοκλέπτῃ τὴν βίαν ἐπεκρότουν.
      Καὶ τοῦ Κρατάνδρου μηδαμοῦ τετευγμένοι   *Φόνος Χρυσοχρόης*
(ὡς ὤφελόν γε· καὶ τί γάρ μοι ζῆν ἔτι;)
κατευστοχοῦσι δυστυχῶς τῆς παρθένου.

165
170
175
180
185
190

165a 7.179; Nic. Eugen. 2.66 ‖ **166** 2.341; 6.190 ‖ **169** 2.391 ‖ **172** Nic. Eugen. 3.397 ‖ **173b** 2.17; Nic. Eugen. 9.149 ‖ **176** Theogn. 283; Aristoph. Eccl. 161; Eurip. Bacch. 647; Or. 136; Med. 217 ‖ **178** cf. Achill. Tat. 2.23.5–6 ‖ **187** cf. Xenoph. Anab. 3.3.17; Luciani Anachars. 32 s.f. et al. ‖ **189a** AG 11.176.4 ‖ **191b** Christ. pat. 504; 692; Eurip. Hel. 56; 293; H.F. 1301; Med. 145; 798; Hec. 349; Alc. 960; Androm. 404; Soph. Aiac. 393; Aeschyli Prom. 747

164 ἥλων **HV** (cf. 166) : ἥρων **UL** ‖ **169** αὐτῆς codd., corr. Hercher ‖ **172** ἐκδέξομαι **U** ‖ **175** αὐτῶν Gaulmin : αὐταῖς codd. | ἐκτινάξας Hercher : ἐντινάξας codd. ‖ **176** ἥσυχον πόδα scripsi conl. test. : ἡσύχῳ ποδὶ codd. ‖ **185** θατέραν Hercher : θάτερος codd. | τῶν scripsi : τὴν codd. ‖ **188-192** om. **UL** ‖ **190** inscr. **HUL**

ἡ γὰρ πονηρὰ παλάμη τοῦ Ληστίου
Κράτανδρον ἐλπίσασα τὴν Χρυσοχρόην
195 ἀνεῖλε, φεῦ φεῦ, ἀθλίως τὴν ἀθλίαν,
μακρῷ διαθρύψασα τὴν κάραν λίθῳ.
λύχνου δ᾽ ὑπαυγάσαντος εἰς τὴν οἰκίαν
καὶ τῶν παρόντων ἐκπλαγέντων τὴν θέαν
(καὶ πῶς γὰρ οὐκ ἔκπληξιν ἔσχον καὶ φόβον
200 οἱ τὴν ἑαυτῶν ἀνελόντες δεσπότιν;)
οἱ πάντες εὐθὺς συμμιγῇ φωνὴν μίαν
ἔκραξαν, ἠλάλαξαν ἐκπεπληγμένοι,
καὶ τὸν τεκόντα τὴν κόρην Ἀνδροκλέα
ἄπνουν ἐκάλουν τὴν θυγατέρα βλέπειν,
205 ἐπιγράφοντες τῷ Κρατάνδρῳ τὸν φόνον.
Καὶ γοῦν ὁ πατὴρ τὴν στολὴν ἐρρηγμένος
καὶ τῆς κεφαλῆς τὴν κόμην κεκαρμένος
καὶ τὴν κορυφὴν τῇ κόνει πεπασμένος
καὶ τὴν παρειὰν ἐγκατεσπαραγμένος
210 καὶ τὸ πρόσωπον πενθίμως ἐσταλμένος,
οἰκτρᾶς κατῆρχεν ἄθλιος τραγῳδίας
"ὤμοι" λέγων "θύγατερ, ὤμοι παιδίον,   Θρῆνος Ἀνδροκλέος ἐπ
οὕτως ἀώρως ἐκ μέσου μετηρμένον·   Χρυσοχρό
ὦ τέκνον, ὦ γέννημα πατρὸς ἀθλίου,
215 ἀπῆλθες ἔνθεν δυσμενοῦς φθόνῳ Τύχης
ἄνυμφος, ἀστόλιστος, οὐδὲ παστάδας
εἶδες γαμικάς, οὐδ᾽ ὁ σὸς φυτοσπόρος
ἀνῆψεν ἐν σοὶ νυμφικὴν δᾳδουχίαν,
οὐδ᾽ ἦρξεν ᾠδῆς εὐφυῶς γαμηλίου·
220 ἀλλ᾽ ἐτρυγήθης τοῦ προσώπου τὴν χάριν

---

199 1.238; 1.257; 3.199; 3.202; 4.443; 4.460; 5.140; 5.260; 5.300; 5.353; 6.198;
7.404; 7.414; 8.290; 8.481; 9.253 ‖ **201b** 1.401; 8.127; Timoth. Pers. 35; Aristoph. Av.
771; Achill. Tat. 3.2.8; Nic. Eugen. 1.62 ‖ **202b** Nic. Eugen. 6.138; 6.238 et al. ‖ **206–210**
3.85; 6.439–443; Prodromi Carm. hist. 39.131–134; 45.54; 45.212–213; 54.160–161;
Eustath. Macrembol. Amor. 10.10 et saepius ‖ **210b** Nic. Eugen. 5.176; 6.99 ‖ **213a** 3.94;
8.19 ‖ **215b** 1.88; 6.147; 8.500; Nic. Eugen. 1.213; 8.175; 9.235 ‖ **216a** 2.372; 9.42;
Eurip. Hec. 416; I.T. 220 ‖ **218** 3.259; 6.383; Achill. Tat. 1.13.6; Nic. Eugen. 9.66 ‖ **220b**
1.445; 3.152; 3.341; 8.13; Philostr. Ep. 25

208 om. **UL** ‖ **212** inscr. **HVL** : θρῆνος ἀνδροκλέος πατρὸς χρυσοχρόης ἐπὶ θανάτω
αὐτῆς **U**

ἔαρος ἀκμάζοντος, οὐδὲ τὴν τρύγην
ἔμεινεν ἐλθεῖν ἡ βροτοφθόρος Τύχη.
Ὦ μητρὸς ὡράισμα, πατρὸς καρδία,
ὦ δένδρον εὔχρουν, εὐπρεπές, καλόν, μέγα,
225   κενῶς ὑπανθοῦν, ὡραϊσμένον μάτην·
τίς ἄγριος θήρ, τίς θρασυβρέμων λέων,
λόχμης προελθὼν καὶ προκύψας ἐξ ὄρους,
τρίχας δὲ φρίξας καὶ σιμώσας αὐχένα,
ταχὺ φθάσας ἄκαρπον ἐξέκοψέ σε;
230   ἐγὼ μὲν ἀτέλεστον εἶχον ἐλπίδα
ὑπὸ σκιὰν σὴν παῦλαν ἐξευρηκέναι,
σκέπης δὲ τυχεῖν ὑπὸ σοῖς καλοῖς κλάδοις·
νῦν δ' ἀλλὰ ταῦτα δυστυχῶς μετετράπη
καὶ τὴν πονηρὰν ἀλλαγὴν ὑπηλλάγη.
235   Κἂν μὲν φυσικὸς τῆς τελευτῆς ὁ τρόπος
καὶ τὴν ἐρυγὴν τὴν κινητικωτάτην
ἔθου πατρικαῖς γνησίαις ἐπ' ἀγκάλαις,
ᾤμωξα πάντως (πῶς γὰρ οὐ πατὴρ φίλος
φίλης θυγατρὸς καὶ μόνης ὁρῶν μόρον;),
240   ἀλλ' εἶχεν ἡμῖν καὶ τέλος τὸ δάκρυον
καὶ μέτρον ἂν δέδωκα ταῖς ἀλγηδόσι·
τῷ γὰρ φυσικῷ καὶ συνήθει τοῦ πάθους
εὗρον παρηγόρημα τῶν στεναγμάτων·
νῦν δ' ἡ τελευτὴ τῆς ἐμῆς Χρυσοχρόης
245   θεσμῶν μέν ἐστι φυσικῶν ἀλλοτρία,
ξένη δὲ παντάπασι τοῦ κοινοῦ νόμου.
ποῦ σοι τὸ κάλλος τοῦ προσώπου, παρθένε;
ἡ μὲν κεφαλὴ τῷ λίθῳ συνεθρύβη,
μελαίνεται δὲ τῇ ῥοῇ τῶν αἱμάτων
250   τὸ κάλλος, ἡ πρόσοψις, ἡ σεμνὴ πλάσις,
ἡ δὲ βρότειος ἰδέα παρηλλάγη.

221a cf. 6.291 ‖ 226b Nic. Eugen. 5.117 ‖ 227a Nic. Eugen. 5.118 ‖ 228 = Achill. Tat. 1.12.3 ‖ 231 Nic. Eugen. 2.297; 6.63 ‖ 236a Nic. Eugen. 5.441; Hesych. s.v. ‖ 237 Nic. Eugen. 9.62 ‖ 246b 6.139; Plat. Leg. 1, 644 d 3; 645 a 2; Cleanth. Hymn. ad Iovem 24; 39 et saepius ‖ 249 2.265; Georg. Pis. Bell. Avar. 144 et al.

224 κάλλος Gaulmin, Hercher ‖ 226 θρασυβρέμων HV (cf. 252) : βαρυβρέμων UL ‖ 234 ὑπηλλάγη HVL¹, Gaulmin : μετηλλάγη UL², Hercher ‖ 236 καὶ scripsi : ἢ codd. ‖ 247 σὸν Gaulmin, Hercher ‖ 248 συνεθρύβη HV (cf. 6.449) : συνετρίβη UL

Ὦ δυσμενὴς Κράτανδρε, πάντολμον θράσος,
ἄσπονδε λῃστά, θηριόψυχος φύσις,
ὦ πῶς ἀνῆρεις τηλικαύτην παρθένον
255   σκαιῶς, πονηρῶς, αὐθαδῶς, ἀκαρδίως;
ἐγὼ δὲ θάμβος καὶ κατάπληξιν τρέφω,
πῶς γοῦν ὁ πέτρος οὐ στραφεὶς ὀπισθίως
(αἴσθησιν οἷον φυσικὴν δεδεγμένος)
ἔκτεινε τὸν βαλόντα δικαίᾳ κρίσει,
260   ἀλλ' αὐθαδῶς ἔψαυσε τῆς Χρυσοχρόης·
σὺ μέν, συλητὰ καὶ φονευτὰ τῆς κόρης,
ἔνδικον εἰς τοὔμπροσθεν ὑπέλθοις φόνον,
ἐπὰν τὸ πένθος ὡς προσῆκον δακρύσω
καὶ συγκαλύψω τῷ τάφῳ τὴν παρθένον
265   (οὐ γὰρ συλήσειν ἰσχύσεις καὶ τοὺς νόμους
ἢ τοὺς κρίνοντας συμπατάξεις ἐν λίθῳ),
ἀπεκτονὼς δὲ τὴν ἐμὴν θυγατέρα
βολῇ πονηρᾷ δυσμενεστάτου λίθου,
λίθοις παταχθεὶς οἰκτρὸν ἐκπνεύσεις, τάλαν."
270   Οὕτω στένοντος ἐκ βάθους Ἀνδροκλέος
ἐπηκροώμην τῆς στυγνῆς τραγῳδίας,
κρύβδην ὑφεστὼς ἐξόπισθεν τῆς θύρας.
ἀντιστραφεὶς γοῦν εἰς τὸ πατρῷον πέδον,
ῥίψας ἐμαυτὸν κύμβαχον κατὰ κλίνης
275   καὶ πικρὸν οἷον ἀλαλάξας ἐκ βάθους,
ἀντετραγῴδουν τῷ τεκόντι τὴν κόρην
"ὤμοι" λέγων "ἄγαλμα σεπτόν, παρθένε,   Θρῆνος Κρατάνδρου ἐπὶ
ὦ κάλλος, οἷον καὶ θεοὺς ἐφελκύσει   Χρυσοχρό[
καὶ τῶν ἀφ' ὕψους ἀντύγων ἀντισπάσει,
280   ἕλξει δὲ πάντως εἰς τὸν οἰκεῖον πόθον·

252b Ioann. Mauropi Carm. 29.29 ‖ 259b 8.450; Deuter. 16.18; Isai. 58.2; 2 Maccab.
9.18; 3 Maccab. 2.22; ev. Ioann. 5.30; 7.24; ep. ad Rom. 3.8; 2 ep. ad Thess. 1.5; Apo-
cal. 16.7; 19.2; ep. Barnab. 20.2; Christ. pat. 18 et 508 ‖ 264 Prodromi Catomyom. 57 et
239; Ioann. Mauropi Carm. 35.70 ‖ 268 cf. Georg. Pis. Bell. Avar. 426 ‖ 273 9.450; Pro-
dromi Carm. hist. 45. 92; Nic. Eugen. 3. 352; Aeschyli Agam. 503 ‖ 274 cf. Iliad.
5. 585–586; Heliod. 10. 30 ‖ 279 Prodromi Amicitia exsulans 45; AG 8. 1. 3; 9. 806. 6;
11. 292. 1; Ioann. Tzetzae Chil. 4. 724 (723); Eustath. ad Iliad. p. 628. 25

262 ὑπέλθῃς Hercher ‖ 263 δακρύσω HUL : πενθήσω V ‖ 269 τάλαν U : τάλα HVL ‖
277 inscr. HVUL | σεπτὸν V (cf. 1. 40) : σεμνὸν HUL | παρθένου Gaulmin, Hercher

οἴχῃ πρὸ καιροῦ, παρθένε Χρυσοχρόη,
λιποῦσα νεκρὸν τὸν Κράτανδρον ἐν βίῳ·
οἴχῃ, καλὸν θέαμα τοῖς θεωμένοις
καὶ χρηστὸν οἰώνισμα τοῖς βλέπουσί σε.
285 τέθνηκας, οἴμοι, καὶ παρῆλθες πρὸ χρόνου,
καὶ ταῦτα (βαβαὶ τῆς ἀπανθρώπου Τύχης)
ἡμεῖς ἀφορμὴ τοῦ φόνου σοι, παρθένε.
τοῦ δυσμενοῦς γὰρ καὶ πονηροῦ Ληστίου
ἡμᾶς ἀπειλήσαντος ἀποκτιννύειν
290 προήρπασας σὺ τὸν λιθόβλητον φόνον,
στερρῶς ὑπερθνήσκουσα τοῦ ποθουμένου.
Ὤμοι, πάτερ δύστηνε δυστήνου κόρης,
ἐγὼ τὸ σὸν γέννημα, τὴν σὴν παρθένον
ζωῆς ἀπεστέρησα καὶ φίλου βίου.
295 ἐπεγκάλει μοι τῆς θυγατρὸς τὸν φόνον,
πρὸς βῆμα συγκάλει με καὶ ζήτει κρίσιν
ἕλκων, μεθέλκων εἰς δόμους δικασπόλων,
ποινὴν ἀπαιτῶν τὴν δοκοῦσαν τοῖς νόμοις.
δοκεῖ δὲ πάντως, ὡς προέφθασας λέγων,
300 τὸν τοῖς λίθοις βαλόντα βληθῆναι λίθοις.
στέργοιμ' ἂν αὐτὸς τὸν φόνον τὸν ἐν λίθοις,
ἐπεὶ λίθῳ τέθνηκεν ἡ Χρυσοχρόη·
ἡ χεὶρ μόνον με Ληστίου φονευέτω,
ἡ δυσμενῶς κτείνασα καὶ τὴν παρθένον.
305 μηδὲ βραδύνῃς ἐγκαλεῖν μοι τὸν φόνον·
σπεύδω γὰρ ἐλθεῖν ἔνθα καὶ Χρυσοχρόη.
ἐπεὶ τὰ δεσμὰ τῆς γάμου κοινωνίας
Κράτανδρον οὐκ ἔμιξε τῇ σῇ παρθένῳ,
κἂν γοῦν θάνατος μιξάτω τοὺς ἀθλίους
310 ἕνωσιν οἰκτρὰν δυστυχοῦς κοινωνίας."

283 4.329; 7.142; Plat. Reip. 4, 430 a 3; Christophori Mityl. Carm. 136.134 Kurtz ‖
286b 3.122; Nic. Eugen. 5.270; 8.312; Ioann. Tzetzae Chil. 7.863 (855) ‖ 290b 1.345 ‖
292b Eurip. Hec. 46; H.F. 1033 ‖ 297a 4.172; AG 16.386.3; Georg. Pis. Exp. Pers. 2.160;
c. Severum 111; Hexaem. 851 ‖ 297b 1.315 ‖ 300 1.268–269; 1.345–346 ‖ 307b 2.280;
3.173; 3.201

285 ὤμοι Hercher ‖ 287 σοι UL : σου HV ‖ 298 δοκοῦσαν HV : οἰκοῦσαν UL ‖ 301 ἐν
λίθοις codd. (cf. 1.266) : ἐκ λίθων Gaulmin, Hercher ‖ 307 τῆς HV : τοῦ UL ‖ 308–310
om. UL ‖ 309 τῶν ἀθλίων Gaulmin

Καὶ ταῦτα μὲν τοσαῦτα καὶ τούτων ἄχρι·
ἤδη δ' ἐς αὐτὴν ἡμερῶν τὴν ἐννάτην
ὁ τῆς θανούσης δυστυχὴς φυτοσπόρος
λύσας τὸ πένθος, συσταλεὶς τῶν δακρύων
315   εἰς βῆμα χωρεῖ καὶ δικασπόλων δόμον
καὶ συγκαλεῖ με τὸν φονευτὴν εἰς κρίσιν.
καὶ συνιόντων τῶν μερῶν ἑκατέρων   *Δίκη Κράτωνος καὶ*
(ἐμοῦ μὲν ἔνθεν καὶ Κράτωνος καὶ Στάλης,   *Ἀνδροκλέος ἐπὶ*
ἐναντίον δὲ Μυρτάλης, Ἀνδροκλέος)   *Χρυσοχρόῃ*
320   πρῶτος πρὸ πάντων Ἀνδροκλῆς οὕτως λέγει·
"Ἄνδρες δικασταί, τοῦ καλοῦ συνήγοροι,
Δίκης σύνεδροι καὶ θεῶν παραστάται,
καλὸν μὲν ἦν μοι, ναὶ καλὸν καὶ συμφέρον
βιοῦν καθ' αὐτὸν εἰς τὸν ἅπαντα χρόνον·
325   τὸ γὰρ σιωπᾶν καὶ βλέπειν ἐμὰς τύχας
δημηγορικῶν ὑπερέκρινον λόγων·
οὐχ ὡς ἄτιμον τοὖργον ὑπολαμβάνων
(τί γὰρ γένοιτ' ἂν ὀλβιώτερον δίκης;),
τὴν δ' ἐμπλακεῖσαν τῇ δίκῃ στωμυλίαν
330   φευκτήν, μισητήν, ἐβδελυγμένην κρίνων.
ἐπεὶ δ' ὁ πεσσὸς τῆς κακοσχόλου Τύχης
ἄλλως κυλισθεὶς καὶ στραφεὶς ἐναντίως
ἤνεγκεν ἡμᾶς ἀμφὶ τὰ βδελυκτέα
καὶ πρὸς τὸ βῆμα συγκαλεῖ καὶ τὴν κρίσιν
335   ἄκοντας ἐλθεῖν τοὺς ἀπραγμονεστάτους,
ἰδοὺ παρέστην εἰς τὸ βῆμα καὶ λέγω.
Ἦν μοι θυγάτηρ τοὔνομα Χρυσοχρόη,
καλὴ μὲν εἶδος, ναὶ καλὴ καὶ παρθένος,
ἤδη δὲ πρὸς θάλαμον ἡτοιμασμένη
340   καὶ πρὸς γαμικὸν ζυγὸν ηὐτρεπισμένη.

312 cf. τὰ ἔνατα ap. Isaeum 2.36; 8.39; Aeschin. 3.225; Apul. Metam. 9.31; Donat. ad Ter. Phorm. 1.1.6; sacra novendalia ap. Petron. Sat. 65.10; Tac. Ann. 6.5 et al. ‖ 313b 6.252 ‖ 320a 3.100 ‖ 322a cf. Soph. O.C. 1382; Eurip. fr.295.1; Greg. Naz. Ep. 208 s.f. ‖ 331a Prodromi Carm. hist. 72.24; App. 1 ‖ 331b 6.355; Mich. Hapluchir. Dram. 33-34 et 108-110 Leone ‖ 338b 2.206; 7.185

312 αὐτὴν **HV** : αὐτῶν **UL** ‖ 317 inscr. **HVL** : δίκη κράτωνος πατρὸς κρατάνδρου καὶ ἀνδροκλέος ἐπὶ φόνῳ χρυσοχρόης **U** ‖ 325 βλέπειν] στέγειν Hercher ‖ 340 **UL** : om. **HV** | γαμικὸν **UL** : γάμον καὶ Hercher

ταύτην ὁ ληστὴς οὑτοσὶ κτείνει λίθῳ,
νύκτωρ ὑπελθὼν τὴν ἐμὴν κατοικίαν.
νῦν οὖν πάρεστι, καὶ δότω τὰς εὐθύνας
οὗ δυσσεβῶς ἥμαρτεν εἰς ἡμᾶς φόνου.
345 δώσει δὲ πάντως τὸν λιθόβλητον μόρον,
λίθῳ βαλὼν ἄθλιος ἀθλίαν κόρην."

Ἐγὼ μὲν οὖν ὥρμησα ταῦτα φαμένου
συνηγορῆσαι τῷ κατηγόρου λόγῳ
καὶ καθ' ἑαυτοῦ μαρτυρῆσαι τὸ δρᾶμα,
350 ἀλλ' ὁ Κράτων μοι τὸν λόγον προαρπάσας
"ἄνδρες" μετεῖπεν "εὐσεβεῖς δικασπόλοι,   Ἀπολογία Κράτωνος
εὐθὲς νομίζω, συνδοκοῦν καὶ τοῖς νόμοις,
ἐπακροᾶσθαι τῶν μερῶν ἑκατέρων
ᾧ τὸ κρίνειν ἔδωκεν ἡ θεία κρίσις,
355 καὶ τὴν δοκοῦσαν ὕστερον ψῆφον φέρειν.
νῦν οὖν λαβόντες τοὺς λόγους Ἀνδροκλέος,
καὶ τοὺς ἐμοὺς δέξασθε καὶ κρίνατέ με.

Ὁ μὲν φονευτής (ὡς δοκοῦν Ἀνδροκλέι)
ἐμῆς προήχθη δυστυχοῦς ἐξ ὀσφύος,
360 εἰς ἄχρι καὶ νῦν εὐγενῆ ζήσας βίον,
φόνων καθαρὸν καὶ συλημάτων ξένον
καὶ παντὸς αἰσχροῦ καὶ βδελυκτοῦ τοῖς νόμοις
(ἢ τίς κατηγόρησεν αὐτοῦ τοιάδε;)·
ἐπεὶ δ' ὁ σεμνὸς Ἀνδροκλῆς, ὁ γεννάδας,
365 ὁ τὴν σιωπὴν καὶ τὸν ἤρεμον βίον
στέργων, ἀγαπῶν καὶ πλέον τοῦ μετρίου,
πολλοὺς καθ' ἡμῶν ἐξερεύγεται λόγους,
χείλη πεταννὺς καὶ διαίρων τὸ στόμα

342a 2.285 ‖ 351b 1.396 ‖ 353 cf. Paroem. Gr. II 759 (Plat. Demod. 383 c et al.) μηδὲ
δίκην δικάσῃς, πρὶν ἀμφοῖν μῦθον ἀκούσῃς; Eurip. Heracl. 179–180; Androm.
957–958; Sen. Med. 199–200 ‖ 354b 7.134; Prodromi Carm. hist. 45.30; 2 ep. Clem.
20.4; Philon. De spec. legg. 3.121; Georg. Pis. Exp. Pers. 3.254; Bell. Avar. 431; Hexaem. 828 ‖ 359b 6.370; Prodromi Catomyom. 152; Gen. 35.11; 2 Chron. 6.9; Acta ap.
2.30; ep. ad Hebr. 7.5 ‖ 367b 4.84; Nic. Eugen. 3.49; Ps. 45.1; 119.171 ‖ 368b Demosth.
19.112 et 207; Luciani Toxaris 9 s.f. et al.

348 κατηγόρου U² : κατηγόρῳ HVLU¹ ‖ 349 κατ' ἐμαυτοῦ coni. Hercher ‖ 351 inscr.
HVUL (κράτωνος ἀπολογία U) ‖ 361 φόνων HV : φόνου UL ‖ 363 αὐτοῦ UL : αὐτοῖς
HV : αὐτῶν Gaulmin

καὶ τῆς σιωπῆς ὥσπερ ἐκλελησμένος,
370   καὶ τῷ Κρατάνδρῳ πλαστὸν ἀγγέλλει φόνον
καὶ συκοφαντεῖ τοὺς κακῶν ἐλευθέρους,
τὸ πῦρ παρέστω καὶ κρινάτω τὴν δίκην,
καὶ ψῆφον ἡμῖν ἐντελῆ παρασχέτω.
Μαρτύρομαι γὰρ τὴν ἐλέγκτριαν φλόγα
375   καὶ τὴν Σελήνην, τὴν θεάν, τὴν παρθένον,
ὡς ἐκτὸς ὁ Κράτανδρος ἐστὶ τοῦ φόνου.
ὅμως παρελθέτωσαν οἱ νεωκόροι,
τὸ πῦρ ἀναψάτωσαν ἑπταπλασίως.
ἰδοὺ Κράτανδρος εἰς μέσην βήτω φλόγα·
380   κἂν μὲν συλητής ἐστι καὶ μιαιφόνος,
ἔργον γενέσθω τοῦ πυρὸς καὶ θνησκέτω
(μισῶ γὰρ υἱὸν ἂν ἁλῷ φονουργίας)·
εἰ δ' οὐ φονευτής, ἀφλόγιστος ἐξίτω."
Ταῦτα κραταιῶς ἐμβοήσας ὁ Κράτων
385   καλῶς λέγειν ἔδοξε τοῖς δικασπόλοις·
τὴν γοῦν πυρὰν καύσαντες οἱ νεωκόροι
ἐλθεῖν ἐς αὐτὴν τὸν φονευτὴν ἠξίουν.
ἐπεὶ δὲ καὶ προῆλθον εἰς μέσην φλόγα,
τὸ πῦρ πατῶν ἄκαυστος ἐντὸς ἱστάμην.'
390   'Καινόν τι τοῦτο καὶ τεράστιον λέγεις',   Λέγει Δοσικλῆς
ἔφη Δοσικλῆς, 'εἰ τὸ πῦρ ᾐσθημένον,
ὡς μὴ φόνον δέδρακας, οὐκ ἔφλεξέ σε.'
'οὐ τῆς καμίνου, τῆς θεοῦ δὲ τὸ δρᾶμα,'
Κράτανδρος εἶπεν· 'ὡς δὲ μὴ πέπονθά τι,
395   ἕδραν λαβὼν καὶ θάρσος εὐθὺς ὁ Κράτων

369b 6.167 ‖ 375 Hymn. mag. in Lunam 14; 24; 26–27; 62; 76; Ioann. Gazaei Descript. mundi 1.217 ‖ 377–389 de iudicio dei cf. Soph. Antig. 264–265; Heliod. 8.9 et 10.8–9; (Strab. 5.2.9; 12.2.7; Plinii N.H. 7.19; Verg. Aen. 11.787–788); Raimundi Hist. Franc. pp. 120–122 ed. Hill et C. Cupane in RSBN n. s. 10–11 (1973–74) 147–168; Georg. Acropol. Chron. 50 (pp. 96–98 Heisenberg); Georg. Pachym. Mich. Pal. p. 92 ed. Bonn.; Ioann. Cantac. Hist. 3.27 (p. 172 s. ed. Bonn.); Du Cangium s. v. juisium; τζουίτζα et al. ‖ 378b cf. Daniel. 3.19; 3.22; 3.46 ‖ 379b 1.388; 7.488 ‖ 381a cf. Georg. Pis. Bell. Avar. 392 ‖ 390b 3.39 ‖ 393 τῆς θεοῦ] i.e. τῆς Σελήνης, τῆς παρθένου (v. 375)

383 ἀφλόγιστος UL (cf. 399) : ἀφλόγητος HV ‖ 388 καὶ H : om. VUL ‖ 390 inscr. HV L ‖ 393 δρᾶμα HV : θαῦμα UL

14

"ὁρᾶτε" φησίν, "εὐσεβεῖς δικασπόλοι,
ὅπως τὸ πῦρ ἔκρινεν εὐθεῖαν κρίσιν
καὶ τὸν καθαρὸν τῆς φονουργίας νέον
ἄκαυστον, ἀφλόγιστον ἔνδοθεν φέρει,

400 τὸν συκοφάντην ὡσπερεὶ κατακρίνον."
πρὸς ταῦτα κράξας συμμιγῆ φωνὴν μίαν
ὁ συμπαρεστὼς ὄχλος ἀμφὶ τὴν κρίσιν
τὸν συκοφάντην Ἀνδροκλῆν κακηγόρουν,
ἡμᾶς περικροτοῦντες εὐφήμοις λόγοις.

405 Οὕτω λυθέντος τοῦ τότε ξυνεδρίου
ἦλθον μετὰ Κράτωνος εἰς τὴν οἰκίαν·
καὶ μὴ στέγων ζῆν καὶ βιοῦν σὺν Κυπρίοις,
ἐξ οὗ τὸ κάλλος ἔσβετο Χρυσοχρόης,
πόρρω μετελθεῖν καὶ φυγεῖν διεσκόπουν.

410 καὶ γοῦν κατελθὼν εἰς θάλασσαν ἑσπέρας   *Φυγὴ Κρατάνδρου*
καὶ φορταγωγὸν εὐθὺς εὑρὼν ὁλκάδα
λύουσαν ἄρτι τοὺς ἐπὶ πρῴρας κάλως,
ἐμβὰς ἐν αὐτῇ τὴν φυγὴν ἐστελλόμην.

Ἤδη δ' ὑπερκύπτοντος ἀπὸ τῶν κάτω
415 καὶ ταῖς ἑαυτοῦ λαμπρύνοντος λαμπάσιν
ἄκρας κορυφὰς τῶν ὀρῶν τοῦ Φωσφόρου,
ἐγγὺς παρελθὼν ὁ στόλος τῶν βαρβάρων
φόρτου μετ' αὐτοῦ καὶ σὺν αὐτοῖς ἀνδράσι
τὴν δυστυχῶς πλέουσαν εἷλεν ὁλκάδα,

420 ἔχων προσυληθέντα μυρία σκάφη.   *Ἅλωσις*
στραφεὶς δὲ τηνικαῦτα πρὸς σὴν πατρίδα
καὶ τοὺς ἁλόντας ἐν μέσῳ κλείσας ζόφῳ
(τὸν κοινὸν ἀμφοῖν τοῦτον οἰκίσκον λέγω)
εἰς δευτέραν γοῦν ἁρπαγὴν ἀντετράπη.

425 τοσαῦτα τἀμά, συμφυλακίτα ξένε·

397b Aeschyli Eumen. 433 ‖ 401b 1.201; 8.127 ‖ 407 cf. Christ. pat. 698 ‖ 412b 2.24;
Nic. Eugen. 3.405 ‖ 413b 3.59 ‖ 417b 9.106 ‖ 418 5.130 ‖ 425b 3.111; 3.411; Nic. Eugen.
1.262; 2.31; 3.331; 9.44; Const. Man. Amor. 1.52 Hercher = fr.17.5 Mazal

400 κατακρίνων UL ‖ 403 ἀνδροκλῆν VUL : -κλῆ H ∣ κακηγόρουν HUL : κατηγό-
ρουν V, Gaulmin, Hercher ‖ 410 inscr. HVUL ‖ 412 ἄρτι HV : αὖθις UL ∣ κάλως HV
(cf. 2.24) : κάλους UL ‖ 419 εἷλεν Hercher : εἷλον HUL : εἷλκον V ‖ 420 inscr. HVL :
ἅλωσις κρατάνδρου U ‖ 421 σὴν Huet (ap. Gaulm. 38) : τὴν codd. ‖ 424 ἀντετράπη HV :
ἀνετράπην UL ‖ 425 post τοσαῦτα addunt μὲν UL

σὺ δ' ἀλλὰ τὰς σὰς ἀνταπάγγειλον τύχας.'
'οὐ νῦν' Δοσικλῆς εἶπε 'καιρός μοι λέγειν·
ἀλλ', εἰ δοκεῖ, κάμψαντες εἰς γῆν τὰ σκέλη
ὕπνῳ τὸ μακρὸν κουφιοῦμεν τῶν πόνων·
430 ἐσμὲν γὰρ ᾠδὰς εἰς τρίτας ἀλεκτόρων.'
Ὁ μὲν Δοσικλῆς καὶ Κράτανδρος οἱ ξένοι   Ὅραμα
κλιθέντες εἰς γῆν μαλακὴν οἷα κλίνην
ὕπνου μετέσχον ἄχρις αὐγῆς ἡλίου·
ὁ Μιστύλος δέ (τοῦτο γὰρ ὁ λῃστάναξ)
435 ἔωθεν ἐκβὰς τῆς φίλης κατοικίας
τοὺς αἰχμαλώτους τοὺς πεφυλακισμένους
ἄγειν κελεύει τοῖς ὑπ' αὐτὸν βαρβάροις.
τὴν γοῦν φυλακὴν εἰσιὼν ὁ Γωβρύας
ἅπαντας αὐτοὺς ἐκτὸς εὐθὺς ἐξάγει
440 καὶ τῷ βασιλεῖ Μιστύλῳ παριστάνει.
Ὁ λῃστάναξ δὲ τὸν Δοσικλέα βλέπων
καὶ τὴν Ῥοδάνθην εὐθέως μεταβλέπων,
οὐκ εἶχεν οἷον ἐκπλαγήσεται πλέον·
ἄμφω γὰρ ἤστην ἀγαθὼ τὴν ἰδέαν.
445 καταπλαγεὶς δὲ τοῦ προσώπου τὴν χάριν,
'ταύτην μὲν' εἶπε 'τὴν καλὴν συζυγίαν
καὶ τουτονί', Κράτανδρον ὑποδεικνύων,
'εἰς τὴν φυλακὴν ἀντίπεμψον, Γωβρύα·
δώσω γὰρ αὐτοὺς τοῖς θεοῖς νεωκόρους.
450 τοῦτον δὲ τὸν κλαίοντα, τὸν γηραλέον
(κλαίει δὲ πάντως τὴν σφαγὴν ὑποτρέμων)',
δείξας Στρατοκλῆν, 'πέμψον εἰς τὴν πατρίδα,
ἐλευθερώσας δουλικῆς πικρᾶς τύχης.

430 2.320; Christoph. Mityl. Carm. 131.25; ev. Matth. 14.30; 14.72 ‖ 433b Prodromi
Carm. hist. 4.109 ‖ 434 4.75 ‖ 436 3.170; 3.431; Prodromi Catomyom. 8 ‖ 437 4.117;
7.357 ‖ 445 = 3.152. cf. Nic. Eugen. 2.170; 6.267–268 ‖ 446b 7.328 ‖ 449 3.172; 3.198 ‖
453b 1.465; 7.5; 7.139; 7.197–198; 8.354 | 2.169; 6.134; 6.206; 6.271; 7.55; Prodromi
Carm. hist. 72.27; Ioann. Tzetzae Chil. 7.863 (855); Const. Man. Amor. fr.68.8 Mazal

426 ἀνταπάγγειλον Hercher (cf. 5.25; 7.193) : ἀντεπάγγειλον codd. ‖ 430 εἰς HU²L :
ἐς VU¹ ‖ 431 inscr. HV ‖ 444 ἦσαν Gaulmin, Hercher | ἀγαθὼ HV : ἀγαθοὶ UL ‖
449 αὐτοὺς HU²L : αὐτοῖς VU¹ ‖ 450 κλαίοντα Hercher : κλέανδρον H¹U²L (cf. 447
Κράτανδρον) : κλέανδρον H²VU¹ : ἄνανδρον Huet (ap. Gaulm. 42) ‖ 452 στρατοκλῆν V :
-κλῆ HUL

τοὺς τέτταρας δὲ τοὺς κεκυφότας κάτω,
455 οὓς ἡ θέα δείκνυσιν εἶναι ναυτίλους,
κτανὼν δὸς αἷμα τοῖς θεοῖς πεπωκέναι.
τοὺς γὰρ προνοίᾳ τῶν θεῶν σεσωσμένους
καὶ τὴν ἑαυτῶν ἀνταπελθόντας πόλιν
θύειν τὰ σῶστρα τοῖς σεσωκόσι πρέπει·
460 θεοῖς δὲ πάντως τοῖς θαλασσίοις φίλον
αἷμα προπίνειν ναυτίλων ἁλιπλόων.
ἄλλοι δὲ πάντες, εἰ μὲν ἐκ φυτοσπόρων
ἢ γοῦν ἀδελφῶν ἢ φιλοστόργων τέκνων
λυθῶσιν, ἐλθέτωσαν εἰς τὰς πατρίδας
465 ἢ δουλικῆς γοῦν πειραθήτωσαν τύχης.'
Οὕτω κελεύσας Μιστύλος τῷ Γωβρύᾳ
εἰς τὸν μερισμὸν τῶν σκύλων μετετράπη,
καὶ μνᾶς ἑκάστῳ δὶς χαρίζεται δέκα,
αὐτὸς πρὸ πάντων τετράκις λαβὼν τόσας
470 (ἐν γὰρ μερισμοῖς τοῦτον εἶχε τὸν νόμον)·
καὶ πᾶν ἄγαλμα τῶν θεῶν τῶν ἐν Ῥόδῳ
εἰς τῆς Σελήνης τὸν νεὼν ἀνθιδρύει.
Ὁ γοῦν Στρατοκλῆς προσταγῇ τοῦ Γωβρύου
τὴν ἀπάγουσαν εἰς τὸν οἶκον ἐστάλη,
475 καὶ τῶν ἀτυχῶν ἡ τετρακτὺς ναυτίλων
θνήσκει σφαγεῖσα τῷ ξίφει τοῦ Γωβρίου,
πρῶτον προδακρύσασα πικρῷ δακρύῳ
τοὺς πατέρας, τὰ τέκνα, τὰς ὁμοζύγους.
ὁ μὲν γὰρ ἐξῴμωξεν ἄθλιον βρέφος,
480 μικρόν, νεογνὸν καὶ γεγαλακτισμένον·
ἄλλος δὲ τὸν τεκόντα, τὸν γηραλέον
ἔκλαυσεν, ὠλόλυξεν, οἰμώξας μέγα·
ὁ δ' οἰκτρὸν ἐθρήνησε τὴν ὁμευνέτιν,
καλὴν νεαροῦ νυμφίου νύμφην νέαν.

454-456 cf. Nic. Eugen. 4.93–95 ‖ 454b Aristoph. Vesp. 279; Theophr. Char. 24.8; Luciani Amor. 44 ‖ 457 2.455; 3.75; 8.321; 9.156 ‖ 460 5.421; 6.5 ‖ 474b 3.121 ‖ 477b 1.275; 6.440; Odyss. 4.153; Isai. 22.4; 33.7; ev. Matth. 26.75; ev. Lucae 22.62 et al. ‖ 479b 4.188 ‖ 482 8.168; 9.212; Prodromi Catomyom. 98 ‖ 483b cf. Prodromi Catomyom. 216 et al.; Sophocl. Aiac. 501

461 ἁλιπνόων UL ‖ 470 εἶχε VU : εἶχον HL ‖ 472 σελήνης HV : ἑλένης UL ‖ 478 τὰς H^corr. U² : τοὺς VU¹ L

485   Ναυσικράτης δὲ καρτερῶς, ἀδακρύτως   Θάνατος Ναυσικράτους
      εἰς τὴν σφαγὴν ἔσπευδεν ὥσπερ εἰς πότον,
      τοῦτο προειπὼν ἱλαρᾷ τῇ καρδίᾳ·
      'χαίροιτε, δεῖπνα καὶ πότοι τῶν ἐν βίῳ
      καὶ τῶν τραπεζῶν ἡ πολυτελεστέρα·
490   πλησθεὶς γὰρ ὑμῶν εἰς κόρον Ναυσικράτης
      κάτεισιν εἰς Ἅιδος ἄσμενος δόμον,
      καὶ τῶν θανόντων ἱστορήσει τοὺς πότους,
      ἐπόψεται δὲ νεκρικὰς εὐωχίας.'
      ἔλεξεν οὕτως καὶ τὸν αὐχένα κλίνας
495   'ὦ δεῦρο' φησί, 'Γωβρύα, σπάθιζέ με·
      ἰδοὺ πρόχειρος εἰς σφαγὴν Ναυσικράτης.'
      καὶ δὴ προτείνας τὴν σπάθην ὁ Γωβρύας
      ἔκτεινεν οἰκτρῶς τὸν καλὸν Ναυσικράτην.
      οἱ γοῦν παρόντες τοῖς τελουμένοις τότε
500   πάντες κατεπλήττοντο τὸν τεθνηκότα
      καὶ τὴν ἀκατάπληκτον αὐτοῦ καρδίαν.
         Ὁ δὲ Κράτανδρος οὐκ ἄνευ Δοσικλέος,
      οὐδ' αὐτὸς ἐκτὸς τῆς ποθουμένης κόρης,
      εἰς τὴν φυλακὴν ἀνταπῆλθοσαν πάλιν.
505   καὶ δὴ Κράτανδρος φησὶ πρὸς Δοσικλέα·
      'τῶν μὲν καθ' ἡμᾶς τοῖς θεοῖς φροντιστέον
      (ναὶ γάρ, Δοσίκλεις, τοῖς θεοῖς πάντων μέλον)·
      σὺ δ' ἀλλὰ τὰς σὰς ἡμῖν ἀγγέλλοις τύχας,
      διδοὺς τελευτὴν τῷ προϋπεσχημένῳ.'
510   'κλαυθμοὺς μέν, οἶδα, καὶ ῥοὰς τῶν δακρύων
      ἡμᾶς ἀπαιτεῖς, συννεώτερε ξένε',
      ἔφη Δοσικλῆς οὐκ ἀδάκρυτον λόγον·

---

489 2.84; 3.139; Nic. Eugen. 7.324; Democriti B 210; Plut. Quaest. conviv. 660 F ‖
491 2.372; Iliad. 3.332 et al. ‖ 494b 7.342; 7.471 ‖ 495b 3.107; 5.388; Nic. Eugen. 1.23 ‖
503b 3.265; 6.163 ‖ 507b Eurip. Phoen. 1198; Androm. 1251 et al. ‖ 508 1.426; 2.169 ‖
509b cf. 1.427 ‖ 510b Nic. Eugen. 3.124; 6.342 ‖ 511b συννεώτερε] i.q. συνηλικιῶτα, cf. Io-
ann. Malal. Chron. 7 p.181.17 Dindorf ‖ 512 = 3.507. cf. 6.221; Nic. Eugen. 3.45;
3.202; 6.235; 8.330

485 inscr. HL ‖ 487 προειπὼν HUL : προσειπὼν V, Gaulmin, Hercher ‖ 492 πότους
HUL : τόπους V ‖ 504 ἀνταπῆλθοσαν UL : ἀντεπ- HV ‖ 507 πάντων μέλον HV :
πάντων μέλει L : πάντως μέλει U : πάντως μέλοι Gaulmin, Hercher ‖ 508 ἀγγέλοις
codd., corr. Gaulmin ‖ 511 συννεώτερε scripsi : συννεωκόρε codd.

'τῶν γὰρ παλαιῶν εἰς ἀνάμνησιν φέρεις·
ὅμως (τί γὰρ πάθωμεν αἰτοῦντος φίλου;)
515   ἐντεῦθεν ἀρχὴν ἡ διήγησις λάβοι.'

TOY AYTOY
ΤΩΝ ΚΑΤΑ ΡΟΔΑΝΘΗΝ ΚΑΙ ΔΟΣΙΚΛΕΑ
ΒΙΒΛΙΟΝ ΔΕΥΤΕΡΟΝ

'Ἄρτι προσήπλου τὰς ἑαυτοῦ λαμπάδας   Δοσικλέος πρὸς
ὁ λαμπρὸς ἀστὴρ ἐς μέσην τὴν ἡμέραν,   Κράτανδρον διήγησις
ἡμεῖς δὲ τὸν 'Ρόδιον ἀγχοῦ λιμένα   περὶ τῶν καθ' αὑτόν
εὔπλως παραπλεύσαντες εὐφόροις τύχαις
5   (οὕτω νομισθὲν καὶ κριθὲν τοῖς ναυτίλοις)
τὴν ναῦν παρωρμίσαμεν εἰς τὸν λιμένα,
μικροῦ παρ' αὐτὸ συνθρυβεῖσαν τὸ στόμα
καὶ συρραγεῖσαν καὶ βυθισθεῖσαν κάτω.
τὰ μὲν γὰρ ἔνδον ἀσφαλῆ τοῦ λιμένος·
10   οὐ κυμάτων θροῦς, οὐ λόφοι καὶ χάσματα
(τούτων ἐκείνοις ἀντεπεξηγερμένων
πυκνῇ ταραχῇ καὶ συχνῇ μετακλίσει,
καὶ τῶν λόφων μὲν ἀντιχασματουμένων,
τῶν χασμάτων δὲ τοὔμπαλιν λοφουμένων),
15   οὐδ' ἀντέγερσις πνευμάτων ἀντιπνόων
δινεῖ τὸ ῥεῖθρον καὶ κυκᾷ τὰς ὁλκάδας·
μόνη δὲ πάντως ἡ πύλη τῆς εἰσόδου,
στενὴ κομιδῇ καὶ κατάφρακτος λίθοις·
μόγις μία τις τῶν μεγίστων ὁλκάδων
20   ἄψαυστος ἔλθοι καὶ περάσοι τὴν θύραν.

514 2. 81; 7. 231; 9. 259; Nic. Eugen. 6. 351; Aristoph. Nub. 798; Av. 1432; Eurip.
Hec. 614; Suppl. 257; Phoen. 895 et al.

1 προσήπλου] cf. Sophronii Hierosol. Vitam Anastasii, PG 92, 1720 A || 3 Nic. Eugen.
3. 15 || 6 Nic. Eugen. 3. 24 || 10b 2. 14; 6. 212–213 || 11b 5. 280 || 15b 2. 317; Aeschyli Prom.
1987; Agam. 147; Nonni Dionys. 5. 275; 11. 438; 37. 73; 39. 382

515 λάβοι Hercher : λάβῃ codd.
inscr. HVL : sine τοῦ αὐτοῦ U || 1 inscr. HVUL || 6 παρωρμίσαμεν H : -μήσαμεν
VUL || 10 λόφοι καὶ HV : λόφος, οὐ UL || 12-13 om. VUL || 15 ἀντιπνόων HUL (cf.
317) : ἀντιθρόων V, Hercher || 16 κυκᾷ HV : κυκλοῖ UL, Hercher || 19 μία HV : βία
UL (βίᾳ Gaulmin)

THEODORVS PRODROMVS

Ἡμῖν μὲν οὖν εὔορμον ἦλθε τὸ σκάφος,
κακῶν ἀθιγές, ὑγιές, σεσωσμένον,
τοῦ ναυτιλάρχου τῇ τέχνῃ Στρατοκλέος·
καὶ τοίνυν ἐξάψαντες ἐκ πρῴρας κάλως,
25 στερραῖς δὲ δεσμήσαντες αὐτὴν ἀγκύραις,
ἄνιμεν εὐθὺς εἰς Ῥόδον, ναύτας δύο
μόνους λιπόντες φυλακὴν τῆς ὁλκάδος.
ὁ δὲ Στρατοκλῆς, τῆς νεὼς ὁ προστάτης,
ἄγει μὲν ἡμᾶς ἐς φίλου συνεμπόρου,
30 ἔξω λιπὼν δὲ τῆς πύλης, αὐτὸς μόνος
εἰσῆλθεν ἐντὸς καὶ προσεῖπε τὸν φίλον.
ἐκστὰς δ' ἐκεῖνος τῷ δυσέλπτῳ τῆς θέας,
ἀντιπροσεῖπε τὸν φίλον Στρατοκλέα
καὶ τῷ τραχήλῳ γνησίως προσεπλάκη
35 καὶ "χαῖρέ μοι, κάλλιστε τῶν συνεμπόρων"
εἰπὼν ἐρωτᾷ· "σώζεταί σοι τὰ βρέφη,
καλὲ Στρατόκλεις; ὑγιὴς ἡ Πανθία;"
"Εὔνους κυβερνᾷ τὴν ἐμὴν ζωὴν Τύχη,   Ἀπόκρισις Στρατοκλέο
ἄριστε Γλαύκων" ὁ Στρατοκλῆς ἀντέφη,   πρὸς τὸν αὐτοῦ φίλο
40 "καὶ πᾶσιν ἄλλοις δεξιῶς ἐπιβλέπει·   Γλαύκων
ὁ παῖς δέ μοι τέθνηκεν Ἀγαθοσθένης
θάνατον οἰκτρὸν συμπεσούσης τῆς στέγης."
ἔλεξε ταῦτα καὶ στενάξας ἐκ βάθους
θερμοὺς σταλαγμοὺς ἐστάλαττε δακρύων,
45 ἐλθὼν ἐς ἀνάμνησιν Ἀγαθοσθένους.
"εἰς αὔριον μὲν τῷ θανόντι παιδίῳ
κοινῇ σὺν ἡμῖν" εἶπεν ὁ Γλαύκων "θύσεις
χοάς, ἀπαρχὰς δακρύων, κερασμάτων·
νῦν δ' ἀλλὰ δεῦρο συγκάλει τοὺς συμπόρους
50 κοινῇ μετασχεῖν τῆς παρ' ἡμῖν ἑστίας,

32b 3. 496; 6. 290 ‖ 34 3. 63; Nic. Eugen. 6. 238 et al. ‖ 42b 8. 73; Eurip. H. F. 905 ‖
43b 4. 233; 6. 92; Nic. Eugen. 1. 285; 2. 7 et al. ‖ 44 3. 86; 3. 158; 3. 488; Nic. Eugen.
8. 70; Iliad. 7. 426; Soph. Trach. 919 et al. ‖ 50a Eurip. El. 607; Hippol. 731

21 εὔορμον HVL : εὔδρομον U ‖ 22 κακῶν HV : καλὸν UL ‖ 30 δὲ λιπὼν Hercher ‖
31 ἐντός UL (cf. 59) : ἔνδον HV ‖ 38 inscr. HVL │ αὐτοῦ L : αὐτῷ H : om. V ‖
39 γλαύκων HV : γλαύκον UL ‖ 42 συμπεσούσης HVL (cf. 8. 73) : ἐμπεσούσης U ‖
44 ἐστάλαττε HV (cf. 6. 161) : ἐστάλαζε UL ‖ 45 ἐς Le Bas : εἰς codd. ‖ 46 εἰς αὔριον
Gaulmin (486), Hercher (cf. 4. 109) : ἐσαύριον codd. ‖ 50 ἡμῖν HV : ἡμῶν UL

20

κοινῇ φαγέσθαι τῶν παρόντων ἁλάτων."
τούτους ἐκεῖνος συμπεραίνει τοὺς λόγους
καὶ τὴν γυναῖκα συγκαλεῖ Μυρτιπνόην
"γύναι" λέγων, "πρόστηθι τῆς πανδαισίας,
55 τίθει τράπεζαν εἰς τὸν ὕπαιθρον δόμον,
κάλει δὲ φαγεῖν τοὺς φίλους Στρατοκλέος."
Εἰσήλθομεν γοῦν τῷ λόγῳ Μυρτιπνόης.
ἀλλ' ἡ Ῥοδάνθη καὶ λιμαγχονουμένη
οὐκ ἦλθεν ἐντὸς ἐντροπῆς ἀντιστάσει,
60 νεύσει δὲ χειρὸς συγκαλεῖ με καὶ λέγει·
"ἄνερ, γινώσκεις τὴν ἐμὴν σαφῶς τύχην
(καλῶ γὰρ ἄνδρα τὸν φίλον Δοσικλέα,
ὅν μοι συνῆψαν οὐ γάμοι καὶ παστάδες,
οὐ νυμφικὴ σύζευξις, οὐ μία κλίνη,
65 οὐ τῆς ἐπ' ἀμφοῖν συμπλοκῆς αἱ συνδέσεις,
σχέσις δὲ σεμνὴ καὶ πόθος πάθους δίχα
καὶ δεσμὸς ἁγνὸς σωμάτων ἀσυνδέτων)·
ἄνερ, γινώσκεις τὴν ἐμὴν σαφῶς τύχην·
ἐγὼ γὰρ εἰμι καὶ γυνὴ καὶ παρθένος,
70 καὶ παντὸς ἀνδρὸς ὄψιν εὐλαβουμένη,
πλέον δὲ πολλῷ τοῦ σαφῶς ἀλλοτρίου,
μή πού τις ἡμᾶς ἐμπαθέστερον βλέποι
κόραις πονηραῖς δυσγενῆ θεωρίαν·
πῶς οὖν, Δοσίκλεις, εἰσιοῦσα τὴν θύραν
75 τόσων μετ' ἀνδρῶν συμφάγω γυνὴ μία;"
"Ὡς εὖ γέ σοι γένοιτο τῆς ὁμιλίας",
μικρὸν διασχὼν εἶπα, "σεμνὴ παρθένε·
διδοῖς γὰρ ἡμῖν τοῦ πόθου τὰς ἐγγύας
ὀρθάς, ἐναργεῖς, ἀσφαλεῖς, πεπηγμένας,
80 καὶ τὰς πονηρὰς ἐξάγεις ὑποψίας.
νῦν δ' ἀλλὰ δεῦρο τοῦ φαγεῖν (τί γὰρ πάθῃς;),
ἐπείπερ ἡμᾶς εἰσκαλεῖ Μυρτιπνόη.

---

52 7.304 || 55b i.e. τὸ κηπίον, 2.93; 9.240 || 58b Prodromi Carm. hist. 45.47; Deuteron.
8.3 et al. || 60 Nic. Eugen. 6.264 || 63b 1.216–217 || 64a Nic. Eugen. 6.394 || 71a 3.208;
8.351 || 76 2.479; 8.328–329 || 77a 2.160; 3.180; 3.375; 4.133 | 77b 9.164; 9.245

65 ἐπ' UL : ἀπ' HV || 67 ἀσυνδέτων UL : ἀσυνθέτων HV || 69 καὶ γυνὴ HV : γυνή
τε UL || 82 εἰσκαλεῖ HV : ἐγκαλεῖ UL

ἄλλως δὲ καὶ σὺ ταῖς τρυφαῖς εἰθισμένη
καὶ τῶν τραπεζῶν ταῖς πολυτελεστέραις,
85 πῶς ἀτροφήσεις εἰς ὅλην τὴν ἡμέραν,
καὶ ταῦτα λύπῃ καὶ κόπῳ καὶ ναυτίᾳ
τὴν σάρκα τὴν κάτισχνον ἐκτετηγμένη;"
Εἰσήλθομεν γοῦν τῆς κόρης πεπεισμένης.
ἰδὼν δὲ πάντας εἰσιόντας ὁ Δρύας,
90 Γλαύκωνος υἱός, εὐσταλὴς νεανίας,
"χαίροιτε" φησίν, "οἱ φίλοι Στρατοκλέος,
καὶ δεῦρο συγγεύοισθε κοινῶν ἁλάτων."
εἰπὼν δὲ πάντας εἰς τὸ κηπίον φέρει,
ὅπου φαγεῖν ἔταξεν ἡ Μυρτιπνόη.
95 καὶ γοῦν ὁ Γλαύκων ἐξαναστὰς τῆς κλίνης   Δεῖπνον Γλαύκωνο
ἡμᾶς προσειπὼν ἠξίου καθισμάτων.
ἄνω μὲν αὐτὸς ἐς κορυφαῖον θρόνον
ὁμοῦ καθεσθεὶς τῷ φίλῳ συνεμπόρῳ·
εὐθὺς δ' ὑπ' αὐτοὺς δεξιὰ Μυρτιπνόη,
100 καὶ δὴ μετ' αὐτὴν ἡ Ῥοδάνθη, καὶ τρίτη
Μυρτιπνόης παῖς, παρθένος Καλλιχρόη·
τὰ δ' ἔνθεν ἡμεῖς ὑπὸ τὸν Στρατοκλέα,
ἐγὼ μετ' αὐτόν, καὶ κατωτέρω Δρύας,
τρίτος δ' ὑφ' ἡμᾶς ναυτίλος Ναυσικράτης.
105 οὕτω μὲν εἶχε τῆς καθέδρας ἡ θέσις·
καὶ πάντες εἰστιῶντο λαμπροῖς σιτίοις.

* * * * * * * * * * *

ὑπὸ Στρατοκλεῖ λιγυρῶς κεκραγότες,
ᾠδῆς ἀγαθῆς ἐμμελῶς ἡγουμένῳ.
εὐθὺς δ' ἀναστὰς τοῦ πότου Ναυσικράτης
110 ὄρχησιν ὠρχήσατο ναυτικωτέραν.
Ἄλλοις μὲν ἡδὺ τὸ Στρατοκλέος μέλος,
ἐμοὶ δὲ καλὸν τῆς Ῥοδάνθης τὸ στόμα·

---

85 9.407 ‖ 87b Luciani Timon. 17 ‖ 95b 3.299; 6.4; 7.188; Nic. Eugen. 1.200; 9.300 ‖
97-105 cf. Achill. Tat. 1.5.1 ‖ 106b 9.228 ‖ 110 cf. Nic. Eugen. 7.278 ‖ 111-139 cf. Horat.
Carm. 1.7; Ioann. Geom. Carm. 54; Christoph. Mityl. Carm. 19.1-4

88 γοῦν HV : οὖν UL ‖ 95 inscr. HVL ‖ 106 post hunc versum lacunam signavi,
transitum a cena ad symposium (cf. 109 τοῦ πότου) continentem

καλὸν δὲ καὶ τὸ φθέγμα τοῦ Στρατοκλέος,
ὡς εἰς Ῥοδάνθης ἀκοὴν ἀφιγμένον.
115 ἄλλοις ἐραστὸν τῆς μελῳδίας πλέον
τὸ στρέμμα καὶ λύγισμα τοῦ Ναυσικράτους,
ἀγροικικὸν μέν (τί γὰρ ἢ Ναυσικράτους;),
οὐ μὴν γελώτων ἐνδεὲς καὶ χαρίτων·
ἐμοὶ δὲ καλὴ τῆς Ῥοδάνθης ἡ χρόα.
120 ἄλλοι τὸν οἶνον ηὐλόγουν τὸν ἐν Ῥόδῳ,
ὡς ἡδὺν εἰς ὄσφρησιν, ἡδὺν εἰς πόσιν·
ἐγὼ δὲ τοῦτον ηὐλόγησα πολλάκις,
ὡς εἰς Ῥοδάνθης πλησιάζοντα στόμα,
ἢ καὶ τὸ κόνδυ μακαριστὸν ᾠόμην,
125 ὡς τῆς Ῥοδάνθης τοῦ καλοῦ χείλους θίγον.
τί μοι τὰ πολλὰ καὶ τί μοι μακρὸς λόγος;
ἐζηλοτύπουν τῷ κυπέλλῳ πολλάκις
τῶν τηλικούτων θιγγάνοντι χειλέων.
ἄλλοις ποθεινὸς ὁ Δρύας, καλὸς νέος,
130 πρώτοις ἰούλοις τὴν γένυν περιστέφων,
λευκὸς τὸ χρῶμα, χρυσοειδὴς τὴν τρίχα,
ὤμους ἐς αὐτοὺς καθιεὶς τοὺς βοστρύχους,
καὶ τἆλλα σεμνὸς καὶ καλὸς τὴν ἰδέαν·
ἐμοὶ δὲ καλὸς ὁ Δρύας ἐκ τοῦ θρόνου
135 ἀντιπροσωπῶν τηλικαύτῃ παρθένῳ.
ἄλλοι δὲ τὸν Γλαύκωνα καὶ Μυρτιπνόην
θαυμασίους ἔφασκον ὡς φιλοξένους·
ἐμοὶ δὲ θαυμάσιος ἡ συζυγία,
ὅτι ξενίζει τηλικαύτην παρθένον.
140 Τόσην τὸ δεῖπνον εἶχε τὴν θυμηδίαν.
ἀλλ' ὁ προσηνὴς μειρακίσκος ὁ Δρύας,

116a Eupolid. fr. 339 Kock; Aristoph. Ran. 775; Plat. Reipubl. 3, 405 c 1; Philostr.
Vitae Apoll. 4. 39 s. f.; Suda s. v. 772 λυγίζει ‖ 119 2. 246 ‖ 123-128 Nic. Eugen.
9. 207–211 ‖ 126 7. 237; 8. 457; Ioann. Mauropi Carm. 105. 27 ‖ 130a 7. 217; Theocr.
15. 85; AG 16. 381. 1; Ioann. Geom. Carm. 2. 11–12; 3. 32 ‖ 131a cf. 1. 42; 7. 221; Nic.
Eugen. 2. 209; 4. 242; 8. 122 et saepius | 131b Nic. Eugen. 1. 137; 4. 80; Plut. Amator. 771
B ‖ 132 7. 219; Nic. Eugen. 4. 353; Luciani Dial. deorum 6 (2). 2 et al. ‖ 133b 7. 214;
7. 493; 7. 500 ‖ 135 cf. 2. 100 et 103; Nic. Eugen. 9. 206 ‖ 139b 1. 254; 2. 135; 3. 281

113 τοῦ HV : τὸ UL ‖ 115 ἄλλοις ⟨δ'⟩ Gaulmin, Hercher ‖ 116 λίγυσμα codd., corr.
Gaulmin (487) et Huet (ap. Gaulm. 58) ‖ 140 inscr. παροινία Δρύου U, om. HVL

ἁλοὺς ἔρωτι τῆς Ῥοδάνθης ἀδίκῳ,
βακχῶν προπηδᾷ καὶ κρατῆρα λαμβάνει,
λαρὸν δὲ κιρνᾷ τοῖς ξένοις πιεῖν πόμα.
145 εἰς γοῦν Ῥοδάνθην ἐμμανῶς ἀφιγμένος
διδοῖ προπιὼν τὸν κρατῆρα τῇ κόρῃ·
ἡ παρθένος δὲ γνοῦσα τὴν σκαιωρίαν
ἀποστρέφει μὲν τῷ Δρύαντι τὸν σκύφον,
σοφίζεται δὲ δυσπαθοῦσαν καρδίαν.
150 ταῦτα δράσαντος καὶ παθόντος τοῦ νέου,
"τοὺς εὐγενεῖς μείρακας" ὁ Γλαύκων λέγει,
ὡς ἂν λάθῃ Δρύαντος ἡ παροινία,
"φίλε Στρατόκλεις, ποῖ κομίζεις καὶ πόθεν;
καὶ τίνος εἰσὶ πατρίδος, τίνος γένους;"
155 "αὐτοὶ λέγοιεν" ὁ Στρατοκλῆς ἀντέφη,
"τίνες, πόθεν, ποῖ, καὶ τύχην καὶ πατρίδα."
καὶ δὴ πρὸς ἡμᾶς ἀντικάμψας τὸν λόγον
"λέγοιτε" φησὶ "τὰς ὑμῶν τύχας, ξένοι,
ἀνδρὸς καλοῦ Γλαύκωνος ἀκροωμένου."
160 Πρὸς ταῦτα μικρὸν συμπεδήσας τὸ στόμα,
δριμὺ στενάξας "ὦ Στρατόκλεις" ἀντέφην,
"ἦ που τὸ δεῖπνον, τὴν χαρὰν καὶ τὸν γέλων
ἐπὶ στεναγμοὺς ἀξιοῖς ἐπιστρέφειν;
ἦ που τὸ καλὸν κόνδυ τῶν κερασμάτων
165 πλήσειν ἀπείρων δακρύων ἐπιτρέπεις;"
τούτους ὁ Γλαύκων τοὺς λόγους ὑποφθάσας
"λέγοις τὰ σαυτοῦ καὶ τὰ τῆς κόρης λέγοις,
τέκνον Δοσίκλεις", εἶπε μικρὰ δακρύσας·
"πικρὰς γάρ, ὡς ἔοικεν, ἀγγελεῖς τύχας."
170 Καὶ τοίνυν ἔνθεν τοῦ λέγειν ἀπηρχόμην·
"Ἄβυδος ἡμῖν ἡ πατρίς, Γλαύκων φίλε.

Δοσικλέος πρὸς
Γλαύκωνα διήγησις περὶ
τῶν καθ' αὑτό...

143a Aeschyli Septem 498 ‖ 144 λαρὸν ... πόμα] Odyss. 2.350; Apoll. Rhod. 1.456 ‖
146-147 Achill. Tat. 2.9.2–3 ‖ 147b 9.7; 9.85; Ioann. Tzetzae Chil. 8.903 (896); Suda
s.v. ‖ 160 = 3.180 ‖ 161a 6.92 ‖ 162-165 Eustathii Macrembol. Amor. 8.12.2 ‖ 165 cf. 2.48;
8.169; Prodromi Carm. hist. 39.7 ‖ 166 2.407 ‖ 169 6.134; 6.206

143 βακχῶν scripsi (cf. 145 ἐμμανῶς) : βάκχον codd. ‖ 152 λάθῃ VUL : λάθοι H ‖
156 ποῖ Hercher (cf. 153) : ποῦ codd. ‖ 168 μικρὰ HV : μακρὰ UL, Hercher ‖ 170 inscr.
HV : ἐντεῦθεν ἡ ἀρχὴ τοῦ δράματος τῶν κατὰ δροσίλλαν καὶ χαρικλέα U | ἀπηρχόμην
HV : ἀπαρχοίμην UL

24

πατὴρ ἐμοὶ Λύσιππος, υἱὸς Εὐφράτου,
μέγας στρατηγός, τῇ δὲ παρθένῳ Στράτων·
μήτηρ ἐμοὶ Φίλιννα, τῇ κόρῃ Φρύνη.

175 ταύτην δὲ πατὴρ ὁ προλεχθεὶς ὁ Στράτων
ἔσωθεν ἐγκέκλεικε μικροῦ πυργίου,
ὡς ἂν δύσοπτος ἀρσένων κόραις μένῃ,
οὐδ' ἐκτὸς ἐλθεῖν τῆς φυλακῆς ἠξίου,
εἰ μὴ ῥυπανθὲν τῆς κόρης τὸ σαρκίον
180 ἔχρῃζε λουτροῦ καὶ ῥοῆς καθαρσίου.
ταύτην μὲν οὕτως ἠσφαλίζετο Στράτων,
ὡς ἂν ἐραστοῦ λίχνον ὀφθαλμὸν φύγῃ·
οὐ μὴν φυγεῖν ἴσχυσε τὸν Δοσικλέος.

ὡς γὰρ τυχηρὰν ἤνυόν ποτε τρίβον,
185 ἤδη κλινούσης εἰς τέλος τῆς ἡμέρας,
ἰδοὺ Ῥοδάνθη πρὸς τὸ λουτρὸν ἠγμένη
ὑπὸ προπομποῖς, ὑπ' ὀπαδοῖς μυρίοις.
ἰδὼν προσῆλθον καὶ προσελθὼν ἠρόμην
τὰς ἀκολούθους, τίς, τίνων ἡ παρθένος,
190 καὶ τὸν Στράτωνα μανθάνω καὶ τὴν Φρύνην.

Καὶ γοῦν σπαραχθεὶς ὡς βέλει τὴν καρδίαν
(ἔγνων γὰρ αὐτῷ τῷ λόγῳ τὴν παρθένον,
πάλαι περὶ Στράτωνος ἠκουτισμένος
ὡς εὐτυχήσοι παγκάλην θυγατέρα)
195 ἄπειμι πληγεὶς εἰς τὸν οἰκεῖον δόμον,
καὶ τοῦ Λυσίππου (νὺξ γὰρ ἦν) κοιμωμένου,
λιπὼν τὸ δεῖπνον, τὸν κρατῆρα, τὸν πότον,

176-177 cf. Musaei 187–192; Nic. Eugen. 2.61–62 ‖ 180b Methodii Olymp. Sympos. 11 (p.135.17 Bonwetsch); Nonni Paraphr. in Ioann. 2.6 (PG 43, 761 A) ‖ 182 λίχνον ὀφθαλμὸν] Nic. Eugen. 2.243; Callim. fr.571.1 Pfeiffer (ap. Lucian. Amor. 49); AG 12.106.1–2; 16.306.3; Aelian. ap. Suda s.v. 633 λίχνος; Greg. Naz. Carm. I2.29.19 (PG 37, 885 A); Ioann. Cinnam. Hist. 5.9 (p.228.15 Meineke) ‖ 185 cf. ev. Lucae 9.12; 24.29 ‖ 186 2.440; 2.443. cf. E.Rohde, Der griech. Roman² 563 n.2 ‖ 191 6.187; Nic. Eugen. 2.89; 6.33; Ierem. 4.19 ‖ 192 6.20; 6.56; 8.142 ‖ 195b 3.322; Nic. Eugen. 2.118

172 ἀφράτου UL ‖ 175 δὲ scripsi : ὁ codd. ‖ 177 κόρας [χωρὶς Gaulmin, Hercher ‖ 182 φύγῃ VUL : φύγοι H ‖ 186 ἰδοὺ] εἶδον Hercher | ῥοδάνθη et ἠγμένη HVL : ῥοδάνθην et ἠγμένην U, Hercher ‖ 187 ὑφ' ὀπαδοῖς codd., corr. Le Bas ‖ 188 προσῆλθον UL : προῆλθον HV | προελθὼν codd., corr. Hercher ‖ 194 εὐτυχήσοι HV : εὐτυχεῖ γε UL ‖ 197 πότον HUL : τόπον V

στρωμνὴν μετῆλθον ὡς ἀφυπνώσων τάχα.

ἀλλ' ὕπνος οὐκ ἦν ταῖς κόραις ἐνιζάνων,
200   οὐδ' ἡ θυρωρὸς τῆς ἐποπτρίας θύρας
νὺξ ἠσφάλιζε τὰς ἐμὰς βλεφαρίδας·
ἀλλὰ λογισμῶν ἐμβολαῖς ἀντιρρόπων
αὐτὸς καθ' αὑτὸν ἐμμανῶς ἀνθιστάμην,
καὶ μὴ προσόντων δυσμενῶν στρατευμάτων
205   εἰς γοῦν ἑαυτὸν τὴν μάχην ἀντεκρότουν.

Ἡ Καλὴ Ῥοδάνθη, ναὶ καλὴ καὶ παρθένος·
σεμνὸν τὸ συγκίνημα τῶν βαδισμάτων,
ὀρθὸν τὸ μῆκος, εὐσταλές, προηγμένον,
ὡς ἀναδενδράς, ὡς κυπάριττος νέα.
210   καλὴ Ῥοδάνθη· τοῦ καλοῦ πόσος πόθος.

ἐρῶ Ῥοδάνθης (τί ξένον;), καλῆς κόρης·
ποθῶ Ῥοδάνθην (εὐγενὴς ἡ παρθένος),
θυγατέρα Στράτωνος, ἀνδρὸς ὀλβίου,
ἀνδρὸς μεγίστου, καὶ θυγατέρα Φρύνης,
215   σεμνῆς γυναικός, εὐπρεποῦς καὶ κοσμίας.
κάλλος ποθῶ, μέγιστον ἀνθρώποις καλόν·
θεῖον τὸ κάλλος καὶ θεόσδοτος χάρις.
τίς τυφλὸς οὕτω, τίς σεσύληται φρένας,
τίς ἀχάριστος εἰς θεῶν θείαν χάριν,
220   ὡς μὴ τὸ κάλλος καὶ σέβειν καὶ λαμβάνειν;
Εἴθε ξυνῆλθον εἰς λόγους τῇ παρθένῳ·
εἴθε προήχθη τὴν ἐμὴν σχοῦσα σχέσιν,
λόγον παρασχεῖν καὶ λαβεῖν ἄλλον λόγον·
εἴθε θρυαλλὶς τῶν ἐν ἡμῖν ἀνθράκων

200 cf. 8.243 ‖ 202 4.83; Nic. Eugen. 5.251 ‖ 205b 6.24 ‖ 209 = Prodromi Carm. hist. 39.55 | 209a Nic. Eugen. 4.280; Const. Man. Itiner. 1.199 | 209b 6.292; 7.226; Nic. Eugen. 1.142; 3.315; Eustathii Macrembol. Amor. 5.10.4; Aristaen. 1.1 ‖ 215b Luciani Somn. 6; Aeschyli Pers. 833 ‖ 217a cf. Chariton. 2.1.5 | 217b 2.219; 3.8; 6.349; 7.329; 8.390 ‖ 218b 4.426; 5.79. cf. Aeschyli Agam. 479 ‖ 219 ἀχάριστος εἰς … χάριν] 3.387; Aeschyli Agam. 1545; Choeph. 42; Eurip. Phoen. 1757; I.T. 566 | θείαν χάριν] 3.127; 8.506; Dion. Chrysost. Or. 30.41; Philon. De congressu 96; Gen. 6.8; Exod. 3.21; ev. Lucae 2.40; Acta ap. 11.23; ep. ad Rom. 5.15 et al. ‖ 221 2.336; 3.57; Nic. Eugen. 3.395; 4.228; 8.7; 9.250 ‖ 224b Nic. Eugen. 1.153; 2.213; 2.221; 2.295; 5.27; 6.576; 6.594 et al.

198 ἀφυπνώσων Hercher : ἀφυπνώσσων U, -ττων HVL ‖ 200 οὐδ' Hercher : οὔθ' codd. ‖ 203 κατ' αὑτὸν Gaulmin, Hercher ‖ 209 ἀναδενδράς HV : ἀνάδενδρις UL

225 τὴν τῆς Ῥοδάνθης ἐξανῆψε καρδίαν.
ἦ που πέπονθε καὶ Ῥοδάνθη πολλάκις,
ἀγχοῦ παραστείχοντα προσβλέψασά με,
καθὼς ἐγὼ πέπονθα τῇ θεωρίᾳ·
ἦ που πόθου ζώπυρον ἐν σπλάγχνοις τρέφει,
230 ἢ καὶ συναντήσαντα καὶ βλέψαντά με
οὐκ ἠξίωσε κἂν μόνης ψιλῆς θέας,
ἀνάξιον κρίνασα τῆς θεωρίας·
    Καίτοι καλοῖν μὲν τοῖν γενοῖν ἡ παρθένος,
ἀλλ' οὐδ' ἐμοὶ γοῦν δυσκλεᾶ τὰ τοῦ γένους.
235 καλὸς μέν, οἶδα, καὶ μέγιστος ὁ Στράτων,
πλούτῳ κομῶν, ἔντιμος ἐν συνεδρίῳ
καὶ τῇ πόλει μέγιστος εἰς συμβουλίαν·
ἀλλ' οὐ Λύσιππος εἰς γένος, γέρας, τύχην
ἐν δευτέρῳ Στράτωνος· ἀλλ' οὐδὲ Φρύνης
240 μήτηρ ἐμὴ Φίλιννα δυσγενεστέρα.
μὴ γὰρ τοσοῦτον ὁ χρόνος κατισχύσοι,
ὡς καὶ Λυσίππου τὰς τόσας στρατηγίας
καὶ τοὺς τοσούτους ἐν τόσαις μάχαις κόπους
οὕτω ταχινῶς ἐξαλείψειν ἐκ μέσου,
245 λήθης δὲ βυθῷ καὶ φθορᾷ συμποντίσαι.
    Καλὴ μέν ἐστι τῆς Ῥοδάνθης ἡ χρόα·
οὐκ ἀφελεῖν τις οὐδὲ προσθεῖναι δέοι
ἐκ τῆς ἀρίστης ἀρτίας διαρτίας·
καλῶς γὰρ αὐτὴν καὶ κεκανονισμένως
250 ἐσχημάτισεν ἡ γεωμέτρις Φύσις.
Ἀλλ' οὐδ' ἐμοὶ πρόσωπον ἠσβολωμένον,
οὐδὲ ξένη τις καὶ δυσέντευκτος πλάσις·

232 μόνης ψιλῆς] 6.456 ‖ 241–245 5.123–124 ‖ 244b 3.94 ‖ 245a Niceph. Greg. Hist. 6.1 (p.163.13 ed. Bonn.); 11.11 (p.565.24) ‖ 248b 8.62; 9.32; Cosmae Melod. hymn. 2.40; Suda s.v. 738 διαρτία et al. ‖ 249b 7.225 ‖ 250b 1.46; 9.336; Orphic. hymn. 10.20; Anth. Plan. 4.310.1 ‖ 251b 4.221; Machonis fr. 17.372 Gow; Epicteti Diss. 3.16.3 et al. ‖ 252b 3.309; Theophr. Char. 19; Suda s.v.

227 παραστείχοντα HV : περι- UL ‖ 229 πόθου HV : πόθον UL, Hercher ‖ 231 μόνης U (cf. 4.158; 6.456) : μόλις HVL ‖ 233 καλοῖν HV : καλὴ UL ‖ 237 εἰς συμβουλίαν UL : ἐν συμβουλίᾳ HV ‖ 240 ἐμὴ H : ἐμοὶ VUL ‖ 241 κατισχύσοι HV : -σει UL ‖ 245 φθορᾶς U ‖ 247 τις Huet (ap. Gaulm. 70) : γὰρ codd. | προσθεῖναι UL, Gaulmin : προσδεῖναι H : προσδῦναι V ‖ 252 δυσέντευκτος HV : δυσσύντακτος UL

259 όεἰ γοῦν κατ' ἄνδρα τις τὰ τοῦ κάλλους κρίνει,
260 ὡραῖον ἂν μάθοι με τὴν θεωρίαν.
253 ἄλλως τε κάλλος ἀνδρικὸν σταθηρότης,
ἀλκὴ κραταιά, πρὸς μάχας εὐανδρία,
255 ἄτρεστος ἰσχύς, δεξιὰ θαρραλέα,
ἔπαλξις ἀπτόητος εἰς μάχης στόμα,
αἵμασιν ἐχθρῶν πορφυρωθεῖσα σπάθη,
258 ξίφος κορεσθὲν δυσμενεστέρου κρέως.
261 πολλαῖς γὰρ ἤδη ταῖς μάχαις καὶ πολλάκις
πολλοὺς στεφάνους εὐκλεῶς ἐδεξάμην.
βέβρωκε πολλῶν δυσμενῶν πολλὰ κρέα
τὸ χαλκοβαφὲς τῆς μαχαίρας μου στόμα
265 καὶ ῥεῖθρα πολλῶν ἐκπέπωκεν αἱμάτων,
πολλῶν ἐνετρύφησε βαρβάρων φόνοις.
Ἐν ναυμάχοις ἤθλησα πολλὰ πολλάκις
καὶ χερσομάχοις ἀντεταξάμην ὅσοις.
οἶδα στρατηγεῖν, οἶδα τάττειν ὁπλίτας,
270 λόχους ἐφιστᾶν καὶ παρατρέχειν λόχους,
τάφρους ὀρύττειν καὶ περιστέλλειν πόλεις,
φράττειν δὲ τάφρους καὶ καταστρέφειν πόλεις·
στρατοὺς συνιστᾶν καὶ στρατοὺς ἀνατρέπειν,
τειχῶν κατασπᾶν ἐξοχὰς ὑπερλόφους,
275 τειχῶν ἀνιστᾶν ἐξοχὰς ἐρριμμένας,
ἄγειν δὲ μοχλούς, συντρίβειν τε πυργία,
καὶ πάντας ἁπλῶς τῆς στρατηγίας λόγους,
τὸν πατέρα σχὼν εὐφυᾶ παιδοτρίβην.
ἱκανὰ ταῦτα καὶ Στράτωνα καὶ Φρύνην

253 5.210 ‖ 254b 5.120; 5.126; 5.211 ‖ 256b 6.7. cf. Iliad. 10.8 = 19.313; 20.359 ‖ 257 4.296; Prodromi Carm. hist. 44.176 ‖ 258 2.263–264; 6.122; 7.387; 8.56. cf. Soph. Philoct. 1156–1157; Odyss. 14.28 ‖ 261 2.267; 3.161; 5.199–200; 5.320; 5.498; 6.93; 9.320 ‖ 264b cf. ad 1.19 ‖ 267-268 Prodromi Carm. hist. 25.64–66 ‖ 270 1.275; 2.43; 3.408; 4.233 ‖ 272b Aristoph. Equit. 274; Theodosii Diac. Exp. Cretae 3.5 et saepius ‖ 274b Nonni Dionys. 28.219; Cyrilli Alex. De adorat. 1 (PG 68, 180 A) ‖ 277 Prodromi Catomyom. 164

259-260 huc transtulit Huet (ap. Gaulm. 70) ‖ 260 μάθοι Le Bas : μάθη codd. ‖ 258 κορεσθὲν Salmasius (ap. Gaulm. 490) : κερασθὲν codd. ‖ 268 ἀντεταξάμην HV : ἀντεδεξάμην UL ‖ 269 ὁπλίτας U, Gaulmin : ὁπλίταις HVL ‖ 270 παρατρέχειν HUL : περι-V, Gaulmin | λόχους² UL : λόχας HV (voluere λόχμας?) ‖ 272 φράττειν Hercher (ob parechesin) : φράσσειν codd. ‖ 276 τε scripsi : δὲ codd.

280 πεῖσαι παρασχεῖν εἰς γάμου κοινωνίαν
νύμφην Ῥοδάνθην τῷ Δοσικλεῖ νυμφίῳ.
Εἰ δ' οὐ θελήσει τὴν συναφὴν ὁ Στράτων,
ποίαν ἐφεύρω τοῦ πυρὸς τούτου δρόσον;
ἤ που τὸν οἶκον αὐθαδῶς τῆς παρθένου
285 νύκτωρ ὑπελθὼν συγκροτήσω τὴν βίαν;
καὶ πῶς ἀέλπτως ἐμπεσὼν κοιμωμένη
οὐκ ἂν ταράξω καὶ θροήσω τὴν κόρην;
ῥήξοι δὲ φωνήν, καλέσοι τε τὴν Φρύνην,
ἡ δὲ Στράτωνα, καὶ τὸν ὄχλον ὁ Στράτων,
290 καὶ τὸν βιαστὴν συλλάβοι Δοσικλέα.
εἰ συλλαβεῖν μὲν ῥᾳδίως οὐκ ἰσχύσει,
ὑπαγγελεῖ δὴ τῷ Λυσίππῳ τὴν βίαν·
πλήσοι δὲ θυμοῦ καὶ πρὸς ὀργὴν ὀτρύνοι,
καὶ κερδανῶ μὲν τοῦ τεκόντος τὸν χόλον,
295 ἀπελπιῶ δὲ καὶ Ῥοδάνθης τὸν γάμον.
Πάσχεις τι καὶ σύ, γλυκερά μοι παρθένε;
πάσχεις δι' ἡμᾶς, ἀλγύνῃ τὴν καρδίαν;
ἀντιφλογίζῃ τοῖς πόθου πυρεκβόλοις;
ὕπνου στερίσκῃ, τὴν τροφὴν οὐ προσδέχῃ;
300 τὰ σπλάγχνα πιμπρᾷ, τὸν ποθοῦντα δακρύεις;
καλεῖς Δοσικλῆν καὶ φέρεις ὑπὸ στόμα,
ἢ κἂν βιῶμεν ἀγνοεῖς, ὦ παρθένε;
εἰ μὲν τὰ πικρὰ τῶν ἐρώτων κεντρία
ἀτραυμάτιστος εἰς τὸ πᾶν ἐκφυγγάνεις
305 καὶ παντὸς ἀνδρὸς εὐλαβῆ θεωρίαν,
περιφρονεῖς δὲ τῶν ἐρώτων τοὺς λόγους,

280b 1.307; 3.173; 3.201; Prodromi Carm. hist. 14.24 et al. ‖ 281 = 2.376. cf. 2.384;
3.369; 8.451; Nic. Eugen. 9.296 ‖ 283b 2.349–350; 8.219; Nic. Eugen. 3.320; 9.90–92
et al. ‖ 285 3.269 ‖ 288a Luciani Amor. 31 et 43; Georg. Pis. Exp. Pers. 3.40; Suda s.v.
3499 ἀπορρήξουσι ‖ 297b Aeschyli Prom. 245; Nic. Eugen. 9.113 ‖ 298b 5.152; Prodromi
Carm. hist. 40.18; 45.375; 46.32; 54.97; Const. Man. Itiner. 1.257; eiusdem Amor.
fr. 11.10 Mazal; Alex. Aphrodis. Probl. 1.38 et saepius ‖ 300a 2.349; 3.428; Nic. Eugen.
3.117 ‖ 300b 7.44 ‖ 303 Nic. Eugen. 2.262; 4.112; 4.203; Eurip. Hippol. 39 et 1303; Plat.
Reipubl. 9, 573 a 7 et saepius ‖ 304a 5.464; Nic. Eugen. 7.54

288 τε scripsi : δὲ codd. ‖ 291 εἰ scripsi : ἤ codd. ‖ 292 δὴ scripsi : δὲ codd. ‖ 295 καὶ
HVL : τῆς U ‖ 296 γλυκερή codd., corr. Hercher ‖ 297–302 om. V ‖ 300 πιμπρᾷ H : πιμ-
πρᾷς UL ‖ 303 τὰ om. UL

ἀπαξιοῖς τε τὴν σχέσιν καὶ τὸν πόθον,
μισεῖς τε πᾶσαν ἀρρένων ὁμιλίαν,
τλητὸν τὸ κακόν· οὐ γὰρ εἰς Δοσικλέα
310 (ἔχει Δοσικλῆς τοὺς συνεβδελυγμένους)·
εἰ δ' ἄλλον ἡμῶν ἀκρίτως ὑπερτίθης,
ᾧ καὶ σεαυτῆς ἠγγύησω τὸν γάμον,
ἢ λῦσον ἡμῖν τὰς πρὸς αὐτὸν ἐγγύας,
ἢ γοῦν Δοσικλῆς θανατᾷ· τὸ γὰρ ξίφος
315 σπλάγχνων κατ' αὐτῶν ἐμβαλῶ καὶ καρδίας."
Τοιαῖσδε πολλαῖς ἐνθυμημάτων ζάλαις
ἐγὼ ταραχθεὶς καὶ πνοαῖς ἀντιπνόοις
(ὡς ναῦς ἀνερμάτιστος ἐν κλυδωνίῳ),
τοιοῖσδε πολλοῖς ἀντιπαλαίσας λόγοις
320 ᾠδὰς ἐς αὐτὰς δευτέρας ἀλεκτόρων
ἦλθον ὀψὲ καὶ πρὸς ὕπνον ἐτράπην.
ἡ γὰρ περιττὴ συρροὴ τῶν φροντίδων
σκότον καταρραίνουσα τῶν ἄνω τόπων
καὶ στυγνὸν οἷον δημιουργήσασα γνόφον
325 καὶ νύκτα πολλὴν καὶ βαθύσκιον ζόφον
καὶ τοῦ λογισμοῦ συνθολοῦσα τὰς κόρας
φιλεῖ τὰ πολλὰ καὶ τὸν ὕπνον εἰσφέρειν,
καὶ τοῦτον οὐκ ἄτρεστον, οὐ πτοίας δίχα.
Τῶν πραγμάτων γὰρ καὶ λόγων τῶν ἐν φάει
330 εἴδωλα πολλὰ καὶ φάσεις μικτοχρόους
ἡ νὺξ ἀναπλάττουσα καὶ σκιὰς μόνας
πλαστογραφοῦσα δακτύλῳ σκιαγράφῳ,

312b 3. 398 ‖ 314–315 2. 359; 3. 458; 3. 462–463; 5. 309–308; 6. 103–104; 9. 79–80 ‖
316b 4. 90; 7. 182; 8. 248; Nic. Eugen. 9. 33; Georg. Pis. Hexaem. 9; Clem. Paedag.
2. 22. 4 ‖ 317b 2. 15 ‖ 318a Nic. Eugen. 2. 15 ‖ Plat. Theaet. 144 a 8; Plut. Animine an cor-
por. affect. 501 d et al. ‖ 318b Eurip. Hec. 48 ‖ 320–321 cf. 1. 430; Achill. Tat. 1. 6. 4 ‖
322–326 cf. Georg. Pis. Exp. Pers. 2. 289–291 ‖ 325b cf. Ioann. Mauropi Carm. 6. 2 ‖ 326
3. 15; Georg. Pis. Hexaem. 12 et 737; Ioann. Tzetzae Chiliad. 8. 875–877 (868–870) ‖
330b cf. Archim. Probl. bovinum 13 et 21 ‖ 331a cf. Nic. Eugen. 5. 55 ‖ 332a 9. 247

307 et 308 τε scripsi : δὲ codd. ‖ 310 ἔχει HUL : ἔχοι V ‖ 311 ἡμῶν HV : ἡμῖν UL ‖
318 ἀνερμάτιστος HUL : ἀτερμάτιστος V ‖ 321 ἦλθον scripsi (cf. 1. 430) : ἔλαθον
codd. ‖ 324 οἷον scripsi : ὅλον M : ἄνω HVUL (cf. 323) ‖ 329–433 om. UL (λείπει ὡς
φύλλον U, λείπει οἶμαι δὲ ὅσον φύλλον L) ‖ 330 μικτοχρόους scripsi : νυκτιχρόους codd.
(cf. 331 ἡ νὺξ) ‖ 332 σκιαγράφῳ HV : διαγράφει M

φέρει τὸ φάσμα τῇ καθ᾽ ὕπνους ἐμφάσει·
οἷον κἀγὼ πέπονθα τῷ τότε χρόνῳ.
335 αὐτὴν γὰρ εὐθὺς καὶ καθ᾽ ὕπνους τὴν κόρην
εἶδον Ῥοδάνθην καὶ συνῆλθον εἰς λόγους·
εἶπον τὸ θερμὸν τῆς πρὸς αὐτὴν ἀγάπης
καὶ τὴν ἐνοῦσαν ἐξεγύμνωσα σχέσιν.
ἔγνων ἐπ᾽ αὐτοῖς καὶ γελῶσαν τὴν κόρην,
340 καί μοι τὸ μειδίαμα σύμβολον μέγα
ἔδοξε τοῦ μένοντος ἐν στέρνοις πόθου.
Οὕτω παρηγόρει με τοῖς ἐνυπνίοις
ἡ νὺξ κατοικτείρασα τῶν παθημάτων.
παρῆλθεν ἡ νὺξ καὶ μετῆλθεν ἡμέρα·
345 κἀπεὶ διαστὰς τῶν φίλων ὀνειράτων
οὐκ εἶδον οὐδὲν τῶν τέως ὁρωμένων
(νυκτὸς γὰρ ἦν ἄθυρμα καὶ παίζων ὕπνος
καὶ μειδιῶν ὄνειρος εἰς νόθους πόνους),
καὶ τοῦ πυρὸς πιμπρῶντος αὐτὴν καρδίαν
350 οὐκ εἶχον εὑρεῖν μηδαμῇ τινὰ δρόσον,
κόλπῳ πρὸς αὐτῷ μητρικῷ πεσὼν μέσῳ
"ὦ μῆτερ" εἶπον, "μῆτερ ἠγαπημένη,
σῶσον τὸν υἱὸν τὸν φίλον Δοσικλέα,
σῶσον Δοσικλῆν· εἰ δὲ μὴ σώσειν θέλεις,
355 θανούμενον κήδευε χερσὶ γνησίαις.
μαρτύρομαι γὰρ τῶν ἐρώτων τὴν χάριν
καὶ τῆς Ῥοδάνθης τὴν ἐμοὶ φίλην θέαν,
ὡς, εἰ στερηθῶ μητρικῆς εὐσπλαγχνίας,
σπλάγχνων κατ᾽ αὐτῶν εἰσβιβάσω τὸ ξίφος."
360 Πρὸς ταῦτα δακρύσασα μητρῴα σχέσει
(γυνὴ γὰρ ἦν ἕτοιμος εἰς τὸ δακρύειν,
μήτηρ πρόχειρος εἰς τὸ πολλὰ δακρύειν)
"τέκνον Δοσίκλεις" εἶπεν, "εὐφήμως λέγων

333b cf. ad 1.126 ‖ 334 6.446 ‖ 335-336 cf. Nic. Eugen. 1.350-352; Achill. Tat. 1.6.5; Nonni Dionys. 42.325-356 ‖ 337 cf. 4.425 ‖ 340b Ioann. Mauropi Carm. 92.36 ‖ 341 6.190 ‖ 351 Georg. Pis. Hexaem. 663 ‖ 352b cf. 6.265 ‖ 353b 3.527; 7.108; 9.144 ‖ 358b 8.317; Nic. Eugen. 8.238 et al. ‖ 359 cf. ad 2.314-315 ‖ 361 cf. ad 1.150

333 τὸ HV : τε M ‖ 335 εὐθὺς καὶ] εὐθέως conieci ‖ 354 σώσειν VH² : σώζειν H¹ ‖ 357 ἐμοὶ H : ἐμὴν V ‖ 361 ἦν Hercher : ἢν HV

θάρρει· πέρας γὰρ τοῦ κατὰ γνώμην λάβοις.
365 ἐγὼ δὲ τυχὸν καὶ προέγνων τὸν λόγον·
ἐρᾷς Ῥοδάνθης, ἧς τὸ κάλλος ὀμνύεις,
ἐρᾷς Ῥοδάνθης, ἣν ἐγέννησε Φρύνη,
ἣν ὁ Στράτων ἤνεγκεν εἰς φῶς ἡλίου."
"ὤμοι προφήτης" ἦν δ' ἐγὼ "μητρὸς λόγος.
370 ταύτης ἐρῶ, Φίλιννα, ταύτην εἰς γάμον
ζητῶ σε λαβεῖν· εἰ γὰρ οὐ ταύτην λάβω,
ἄνυμφος εἰς Ἅιδος εἰσέλθω δόμους."
"Οὐκ ἀλλὰ ταῦτα καὶ Στράτωνι καὶ Φρύνῃ,
τέκνον Δοσίκλεις" εἶπεν, "ἀγγελεῖν ἔχω.
375 δώσει δὲ πάντως ὁ Στράτων νόμοις γάμου
νύμφην Ῥοδάνθην τῷ Δοσικλεῖ νυμφίῳ.
οὐ γὰρ Λύσιππος οὐδ' ὁ πατὴρ Εὐφράτης
ἐν δευτέρῳ Στράτωνος ἐστὶν εἰς γένος·
τυχὸν δὲ κἀμὲ δευτέραν πολλῷ Φρύνης
380 οὐκ ἂν κρίνοι τις ἀρρεπὴς δικασπόλος."
ἔλεξε καὶ Χάρισσαν, εὔνουν οἰκέτιν,
ἐπὶ Στράτωνα καὶ Φρύνην στειλαμένη
αἰτεῖ παρ' αὐτῶν τῆς Ῥοδάνθης τὸν γάμον
κατεγγυῆσαι τῷ Δοσικλεῖ νυμφίῳ.
385 ἀπῆλθεν ἡ παῖς καὶ προσειποῦσα Φρύνην
(Στράτων γὰρ ἀπῆν εἰς τρύγην τῶν ἀμπέλων)
καὶ μηνύσασα τῆς Φιλίννης τὸν λόγον
πικρῶν μετῆλθεν ἄγγελος μηνυμάτων.
"Στράτων" γὰρ εἶπεν "εἰς τελευτὴν τοῦ τρύγους
390 υἱῷ Κλεάρχου τῷ νέῳ Πανολβίῳ
κατηγγύησε τῆς Ῥοδάνθης τὸν γάμον."
Ὡς τοίνυν ἡμάρτησα τῆς πρώτης τρίβου,
εἰς δευτέραν γοῦν μηχανὴν ἐτραπόμην.
ἡ μηχανὴ τίς, ἤθελον μὲν μὴ λέγειν,

---

364 9.129; 9.139; 9.141 ‖ 368b 8.89; Nic. Eugen. 2.14; 8.211 et saepius ‖ 372a 1.216 ‖ 372b 1.491 ‖ 376b cf. ad 2.281 ‖ 377-380 cf. 2.238–240 ‖ 380b cf. 7.515; Clem. Strom. 4.119.3 ‖ 388b 8.488; 9.475; Nic. Eugen. 8.249 ‖ 391 1.169 ‖ 393 cf. 3.267; 3.327

364 θάρρει Hercher (cf. 409) : θάρσει H : θάρσοι V | λάβοις H : λάβης V ‖ 365 τυχὸν Gaulmin : τυχὼν V : evanidum in H ‖ 380 κρίνοι Boissonade (An. Gr. 2, 311) : κρίνῃ HV ‖ 390 Κλεάρχου Le Bas : λεκάρχου V et H², ut vid. : λεκάρτου H¹ : Λεάρχου Hercher | πανολβίῳ Le Bas : πανολκίῳ HV

395 ἐρυθριώσης τῆς Ῥοδάνθης τῷ λόγῳ,
ἐρῶ δ' ὅμως· καὶ σὺ δέ, καλὴ παρθένε,
μή μοι παροργίζοιο τοῦ λόγου χάριν·
τὸν γὰρ ξενιστὴν οὐ παραγκωνιστέον
αἰτοῦντα μαθεῖν τὰς ἐμὰς καὶ σὰς τύχας.

400 Πρὸς τοὺς ἐμοὺς ἄπειμι συγκυνηγέτας,   Ἁρπαγὴ Ῥοδάνθης
νέους ἀγαθοὺς καὶ φιλεῖν εὖ εἰδότας,
καί "μοι συναρήξατε πρὸς μέγαν μόθον"
εἰπών, ἐρωτήσασιν αὐτοῖς τὸν μόθον
δηλῶ Ῥοδάνθην καὶ Στράτωνα καὶ Φρύνην,

405 λέγω τὸ φίλτρον, μηνύω τὴν ἀγάπην,
τοὺς εἰς Φίλινναν ἱκετηρίους λόγους.
τούτους ὑποφθάσαντες αὐτοὶ τοὺς λόγους
"καλῆς", ἔφασαν, "μὰ θεούς, ναὶ παγκάλης
κόρης ἕάλως· ἀλλὰ θάρρει τὸν γάμον·

410 ἠτισποτοῦν γάρ ἐστι κἀξ οἵων ἔφυ,
ἡμεῖς Δοσικλεῖ τῷ φίλῳ τὴν παρθένον
ἐκδῶμεν, ὡς βούλοιτο, πρὸς κοινωνίαν
ἢ τοῦ Στράτωνος καὶ Φρύνης πεπεισμένων
ἢ ληστρικῆς γοῦν παλάμης ἀντιστάσει."

415 "Ναὶ ναί, συναρήξατε, συγκυνηγέται,
κἂν τῷ παρόντι τῆς κόρης κυνηγίῳ"
πρὸς τοὺς ἀγαθοὺς ἦν δ' ἐγὼ νεανίας·
"νέοι γὰρ ὄντες οὐδ' ὑμεῖς πόθου φλόγα
εἰς ἄχρι καὶ νῦν ἰσχύσατε συσβέσαι·

420 εἰ δ' ἄχρι καὶ νῦν, εἰς τὸ μέλλον γοῦν φόβος.
Ἔρως γὰρ ἀλκὴν ἀνυπόστατον φέρει·

396a 7.231; 7.503 ‖ 398b Nic. Eugen. 7.131; Heliod. 7.10 s. f.; Luciani Timon. 54 ‖
401b cf. Achill. Tat. 1.7.1 ἔρωτι τετελεσμένος ‖ 407 2.166 ‖ 408 Nic. Eugen. 4.224; 9.216 ‖
412b 3.201; Nic. Eugen. 8.7 et al. ‖ 414 1.108; 8.266 ‖ 415 cf. Eurip. Med. 1277 ‖ 421 cf.
Soph. Antig. 781; Eurip. fr. 430.3; Plat. Leg. 3, 686b 3; Const. Manass. fr. 95.1 Mazal
et al. cf. C. Cupane, Ἔρως – βασιλεύς ..., Atti Accad. di Arti Palermo, ser. 4, 33. 2
(1974) 243-297 ‖ 421-431 cf. 8. 191-199; Nic. Eugen. 2. 130-143; 3. 114-118;
6. 366-380; Const. Manass. Amor. frr. 96 et 165 Mazal; Eustath. Macrembol. Amor.
2. 8-9; 3.14; AG 9.440 et saepius

400 inscr. **H**, non legibile in **V** (cf. **U** ad 443) ‖ 406 εἰς φίλινναν **HV** : τῆς Φιλίννης
Gaulmin, Hercher ‖ 408 ναί Le Bas : καὶ **HV** ‖ 416 κἂν **H** : κἄν **V** ‖ 420 γοῦν Hercher :
γὰρ **HV**

THEODORVS PRODROMVS

γέρων μέν ἐστι, κἂν σοφίζηται βρέφος,
ὀργίζεται δέ, κἂν δοκῇ γελᾶν τάχα.
γελῶν δὲ πέμπει τῶν βελῶν τὰς ἐντάσεις·
425   τόξον γὰρ ἔς τιν' εὐφυῶς ἐξημμένος,
μέσης κατ' αὐτῆς εὐστοχεῖ τῆς καρδίας.
παίζων φλογίζει· πῦρ γὰρ εἰς χεῖρας φέρει,
πιμπρᾷ μὲν ὀστᾶ, συμφρύγει δὲ καρδίας.
πεζὸς βαδίζει καὶ πτερούμενος τρέχει,
430   κυκλοῖ δὲ πάντα καὶ φθάνει πᾶσαν φύσιν,
νηκτῶν, πτερωτῶν, θηρίων, κτηνῶν γένη."
"Παύου, Δοσίκλεις, ὧν μάτην λέγεις λόγων"
ἔφασαν οὗτοι· "μὴ γίνου δημηγόρος
(ἀπρόσφορος γὰρ ἄρτι φιλοσοφία)·
435   ἀλλὰ σκωπῶμεν ἐμφρόνως τὸ πρακτέον."
σκοπουμένοις γοῦν τοῦτ' ἔδοξε συμφέρον,
μηδὲν φάναι Στράτωνι τοῦ γάμου πέρι
(εἰ γὰρ ἀποστέρξειε τυχὸν τὸν λόγον,
μάλιστα φρουρήσειε τὴν θυγατέρα),
440   ἀλλ' εἰς τὸ λουτρόν, ὡς ἔθος, προηγμένην
ἄκουσαν ἢ θέλουσαν αὐτὴν ἁρπάσαι.
Ὃ καὶ τελευτὴν ἔσχεν ὕστερον χρόνῳ.
τῆς γὰρ Ῥοδάνθης εἰς τὸ λουτρὸν ἠγμένης
οἱ μὲν προπηδήσαντες ἀσχέτῳ θράσει

422a Nic. Eugen. 3.115 ὁ πρεσβύτης παῖς; Luciani Deorum dial. 6 (2). 1 διὰ ταῦτα καὶ βρέφος ἀξιοῖς νομίζεσθαι γέρων καὶ πανοῦργος ὤν; Georg. Gramm. Anacreont. 1.65 | 422b AG 9.440.10; Nic. Eugen. 3.115; Achill. Tat. 1.2.1; Const. Siculi Anacreont. 2.47; 2.101 et al. ‖ 423 cf. Const. Manass. Amor. fr. 96 ‖ 426 3.155; 5.153; 6.58; Nic. Eugen. 2. 139; 4. 105; 6. 33; 6. 511; 7. 77 ‖ 427a 8. 192; AG 9. 440.11; Georg. Gramm. Anacreont. 7. 5; Eustath. Macrembol. Amor. 7. 10. 3 ‖ 428 8. 193–194; Nic. Eugen. 2. 141–143; 3. 117; 4. 395–399; 5. 44–46; AG 5. 88. 1 et saepius ‖ 429b cf. Achill. Tat. 2. 5. 2; Nic. Eugen. 3. 139; 4. 116–118; 4. 175; 4. 412; 5. 46; 5. 135–136 et saepius ‖ 430–431 Achill. Tat. 1.17.1; Nic. Eugen. 2.135; 4.135–148; Nonni Dionys. 2.23; Musaei 200; Const. Manass. Amor. fr. 95.1; Georg. Gramm. Anacreont. 6.1 ‖ 434b Nic. Eugen. 1. 168 ‖ 435 8. 1 ‖ 437 cf. Luciani Ver. hist. 2. 25 ‖ 438 cf. Aeschyli Agam. 499 ‖ 440 cf. 2. 186; 2. 443 ‖ 441a Georg. Pachym. Mich. Pal. 1. 3 (p. 16. 2 Bekker) | 441b cf. Heliod. 4. 17 ‖ 442 9. 312

425 ἔς τιν' scripsi : ἐστιν HVM | ἐξημμένος HM : -μένον V ‖ 426 εὐστοχεῖ HV : εὐστόχως M ‖ 427–428 om. V ‖ 428 συμφρύγει H : συμφλέγει M ‖ 429 πτερούμενος HV : πτερωμένος M ‖ 434 ἀπρόσφορος HV : ὁ πρόσφορος UL ‖ 442 εἶχεν Gaulmin, Hercher ‖ 443 inscr. U: ἔνθα ἥρπασε δοσικλῆς ῥοδάνθην (cf. H ad 400)

445 γυμναῖς μαχαίραις τοὺς προπομποὺς ἐθρόουν·
καὶ πάντες ἄρδην συνταραχθέντες τότε,
συνεμπεσούσης ἀπροόπτου τῆς μάχης,
κύκλῳ διεσπάρησαν εἰς τὰς ἀμφόδους.
μόνος μόνῃ γοῦν ἐντυχὼν τῇ παρθένῳ
450 καὶ γῆς ἀνηρκὼς καὶ λαβὼν ὑπ' ἀγκάλην,
κατῆλθον εἰς θάλασσαν, ὡς εἶχον τάχους,
καὶ ναῦν ἀποπλέουσαν ἐμβὰς αὐτίκα
τὴν τοῦ παρόντος ἐμπόρου Στρατοκλέος,
ἀπέπλεον, γῆν ἐκλελοιπὼς γνησίαν."
455 "Θεῶν λέγεις πρόνοιαν", ὁ Γλαύκων ἔφη,
"ἥ σοι προηυτρέπιζε καὶ τὴν ὁλκάδα,
ὡς μὴ βραδύνῃς καὶ κατάσχετος γένῃ."
"εὐθὺς δὲ πάντες οἱ συνεργοὶ καὶ φίλοι
βάντες πρὸς αὐτόν" ἦν δ' ἐγώ "τὸν λιμένα,
460 'σώζοισθε' φασὶ 'καὶ φιλανθρώποις τύχαις
ὑπὸ προπομποῖς ἀνύοιτε τὴν τρίβον,
ἐντυγχάνοιτε καὶ ξενισταῖς ἡμέροις.
Ἔρως δὲ θάλποι καὶ πόθου θεία δρόσος
ὑμῶν δροσίζοι τὴν φίλην συζυγίαν,
465 καὶ μηδὲν ὑμῖν ἐμποδὼν παρεμπέσοι.'"
"καλοί, Δοσίκλεις," αὖθις ὁ Γλαύκων ἔφη,
"καλοί, Δοσίκλεις, ἦσαν οἱ νεανίαι·
τοιούσδε κἀγώ, Ζεῦ πάτερ, σχοίην φίλους."
"Πρὸς ταῦτά φησι καὶ Ῥοδάνθη τοιάδε"
470 ἐγὼ μετεῖπον συνεχίζων τὸν λόγον
καὶ πρὸς τὸν εἱρμὸν τὴν διήγησιν φέρων,
"ἀντευκτικοὺς εἰποῦσα (τῷ δοκεῖν) λόγους,
μᾶλλον μὲν οὖν δεικνύντας ἀγάπης φλόγα,
ἣν εἰς Δοσικλῆν ἐν μυχῷ ψυχῆς τρέφει·

445a 3.106; 6.91 ‖ 446 cf. Georg. Pis. Exp. Pers. 2.347 ‖ 449a Eurip. Androm. 1221; Heraclidae 807; Med. 513 ‖ 455a 8.321; 9.156; Eurip. Or. 1179 ‖ 461a 2.187; 6.208; Nic. Eugen. 3.408 ‖ 468 2.488; Nic. Eugen. 8.24 et al. ‖ 470 6.74 ‖ 471 Prodromi Catomyom. 356; Nic. Eugen. 7.99; Ps.-Luciani Timarion. 8 s.f.; 16; Aristot. Probl. 17.3 p.916 a 31; Donati Art. gramm. 3.6 (p.398.30 Keil) ‖ 474b 7.192 et 195

452 ἀποπλέουσαν HUL : ἀναπλέουσαν V | ἐμβὰς HV : εἰσβὰς UL ‖ 459 βάντες scripsi : πάντες codd. (cf. 458 πάντες) ‖ 461 προπομποῖς Hercher (cf. 6.208) : προπομπῶν codd.

475 'σώζοισθε λησταὶ τῶν καλῶν ληστευμάτων
καὶ συντελεσταὶ τῶν ἐμῶν βουλευμάτων·
φίλοι βιασταὶ τῆς ἐμοὶ φίλης βίας,
καλοὶ τύραννοι τῆς καλῆς τυραννίδος.'
'ὡς εὖ γέ σοι γένοιτο τῶνδε τῶν λόγων·
480 ἔρον γὰρ ἐγκάτοικον ἐν σπλάγχνοις μέσοις
ὑπογράφουσιν' ἦν δ' ἐγὼ τῇ παρθένῳ.
καὶ τοίνυν ἀπάραντες ἐκ τῆς Ἀβύδου,
ἥλιον ἐς τέταρτον ἐκπεπλευκότες
πάριμεν ὧδε καὶ μετὰ Στρατοκλέος
485 δειπνοῦμεν ἁβρῶς ὑπό σοι, Γλαύκων φίλε."
Οὕτως ὑπῆλθε τὴν διήγησιν τέλος,
κἀκεῖνος ὑψοῦ τὰς παλάμας τανύσας
"Ζεῦ πάτερ" εἶπε "καὶ θεῶν γερουσία,
ὑμεῖς κυβερνῷητε τούτους τοὺς νέους
490 καὶ τῷ πόθῳ νέμοιτε παῦλαν αἰσίαν."
Γλαύκων μὲν εἶπε ταῦτα δακρύσας ἅμα
(φιλόξενος γὰρ καὶ φιλογνώμων ἔφυ
καὶ συμπαθὴς ἄνθρωπος ἐν κακοῖς νόθοις),
τῆς δὲ τραπέζης ἐκ μέσου μετηγμένης
495 ἡμεῖς μετηνέχθημεν ὀψὲ τοῦ πότου.

ΤΟΥ ΑΥΤΟΥ
ΤΩΝ ΚΑΤΑ ΡΟΔΑΝΘΗΝ ΚΑΙ ΔΟΣΙΚΛΕΑ
ΒΙΒΛΙΟΝ ΤΡΙΤΟΝ

Πάντας μὲν ἄλλους τοῦ πότου πεπαυμένους
ὕπνος μαλακὸς συγκατέσχεν ἀθρόως.
φιλεῖ γὰρ οἶνος, εἰ πίνοιτο πλησμίως,
εἰς ὕπνον εὐθὺς τὸν πεπωκότα τρέπειν,

476b Eurip. El. 1109; Hel. 1418; Med. 769; 1079; Or. 1085; Suppl. 1050 ‖ 480 cf.
2.229; 2.426; AG 9.440.17 ‖ 483 Nic. Eugen. 4.3 ‖ 488b 4.246; 5.82; 7.141; 8.117; Nic.
Eugen. 8.24
1 cf. 3.132 ‖ 2a Iliad. 10.2 = 24.678 | 2b 5.489

477 ἐμοὶ H : ἐμῆς VUL ‖ 485–486 om. UL ‖ 489 κυβερνῷητε HV : κυβερνᾶτε UL ‖
495 πότου HV : πόθου UL
1 πεπαυμένους UL (cf. 132) : -μένου HV

ἀχλὺν περιττὴν τοῖς βλεφάροις ἐγχέων
καὶ νύκτα ποιῶν ἐς μέσας τὰς ἡμέρας.
καὶ τοῦτο πάντως ἀρρεπεῖ ζυγοστάτῃ
τῆς φύσεως δώρημα καὶ θεῶν χάρις·
εἰ γάρ τις ἦν ἄγρυπνος ἐκβὰς τοῦ πότου
καὶ τῆς ἑορτῆς τοῦ θεοῦ Διονύσου,
φρενιτιᾶν ἔδοξεν ἀφραίνων μέγα,
ἅτε σκοτισθεὶς τὸ φρονοῦν καὶ τὸ κρίνον
ἐκ τῆς ἐνοίνου, τῆς δυσώδους ἀτμίδος,
εἰς τὴν κεφαλὴν ὑπερατμιδουμένης
καὶ συνθολούσης τοῦ λογισμοῦ τὰς κόρας·
λυμαντικὸν γὰρ εἰς τὸ πᾶν ἀμετρία.

Ἅπας μὲν ἄλλος εἰς τὸν ὕπνον ἐτράπη,   *Περὶ Ναυσικράτους*
οἴνῳ βιασθεὶς τῷ τυραννικωτάτῳ,
Ναυσικράτης δὲ καὶ καθευδήσας τότε,
ὅμως ἐῴκει φασματούμενος πίνειν,
τὴν δεξιὰν μὲν ὑπάγων ὑπὸ στόμα
(ὡς οἷα κόνδυ δεξιῶς ὠρεγμένην),
συνεκροφῶν δὲ τὸ πλέον τοῦ σιέλου.
οἶνον γὰρ ὑπώπτευεν ἐκροφᾶν τάχα,
οἶμαι, καθ᾽ ὕπνους ἔμφασιν πότου βλέπων
καὶ τῆς φιάλης τῆς ὑπερχειλεστάτης,
ὡς μηδ᾽ ἐπ᾽ αὐτῶν τῶν ἐν ὕπνοις φασμάτων
οἴνου στερεῖσθαι καὶ μέθης Ναυσικράτην.
καὶ κείμενος δὲ πρὸς μέσῳ κλινιδίῳ
ἔπαιζεν ἀντίλοξα κάμπτων τοὺς πόδας,
ὀρχήσεως εἴδωλα τῆς ἐν ἡμέρᾳ
ἐκ τῶν ἐν ὕπνοις δεικνύων κινημάτων.᾽

---

5 cf. Iliad. 20. 321; Nic. Eugen. 6. 650 ‖ 6b 2. 2 ‖ 7b cf. 2. 380; Prodromi Carm. hist.
16. 24; Georg. Pis. Bell. Avar. 348; Cercidae 4. 33 Powell ‖ 8b 2. 219; 3. 127; 6. 349;
7. 329; 7. 506; 8. 390; 8. 506 ‖ 10 Nic. Eugen. 1. 113 ‖ 12 cf. ep. ad Rom. 1. 21; ep. ad
Ephes. 4. 18 ‖ 13-14 cf. Prodromi Carm. hist. 77. 5 ‖ 15 cf. ad 2. 326; Nic. Eugen. 1. 169 ‖
16 Ioann. Mauropi Carm. 33. 11; Muson. Rufi fr. 8 (p. 34. 15 Hense) ‖ 21b cf. 1. 125 ‖
26 3. 140; Nic. Eugen. 7. 325 ‖ 29b 5. 269 ‖ 30 cf. Nic. Eugen. 7. 321-322 ‖ 31 cf. 2. 110

11 φρενιτιᾶν H¹M : φρενητιᾶν H²VUL ‖ 12 τὸ φρονοῦν HVUL : τὸν νοῦν M ‖ 13 ἐν
οἴνῳ M ‖ 17 inscr. HVUL ‖ 19 τότε HV : δέ γε UL ‖ 27 φασμάτων VU, Gaulmin
(491) : θαυμάτων HL ‖ 30 ἀντίλοξα Hercher (conl. Nic. Eugen. 7. 322) : αὐτόλοξα HV :
ἀντόλυξε U, αὐτόλυξε L

Γελᾶν, Δοσίκλεις, ἐν κακοῖς ἔπεισί μοι',
Κράτανδρος εἶπεν, 'ἂν τὸ φίλτρον τῆς μέθης
35 οὕτω κατεκράτησε τοῦ Ναυσικράτους,
ὡς καὶ ῥοφᾶν ἐκεῖνον ἐκ τοῦ σιέλου,
οἶνον ῥοφᾶν δοκοῦντα, μηδ' ἠσθημένον
ὡς σιέλου κύπελλον, οὐκ οἴνου πίνει.'
'οὐ καινὸν οὐδέν, οὐ τεράστιον λέγω·
40 ὁ σίελος γὰρ τοῦ καλοῦ Ναυσικράτους'
ἔφη Δοσικλῆς 'οἶνος ἦν ἀναβρύων
ὡς οἷον ἀσκοῦ τῆς ἐκείνου κοιλίας.
   Οὕτω μὲν ὠνείρωττεν οὗτος τὸν πότον·   Δοσικλέος καὶ Ῥοδάνθη
ἐγὼ δ' ὀρέξας δεξιὰν τῇ παρθένῳ   ὁμιλία πρώτ
45 καὶ συλλαβὼν ἔξειμι τοῦ δωματίου,
ἀφεὶς ἐκεῖ γ' ὑπνοῦντα τὸν Ναυσικράτην.
προβὰς δὲ μικρὸν ἱστόρουν τὰς ἀμπέλους
καλὸν τελούσας χρῆμα τοῖς θεωμένοις.
ἰδὼν ἔφης ἂν εὐφυῶς οὐδ' ἀσκόπως,
50 ὡς τηλικαύτας ἀμπέλους τίκτειν ἔδει
τὸν τηλικοῦτον οἶνον· αἱ γὰρ μητέρες
τὰς ἐμφερεῖς φέρουσι μορφὰς τοῖς τέκνοις.
ὡς δὲ προῆλθον ἐς μέσας τὰς ἀμπέλους
(συνηρεφεῖς δὴ παντάπασιν οἱ κλάδοι
55 τῇ καταπύκνῳ συνοχῇ τῶν φυλλάδων,
ὡς καὶ τὸν ἐγγὺς σφαλερῶς δεδορκέναι),
τότε ξυνῆλθον ἐς λόγους τῇ παρθένῳ.
   Ἐξ οὗ γὰρ αὐτὴν ἁρπάσας Ἀβυδόθεν
φυγὴν τοσαύτην καὶ πλάνην ἐστειλάμην,
60 οὐκ εἶπον οὐδέν, οὐκ ἐδεξάμην λόγον,
ἀνδρῶν ἀγνώστων ὁρμαθῷ συνεμπλέων.
τότε προήχθην καὶ φιλῆσαι τὸ στόμα
καὶ προσπλακῆναι τῷ τραχήλῳ γνησίως·

39 1.390 ‖ 45b Nic. Eugen. 8.49 ‖ 48 cf. 1.283; 4.329 ‖ 51-52 cf. Horat. Carm. 1.16.1;
Const. Manass. Amor. fr. 86.8-9 et al. ‖ 54-56 cf. Achill. Tat. 1.1.3; 1.15.2 ‖ 57 cf. ad
2.221 ‖ 59 1.413 ‖ 60 1.172 ‖ 62b 3.283; 8.294; 9.363; 9.446 ‖ 63 2.34

38 κύπελλον HV : κύπελον UL ‖ 43 inscr. HVUL | οὕτω UL, οὕτως H¹V² (cf. 4.1) :
οὗτος H²V¹ | οὗτος UV¹ : οὕτω HL, οὕτως V² ‖ 46 γ' ὑπνοῦντα scripsi, δ' ὑπνοῦντα
iam Gaulmin (491) : δειπνοῦντα codd. ‖ 53 ἐς HVL : εἰς V ‖ 54 δὴ scripsi : δὲ codd.

ὡς δ' οὖν μετασχὼν γλυκερῶν φιλημάτων
65   ᾔτουν φανῆναι καὶ γυναῖκα τὴν κόρην,
"ἐπίσχες ἄρτι κἀκ μόνων φιλημάτων
ἡμᾶς γινώσκοις" ἀνταπεκρίνατό μοι.
"οὕτω νομισθὲν καὶ θεοῖς τοῖς πατρίοις·
Ἑρμῆς γὰρ αὐτός, ὃν σοφὸς λιθοξόος
70   λιθοξοήσας ὡς ὁ τεχνίταις νόμος
ἔστησεν εἰς Ἄβυδον ἐν προαυλίοις,
νύκτωρ ἐπιστὰς τῇ καθ' ὕπνους ἐμφάσει
'ὁ τῆς Ῥοδάνθης καὶ Δοσικλέος γάμος'
ἔλεξεν 'εἰς Ἄβυδον ἐκλείσθη μέσην,
75   θεῶν προνοίᾳ τῶν ἐκεῖ κεκλημένων.'"
ἡμεῖς μὲν εὐθὺς ἄχρι γοῦν φιλημάτων
φθάσαντες, εἰς Γλαύκωνος ἤλθομεν δόμους
καί (νὺξ γὰρ ἦν) ὑπνοῦμεν ἐν τῷ κηπίῳ.
Τῇ δ' ὑστεραίᾳ τὸν νεὼν τὸν ἐν Ῥόδῳ   Θυσία Γλαύκωνος ἐπ'
80   πάντες κατειλήφαμεν ὀρθίῳ δρόμῳ,   Ἀγαθοσθένει
χοὰς ἐπισπείσοντες Ἀγαθοσθένει.
κριὸς μὲν οὖν ὠπτᾶτο καὶ μόσχος νέος,
ἐν τοῖς προθύροις τοῦ νεὼ τεθυμένος,
ὁ δὲ Στρατοκλῆς ἤρξατο θρηνῳδίας.
85   ἔκειρεν ἄκραν τῷ θανόντι τὴν κόμην,
θερμῶν δὲ πηγὰς ἐστάλαξε δακρύων
καὶ τὴν θανὴν ᾤμωξεν Ἀγαθοσθένους
καὶ τὴν ταφὴν ἔκλαυσε τοῦ φίλου βρέφους.

64b Achill. Tat. 2.8.1; 2.37.7; 3.18.2; 4.8.1; Nic. Eugen 7.118; 8.138 et al. ‖ 65 cf.
9.486; Nic. Eugen. 9.299–300 ‖ 66–75 cf. Achill. Tat. 4.1.2–4; Nic. Eugen. 8.138–162 ‖
68b 3.359; Herodoti 1.172.2; Achill. Tat. 5.21.6 et al. ‖ 69 Ἑρμῆς] 3.433; 6.395; 6.471;
8.529; 9.474; 9.478 ‖ 69–70 4.332–333 ‖ 72b 1.126; 2.333 ‖ 73–75 cf. Achill. Tat. 4.1.4 ‖
75a 1.457; 2.455; 8.321; 9.156; Nic. Eugen. 5.188; 7.186; 7.209; 8.147; Achill. Tat.
7.10.1 et saepius ‖ 85 1.207; 6.439 ‖ 86 1.138; 1.150; 1.510; 8.48; Prodromi Carm. hist.
39.118–119; Soph. Trach. 852; 919; Antig. 803; Eurip. H.F. 449–450; Nic. Eugen.
3.124 et al. ‖ 87 6.441

64 δ' οὖν HV : γοῦν UL ‖ 65 τὴν] καὶ Gaulmin, Hercher ‖ 67 ἀνταπεκρίνατο H : ἀντ-
επεκρίνατο VUL ‖ 70 τεχνίταις scripsi : τεχνίτης codd. ‖ 75 κεκλημένων scripsi : κε-
κλεισμένος codd. (cf. 74) : κεκλεισμένων Gaulmin ‖ 79 inscr. HVUL ‖ 80 κατειλήφαμεν
UL : κατειλήφειμεν HV ‖ 82 οὖν HV² : om. V¹UL | ὠπτᾶτο HV : ὠπτοῦτο UL ‖
83 προθύροις UL : προχείροις HV

Γλαύκων δὲ πᾶσιν ἠρεμεῖν ἐπιτρέπων,
90   λαβὼν φιάλην ἀκράτου πληρεστάτην
καὶ τῶν θυσιῶν τὸ κρέας διαρράνας
"ὦ τέκνον" εἶπε "τοῦ φίλου Στρατοκλέος,
κύημα καλὸν τῆς ἀγαθῆς Πανθίας,
οὕτως ἀώρως ἐξαλειφθὲν ἐκ μέσου
95   καὶ τὰς πατρῴας ἐξαλεῖψαν ἐλπίδας,
ταύτας θανόντι τὰς χοὰς τέθυκά σοι,
τούτων ταφέντι τῶν κρεῶν ἀπηρξάμην."
ἔλεξε ταῦτα καὶ χαμαὶ κλίνας γόνυ,
ἡμῶν μετ' αὐτοῦ συγκαθεσθέντων τότε,
100   πρῶτος πρὸ πάντων γεύεται μὲν τοῦ κρέως,
προεκπίνει δὲ καὶ φίλων κερασμάτων·
γευσάμενος δὲ τοῦ κρατῆρος, τοῦ κρέως,
φαγεῖν ἅπασι καὶ πιεῖν ἐπιτρέπει.
Τῶν οὖν θυσιῶν εὐαγῶς τελουμένων
105   ἡ βάρβαρος χεὶρ εἰσιοῦσα τὴν Ῥόδον
γυμναῖς μαχαίραις καὶ σπάθαις χαλκοστόμοις
ἄλλους μὲν ἐσπάθιζε τῶν ἐγχωρίων,
οἰκτρῶς κατασφάττουσα τοὺς τρισαθλίους,
ἄλλους ⟨δ'⟩ ἐδέσμει δυστυχῶς ζωγρουμένους.
110   εἰς τὸν νεὼν δὲ προσβαλὼν ὁ Γωβρύας
(οἶδας, φίλε Κράτανδρε συμφυλακίτα,
τοῦ ληστάνακτος Μιστύλου τὸν σατράπην,
τὸν σκληρὸν εἰπεῖν, τὸν δριμὺν τὴν ἰδέαν,
τὸν αἱμοχαρῆ, τὴν δρακοντώδη κάραν,
115   τὸν σήμερον κτείναντα τὸν Ναυσικράτην)
θύοντας ἡμᾶς ὀμμαδὸν ξυλλαμβάνει,
δεσμεῖ δὲ τὸν Γλαύκωνα, τὸν Στρατοκλέα,
ἡμᾶς σὺν αὐτοῖς καὶ σὺν ἡμῖν τὴν κόρην.

89-96 cf. Eurip. Hec. 527; 529; 530; 534–545 ‖ **90** = 4. 320. cf. 4. 315; 5. 418 ‖ **94** cf. 1. 213; 2. 244; 8. 19 ‖ **95** cf. 8. 19–20 ‖ **98b** Nic. Eugen. 1. 212; Eurip. Hec. 561; I. T. 332–333 et al. ‖ **100a** 1. 320 ‖ **105a** 1. 95; 7. 21 et al. ‖ **106a** 2. 445; 6. 91 | **106b** 3. 455; 5. 30; 5. 233 ‖ **107-109** cf. 1. 27 et 1. 33–36; 5. 253 ‖ **108b** cf. 7. 240 et al. ‖ **110b** 1. 62; 1. 438 et al. ‖ **114a** 1. 99; 9. 121; Orac. Sibyll. 3. 36 et al. | **114b** cf. Eurip. Or. 256; δρακοντοκέφαλοι ἄνθρωποι ap. Suda s. v. 364 Ἑκάτην ‖ **115** cf. 1. 497–498

93 πανθίας **U** : πανθήης **H²V** : πανθήης **H¹L** ‖ **109** δ' add. Boissonade ‖ **110** προσβαλὼν Hercher : προσλαβὼν **H** : προλαβὼν **VUL**

Καὶ νῦν ἔχει με τῆς φυλακῆς τὸ στόμα
120   καὶ τὴν Ῥοδάνθην, ὡς ὁρᾷς, τὴν παρθένον·
ὁ δὲ Στρατοκλῆς εἰς τὸν οἶκον ἐστάλη,
Γλαύκων δέ (φεῦ φεῦ, τῆς ἀπανθρώπου Τύχης)
θνῆσκει φονευθεὶς τῷ φόβῳ πρὸ τῆς σπάθης,
μὴ κερδάνας τι τῶν φιλοξενημάτων.
125   ὁ Ζεὺς γὰρ ὁ Ξένιος ὑπνώττων τάχα
θανεῖν ἀφῆκε τὸν ξενιστὴν ἀθλίως·
εἰ μή τις εἴποι τῶν θεῶν θείαν χάριν
δοθεῖσαν αὐτῷ τῶν ξενισμάτων χάριν
τὸ τὸν φυσικὸν φυσικῶς θανεῖν μόρον
130   καὶ μὴ προϊδεῖν βαρβάρου πικρὰν χέρα
μέλλουσαν οἰκτρῶς συντεμεῖν τὸν αὐχένα.'
Οὕτω Δοσικλῆς τοῦ λόγου πεπαυμένος
τροφῆς μετέσχεν οὐκ ἄνευ τῆς παρθένου,
συνόντος ἀμφοῖν καὶ Κρατάνδρου τοῦ ξένου.
135   οὕτω τὰ πολλὰ συμφορῶν κοινωνία
οἶδε ξυνάπτειν τοὺς σαφῶς ἀλλοτρίους,
καὶ ῥᾷον ἂν γένοιτο καρτερὸς πόθος
καὶ φίλτρον ἀκράδαντον ἐν λύπαις μέσαις
ἢ τῶν τραπεζῶν ταῖς πολυτροφωτέραις
140   καὶ τῶν κρατήρων τοῖς ὑπερχειλεστέροις.
ὑποδράμοι γὰρ οὐκ ἀνεύλογος φόβος,
μή που φίλοι γίγνοιντο τοῦ πότου πλέον
καὶ τὴν τρυφὴν στέργοιεν, οὐχὶ τὸν φίλον,
οἱ τὸν πόθον γεισοῦντες ἐν μέσαις μέθαις,
145   σαθρῶν θεμέθλων εὐδιαστροφωτέραις,

119b 3.420; 5.232 ‖ 121b 1.474 ‖ 122b 1.286 ‖ 123 1.28; 5.386–388; 7.346 ‖ 124 cf. Nic. Eugen. 6.248; 7.45; 7.308 ‖ 125a 9.16; 9.379 | 125b cf. 7.134 ‖ 127b 2.219; 8.506 ‖ 129 cf. 5.402 ‖ 130b 1.29 ‖ 134b 6.170 ‖ 135–136 cf. ad 1.144–145 ‖ 138a cf. Suda s. v. 952 ἀκράδαντον ‖ 139 1.489; 2.84; Nic. Eugen. 7.324 ‖ 140 3.26; Nic. Eugen. 7.325 ‖ 141b 1.65; 5.6; Nic. Chon. Hist. 1.1 (p.67.5 Bekker) ‖ 142 cf. Horat. Carm. 1.35.26–28 ‖ 145 cf. Xenoph. De re equestri 1.2

127 εἴποι U : εἴπῃ HVL | τῶν HUL : τὴν V ‖ 136 συνάπτειν codd., corr. Le Bas ‖ 144 γεισοῦντες H²VM : γειτοῦντες H¹ : ποιοῦντες UL | μέθαις HVL : θύραις U ‖ 145 σαθρῶν θεμέθλων εὐδιαστροφωτέραις scripsi : σαθροῖς θεμέθλοις εὐδιαστροφωτέροις codd.

καὶ τοῖς ἐν ἄμμῳ παιδικοῖς ἀθύρμασι
στέγασμα πιστεύοντες ἀγάπης μέγα.
Οἱ μὲν τοσαῦτα τῷ πρὸς ἀλλήλους λόγῳ,
μικρὸν καθυφιέντος αὐτοῖς τοῦ πόνου·

150 ὁ Μιστύλου δὲ σατράπης ὁ Γωβρύας
ἰδὼν Ῥοδάνθην ἐντρανεστέραις κόραις,
καταπλαγεὶς δὲ τοῦ προσώπου τὴν χάριν
καὶ συμπλοκῆς ἔρωτα δυσγενεστέρας
θερμῶς ἐρασθεὶς (ὡς νόμος τοῖς βαρβάροις)

155 πέπονθεν ἐντὸς ἐς μέσην τὴν καρδίαν.
προσέρχεται δὴ Μιστύλῳ τῷ δεσπότῃ,
ἐφάπτεται δὲ τοῖν ποδοῖν καθημένου
καὶ δάκρυ θερμὸν ἐκχέας τῶν ὀμμάτων,
'ὦ ληστάναξ', ἔλεξεν, 'εὐτυχὲς δόρυ,

160 τὸν σὸν γινώσκεις σατράπην τὸν Γωβρύαν
πολλαῖς ἐναθλήσαντα πολλάκις μάχαις,
πολλὰς κατασκάψαντα δυσμενῶν πόλεις,
πολλὰς καταστρέψαντα ναῦς ἀντιπλόους
καὶ τοὺς ἐν αὐταῖς ἀνελόντα ναυμάχους·

165 πληγέντα πολλὰ καὶ μεμωλωπισμένον
καὶ σάρκα πᾶσαν ἐκτετραυματισμένον.
Νῦν οὖν προσελθὼν Μιστύλῳ τῷ δεσπότῃ
ἐφάπτεταί σοι τοῖν ποδοῖν καὶ δακρύει,
μίαν ἀπαιτῶν ἀντὶ πάντων τὴν χάριν.

170 τὴν αἰχμάλωτον τὴν πεφυλακισμένην,
ἣν σὺ προΐζὰ τοῦ προσώπου θαυμάσας

Γωβρύου εἰς Ῥοδάνθη
ἐρωτικὴ ἐπίθεσι

146-147 cf. Iliad. 15. 362–364; Eurip. fr. 272; Clem. Protr. 17. 2; 109. 3; Iambl. ap.
Stob. Ecl. 2. 1. 16; Georg. Pis. Hexaem. 568–569 ‖ **150** = 3. 320; 6. 52 ‖ **151** cf. 4. 227;
4.336; 4.359; 7.447; Nic. Eugen. 4.10; 8.268 ‖ **152** = 1.445 ‖ **154** 1.110; Chariton. 5.2.6 ‖
155 cf. ad 2.426 ‖ **157a** 3.168; 8.15 ‖ **158a** cf. ad 2.44 ‖ **159–179** cf. Heliod. 1.19 ‖ **159b** cf.
Prodromi Carm. hist. 66.5; 67.4; Eurip. Rhes. 319 ‖ **161** cf. ad 2.261 ‖ **162** Eurip. I. A. 64;
Phoen. 1155; Troad. 1263; fr. 1109. 10; Theodos. Diac. Exp. Cretae 1. 137 et al. ‖
165b Const. Manass. Chron. 1350; Plut. De tuenda sanit. 126 C ‖ **169** 3. 354; 3. 517;
7.255; Chariton. 2.2.8; 3.8.9 et al. ‖ **170** = 1.436

---

146 τοῖς ... παιδικοῖς ἀθύρμασι scripsi : τῶν ... παιδικῶν ἀθυρμάτων codd. ‖
148 inscr. HVL : ἔρως γωβρύου εἰς ῥοδάνθην U ‖ **152** καταπλαγεὶς δὲ UL : καὶ κατα-
πλαγεὶς HV ‖ **156** δὴ scripsi : δὲ codd. ‖ **159** ἔλεξεν HV : ἔφησεν UL ‖ **162-163** δυσ-
μενῶν πόλεις, πολλὰς καταστρέψαντα om. UL ‖ **166** πᾶσαν σάρκα UL

κατηγγυήσω τοῖς θεοῖς νεωκόρον,
αἰτῶ παρασχεῖν εἰς γάμου κοινωνίαν.
ἐγὼ γὰρ αὐτὴν συγκατέσχον ἐν Ῥόδῳ·
175 χειρῶν ἐμῶν λάφυρον ἐστὶν ἡ κόρη,
σπάθης ἐμῆς ἅρπαγμα καὶ σύλον ξίφους.
τὰς εἴκοσι μνᾶς ἀντιδώσω, Μιστύλε,
οὐδ' ἄλλο κερδάναιμι τῶν συλημάτων,
μόνην λάβοιμι τὴν Ῥοδάνθην εἰς γάμον.'
180 Πρὸς ταῦτα μικρὸν συμπεδήσας τὸ στόμα   Ἀπολογία Μιστύλου
καὶ συγκατασχὼν τοὺς λόγους ὁ ληστάναξ
'πρόχειρος' εἶπεν 'εἰς δόσεις ὁ Μιστύλος
εἴπερ τις ἄλλος τοῖς ἑαυτοῦ σατράπαις,
πλέον δὲ πάντων τῷ καλῷ πάντων πλέον.
185 καλὸς δὲ μᾶλλον τῶν ἁπάντων Γωβρύας,
καὶ παντὸς αὐτὸν προκρίνομαι σατράπου·
οὐ μὴν λογισθῇ καὶ θεῶν μοι βελτίων.
Εἰ τοίνυν ἄλλῳ σατράπῃ τὴν παρθένον
φθάσας κατηγγύησα, καλὲ Γωβρύα,
190 εἶτ' αὐτὸς ἐλθὼν ἀνταπήτεις τὴν χάριν,
δέδωκα πάντως τὴν Ῥοδάνθην ἀσμένως,
ἐκ τοῦ λαβεῖν φθάσαντος ἐξαποσπάσας
(καίτοι τὸ πρᾶγμα δυσφόρως ἤνεγκεν ἂν
ὁ πρὶν λαβὼν κἄπειτα κλαπεὶς τὴν κόρην·
195 ἀλλ' οὐδὲν ἡμῖν εἰ θλίβοιτο σατράπης
ἐφ' οἷς θεραπεύοιμεν ἀρχισατράπην)·
ἐπεὶ δὲ τοῖς σῴζουσιν ἡμᾶς ἐν μάχαις
θεοῖς δέδωκα τὴν κόρην νεωκόρον,
πῶς οὐκ ἂν εἴη δυσσεβὲς τὸ πρακτέον,
200 εἰ τοῦ νεὼ μὲν ἐκσπάσω τὴν παρθένον,
δώσω δὲ θνητῷ πρὸς γάμου κοινωνίαν;
πῶς δ' οὐκ ἄν, εἰ γίγνοιτο καθάπερ θέλεις,
θεοὶ παροργίζοιντο τοῖς τελουμένοις;

172 cf. 1. 449; 3. 198; 4. 5 ‖ 173b 1. 307; 2. 280; 3.201 ‖ 179 1. 105 ‖ 180 = 2. 160 ‖
193 7.341; 2 Maccab. 14.28; Herodiani Hist. 1.8.4; 4.13.7; 6.6.1 ‖ 196b 5.74; 6.179; Pro-
dromi Catomyom. 289; Carm. hist. 36.3; Nic. Eugen. 1.237; 5.185; 5.341 ‖ 201 3.173 ‖
203b 8.413

176 σύλον HV (cf. 7.325) : σκύλον UL ‖ 178 κερδάναιμι Hercher : κερδάνοιμι codd. ‖
180 inscr. HV : λόγοι μιστύλου πρὸς γωβρύαν U, om. L ‖ 202 θέλεις scripsi : λέγεις
codd.

Κἂν μὲν γὰρ ἄλλοις ἀνομῶμεν, Γωβρύα,
205 πάρεισιν ἡμῖν οἱ θεοὶ ποινηλάται·
ἂν δὲ πρὸς αὐτοὺς εἰσφέροιμεν τὴν βλάβην,
τλητὴν ἂν ἡγήσαιντο τὴν ἀδικίαν;
οὐκ ἔστιν εἰπεῖν, ἀλλὰ καὶ πολλῷ πλέον
ἡμᾶς καταβλάψαιεν ἠσεβηκότας.
210 ἀδικίας γὰρ ἀσέβεια κακίων,
ὅσον θεοῖς μὲν ἀσεβεῖν λέγοιτό τις,
ἀδικία δὲ πρὸς βροτοὺς ἀνατρέχει.
κομψεύσομαί τι τῷ παρόντι μοι λόγῳ·
τοὺς ἀσεβοῦντας ἀδικεῖν πάντως βία
215 (εἴη γὰρ ἀσέβειά τις ἀδικία)·
τοὺς δ᾽ ἀδικοῦντας ἀσεβεῖν τίς ἡ βία;
Εἰς σαυτὸν ἕλκων ἐξερεύνα τὸν λόγον.
σοὶ προφθάσας δέδωκα τὴν ζητουμένην·
μετῆλθεν ἄλλος, ἀνταπήτει τὴν χάριν,
220 ἐν δευτέρῳ σου καὶ χαμερπὴς τὴν τύχην,
ὅσον θεῶν σὺ δευτερεύεις, Γωβρύα.
ἐγὼ δὲ τὴν δέησιν εἰσεδεξάμην
καὶ τὴν κόρην δέδωκα τῷ ζητοῦντί με,
τοῦ σοῦ θαλάμου δυστυχῶς ἀναρπάσας.
225 ἐκαρτέρησας εὐφόρως τὴν αἰσχύνην;
ἤνεγκας ἂν τὴν ὕβριν; οὐ μὰ τὴν Δίκην,
ἀλλ᾽ εἰς ἄμυναν τοῦ κακοῦντος ἐτράπου
καὶ πάντα πάντως συγκεκίνηκας κάλων,
ὡς ἂν τὸν ὑβρίσαντα καὶ βλάψαντά σε
230 ταῖς ἀντιποίνοις ὕβριοῖς κωμῳδίαις.
Σὺ γοῦν γεηρὸς καὶ φθορᾶς τελῶν μέρος

205b 5.432; 9.285; Nic. Eugen. 6.37; Soph. Aiac. 843; Trach. 808 ‖ 208a 4.484; 7.318; Nic. Eugen. 8.61 ‖ 213 cf. Eurip. I. A. 333; Plat. Reip. 4, 436 d 4; Dion. Halic. Isocr. 14 s. f. et al. ‖ 219b cf. 3. 190 ‖ 220b cf. AG App. 3. 146; Greg. Naz. Orat. 32. 13 (PG 36, 189 A) et al. ‖ 225 cf. 3. 193 ‖ 228 8. 249; Zenob. 5. 62; Apostol. 2. 99; 13. 88; Luciani Scytha 11; Alexander 57; Suda s. v. 259 κάλως. cf. Eurip. Med. 278; Arist. Eq. 756; Plat. Protag. 338 a 5; AG 9.545.2; Const. Manass. Chron. 2502 ‖ 230a cf. Lycophr. Alex. 271; 1201 ‖ 230b cf. Suda s. v. 2268 κωμῳδίαι· ὕβρεις, διασυρμοί, ἐμπαίγματα

209 καταβλάψαιεν HV : -βλάψειαν UL ‖ 215 ἀσέβεια scripsi : ἀσέβεια codd. ‖ 217 σαυτὸν H : αὐτὸν VUL ‖ 228 κάλων HV : κάλον UL ‖ 230 ὑβριοῖς UL : ὑβριεῖς HV ‖ 231 γοῦν HV : οὖν UL

τὴν ὕβριν οὐκ ἤνεγκας οὐδὲ τὴν βλάβην·
θεοὶ δὲ πῶς στέρξαιεν ἂν τὴν αἰσχύνην,
ὧν τῇ θελήσει σύνδρομον καὶ τὸ σθένος,
235 οἷς οὐ δεήσει συμμάχων οὐδὲ χρόνου
εἰς τὴν ἄμυναν τῶν λελοιδορηκότων;
φλέξοι γὰρ αὐτοὺς πῦρ κατηγμένον κάτω,
ἢ γοῦν ἔνυγρος πλησμονὴ κατακλύσοι.
ἄλλως δὲ καὶ σὺ μαρτυρήσαις τῷ λόγῳ,
240 ὡς ὑπὲρ εὐνὴν ἀνδρικὴν ἡ παρθένος
καὶ συγκατοικεῖν τοῖς θεοῖς ἐπαξία.'
'Ἀλλ' οὐκ ἔδωκας τοῖς θεοῖς τὴν παρθένον'
ἀπεκρίνατο Γωβρύας τῷ Μιστύλῳ·
'ἡ μὲν γὰρ οἰκεῖ τῆς φυλακῆς τὸν ζόφον,
245 θεοὶ δὲ ναὸν ἔσχον εἰς κατοικίαν,
καίτοι προσῆκε τοὺς θεῶν νεωκόρους
ἐγχωριάζειν τοῖς ναοῖς καὶ προσμένειν
(εἰ μὴ τὸν οἶκον τῶν κατακρίτων λέγεις
οἴκημα σεπτὸν καὶ θεῶν θεῖον τόπον).'
250 Πρὸς ταῦτά φησι Μιστύλος μεταφθάσας·
'ὄντως ἀμαθῶς ἀντέλεξας, Γωβρύα.
ὑπεσχόμην γὰρ τοῖς θεοῖς τὴν παρθένον·
κἂν χερσὶν αὐταῖς οὐκ ἔδωκα τὴν χάριν,
τύρβης διασπώσης με πολλῶν φροντίδων,
255 φαίη δὲ πάντως τὴν ὑπόσχεσιν δόσιν
ἀνὴρ ἐχέφρων καὶ φρενῶν ἐπιστάτης
ἂν εἰς θεοὺς γίγνοιτο τοὺς σωτηρίους.
σὺ δ' ἀλλ' ἔοικας καὶ λαβὼν τὴν παρθένον
260 καὶ παστάδων ἔσωθεν ἐγκαθιδρύσας
259 καὶ πυρσὸν ἄψας νυμφικῆς δαδουχίας

237-238 cf. 3. 481–486; 7. 69–75; Prodromi Carm. hist. 59. 52–56 ‖ 239b 3. 360; 8. 518 ‖ 240 cf. 1. 61–67 ‖ 244b 7. 250; 9. 282; Nic. Eugen. 1. 310 ‖ 249b cf. 2. 219; 3. 127 ‖ 250 4. 189 ‖ 255 cf. Iliad. 2. 286; Odyss. 10. 483 ‖ 256a cf. Iliad. 9. 341 ‖ 256b Georg. Pis. Hexaem. 1669 ‖ 257 8. 140; 8. 392; Nic. Eugen. 4. 95; 7. 114; 7. 209 ‖ 259 cf. ad 1. 218

239 σὺ μαρτυρήσαις HV : συμμαρτυρήσεις L : συμμαρτυρήσεις U ‖ 249 καὶ] τῶν Gaulmin, Hercher ‖ 250 inscr. U: πρώτη ἀποτυχία γουβρίου εἰς ἔρωτα δροσίλλης ‖ 253 αὐταῖς HVL : αὐτῶν U ‖ 255 φαίη HV : φάους UL ‖ 257 σωτηρίους HVUᵐᵍL : ἐγχωρίους U in textu ‖ v. 260 versui 259 praeposui conlatis 1. 216–218; 6. 381–383

45

τὸ μὴ παρασχεῖν ἐγκαλεῖν τῷ Μιστύλῳ,
ἐφ' ᾧπερ ἐβράδυνεν ἡ ξυνουσία·
θεοῖς δέδωκε προφθάσας ὁ Μιστύλος,
καὶ Γωβρύας εἴληφε τὴν ᾐρνημένην.'
265   Οὕτως ἁμαρτὼν τῆς ποθουμένης κόρης,
ἐξ ἱκετικῆς προσβολῆς ὁ σατράπης
ἄλλην ὁδὸν τέτραπτο λῃστρικωτέραν
καὶ Γωβρύᾳ πρέπουσαν, αἰσχρῷ βαρβάρῳ·
νύκτωρ γὰρ ἔγνω, συγκροτήσας τὴν βίαν,
270   καὶ μὴ θελούσῃ συμμιγῆναι τῇ κόρῃ.
τὴν οὖν φυλακὴν εἰσδραμὼν παραυτίκα
καὶ πλησιάσας τῇ Ῥοδάνθῃ κειμένῃ
'ὦ χαῖρε, γύναι' φησίν 'ἀνδρὸς Γωβρύου,
ὦ δεῦρο τὸν σὸν ἄσπασαί με νυμφίον
275   καὶ μὴ ταραχθῇς τὴν ἐμὴν συνουσίαν,
ἀλλ' εὐχαρίστει τοῖς θεοῖς καὶ ταῖς τύχαις,
αἵ σε ξυνῆψαν τῷ μεγίστῳ σατράπῃ.
οὐ γὰρ παρεῖδον ὁ κρατήσας ἐν Ῥόδῳ
καὶ τοῖς ἑαυτοῦ συγκατασχὼν δακτύλοις
280   ἄλλῳ πενιχρῷ καὶ ταπεινῷ βαρβάρῳ
τὴν τηλικαύτην ἐκδοθῆναι παρθένον.'
Ἔλεξεν οὕτω καὶ χαμάζε κυπτάσας
ὥρμα φιλῆσαι τῆς Ῥοδάνθης τὸ στόμα.
ἀλλ' ἡ κόρη φυγοῦσα τὴν τυραννίδα
285   καὶ τὸν βιαστὴν ἐκλιποῦσα Γωβρύαν
καὶ τῇ παλάμῃ τοῦ παλαμναίου κυνὸς
συνεκλιποῦσα τοῦ χιτῶνος τὸ πλέον,
εἰς τὸν Δοσικλῆν ὡς τάχος μετατρέχει,
πλησθεῖσα πολλῆς ταραχῆς τὴν καρδίαν,
290   καὶ 'σῶσον' εἶπεν 'ἐκ τυράννου βαρβάρου,
σῶσον, Δοσίκλεις, τὴν φίλην σοι παρθένον·

265b 1.503 ‖ 267b cf. Nic. Eugen. 7.61 ‖ 269b 1.189; 2.285 ‖ 269-270 cf. Xenoph. Ephes.
4.5 ‖ 277b 4.190; 5.5 ‖ 282b 7.340; 7.521 ‖ 283 3.62 ‖ 289 cf. 2 Maccab. 10.30; 13.16;
3 Maccab. 6.19

263 θεοῖς scripsi (cf. 3.198) : καίτοι codd. ‖ 264 καὶ] κ' οὐ Gaulmin (497), Huet
(121) | ᾐρνημένην scripsi : ἐρωμένην codd. ‖ 271 inscr. U: ἐπίθεσις γωβρύου εἰς ῥοδάν-
θην ‖ 277 ξυνῆψαν H² : συν- H¹VUL ‖ 286 τῇ παλάμῃ HV : τὴν παλάμην UL

ἀπόσπασόν με ληστρικῆς τυραννίδος.
ἀπώλεσάς με· σπεῦσον, ἦ μὴν ᾠχόμην.'
Ὁ τοίνυν ὕπνος ταῖς κόραις Δοσικλέος
295   χρόνιος ὀψὲ καὶ μόγις προσιζάνων,
τότε θροηθεὶς τῇ βοῇ τῆς παρθένου
πολλὰ μετέπτη καὶ μετῆλθεν ὡς τάχος.
ἀνεὶς Δοσικλῆς τὰς πύλας τῶν ὀμμάτων
καὶ γοῦν ἀναστὰς τῆς χαμαιστρώτου κλίνης
300   (ἡ γῆ γὰρ ἦν μίμημα τοῦ κλινιδίου
ὑπνοῦντι μικρὸν τῷ καλῷ Δοσικλέι),
μακρὰ θροηθεὶς ἀντέφη τῇ παρθένῳ·
'ὤμοι Ῥοδάνθη, τί πτοῇ; λέγοις, λέγοις·
ἰδοὺ Δοσικλῆς, μήνυσόν μοι τὴν μάχην.
305   Ἦ που καθ' ὕπνους καὶ φάσεις ὀνειράτων
καινοὺς κατοπτεύσασα φασμάτων τύπους
(ὁποῖα πολλὰ νὺξ παραπλάττειν θέλει
ἐν τῇ κατ' αὐτὴν τῶν ὀνείρων ἐμφάσει),
ἐξεθροήθης τὴν δυσέντευκτον πλάσιν,
310   ἐμορμολύχθης τὴν θέαν, ὡς τὰ βρέφη·
τί τοῦτο; παῦσαι. τί θροῇ τὴν καρδίαν;
τὸ πλάσμα φάσμα καὶ σκιᾶς ψευδὴς τύπος,
κἂν (ὡς τὰ πολλά) τὰς ἀνάνδρους καρδίας
φιλῇ ταράττειν τῇ ξένῃ παραπλάσει.
315   εἰ δ' ἄχρι δεῦρο τὴν θέαν ὑποτρέμεις,
νῦν γοῦν ἀναστῶ καὶ παραρτύσω μάχην
καὶ νυκτομαχήσαιμι τοῖς ἐνυπνίοις
καὶ τοῖς ὀνείροις ἐντινάξω τὴν σπάθην.'
Ὁ μὲν Δοσικλῆς ταῦτα τῇ παρθένῳ·
320   ὁ Μιστύλου δὲ σατράπης ὁ Γωβρύας

292b 3.418; 9.281 ‖ **298a** cf. Alciphron. Ep. 3.3.2 ‖ **298b** cf. 2.200; Nic. Eugen. 3.116; Diog. Laert. 8.29 ‖ **299b** 6.125; Nic. Eugen. 6.243 et 249; Athen. 11, 460 B et al. ‖ **300** cf. 1.85 ‖ **305-308** 2.329–333; 3.72; Eurip. I. T. 42 ‖ **309b** 2.252 ‖ **310** cf. 4.223; 5.75 ‖ **312b** cf. 2.331; 5.76 ‖ **313b** 5.363 et 377 ‖ **314b** cf. 2.331–332; 3.307; Georg. Pis. De vanit. vitae 71 ‖ **315b** cf. 5.76 ‖ **316b** 4.53; 5.249 ‖ **317a** cf. Nic. Eugen. 6.491; Aristaen. Ep. 1.10 s. f. ‖ **319b** 1.291; 8.372; 8.508; 9.39 et al. ‖ **320** = 3.150; 6.52

293 ἢ Hercher : ἦ codd. ‖ **294** inscr. U: δευτέρα ἀποτυχία (sc. γωβρύου, cf. 321) ‖ **295** μόλις V ‖ **297** πολλὰ scripsi : πολλῷ codd. ‖ **306** καινοὺς HV (cf. 314) : κενοὺς UL ‖ **314** φιλῇ HV : φιλεῖ UL ‖ **319** inscr. U: τρίτη πεῖρα (sc. γωβρύου, cf. 327)

καὶ δευτέρας γοῦν ἀστοχήσας ἐλπίδος,
σιγῶν μετῆλθεν εἰς τὸν οἰκεῖον δόμον,
οἶμαι, πτοηθείς, μὴ φανεὶς τῷ Μιστύλῳ
ποινηλατηθῇ τῇ προσηκούσῃ κρίσει
325   ὡς ἐμπαροινῶν τοῖς θεῶν νεωκόροις.
καὶ μὴ μελήσας, ξυγκινοῦντος τοῦ πόθου,
πρὸς ἀτραποῦ τέτραπτο καὶ τρίτης τρόπον.
τὸν γὰρ Δοσικλῆν, ὡς ἀδελφὸν τῆς κόρης,
ὑποδραμεῖν ἔσπευσε λαθραίοις λόγοις,
330   ὡς ἂν δι' αὐτοῦ τῆς ἐρωμένης τύχῃ.
ὢ παμμάταιος καὶ παράφρων καρδία,
ἂν εἰ προδοῦναι τὴν ἑαυτοῦ παρθένον
ὁ σατράπης ἤλπιζε τὸν Δοσικλέα.
Ἀλλ' ἠπάτησε τῆς θέας ἡ ταυτότης
335   τὸν βάρβαρον· καὶ τοίνυν ἐλθὼν ἐγγύθεν
τοιούσδε φησὶ τῷ Δοσικλεῖ τοὺς λόγους·
'σοὶ μέν, Δοσίκλεις, τῆς θέας ἡ λαμπρότης
τὴν εὐγένειαν τοῖν γενοῖν μαρτύρεται,
κρείττω δὲ πολλῷ τῆς ὁρωμένης τύχης
340   τρανῶς παριστᾷ καὶ σαφῶς ὑπογράφει.
καὶ τοῦ προσώπου τὴν ὑπανθοῦσαν χάριν
κήρυκα λαμπρόφθογγον ὡσπερεὶ φέρεις
τῆς εἰς Ῥοδάνθην συγγενοῦς κοινωνίας·
οἷς γὰρ τὸ κάλλος ἐμφερεῖς ἔχει τύπους,
345   οἷς ταὐτοειδεῖς τῶν προσώπων αἱ πλάσεις,
τούτοις γένοιτ' ἂν καὶ γένους ἡ ταυτότης.
οὕτω μὲν οὖν σε συγγενῆ τῇ παρθένῳ
ἔγραψεν ἡμῖν ζωγράφου τινὸς δίκην
ἤ σοι προσοῦσα τοῦ χαρακτῆρος χάρις.
350   Οὐκ ἀγνοεῖς δὲ τάχα που καὶ Γωβρύαν

321b Georg. Pis. Heracliad. 1. 58; Arethae Comm. in Apocal. 6 (PG 106, 541 C) ‖
322b 2. 195 ‖ 325b 3. 246 ‖ 328 cf. Heliod. 1. 22 et 1. 25; 7. 13 et 7. 26 ‖ 335b Iliad. 5. 72 et al. ‖
345a cf. Cyrilli Alex. Dial. de trin. 3 et 5 (PG 75, 837 C et 944 C) ‖ 346b cf. Georg. Pis.
Hexaem. 1344 ‖ 349b cf. 3. 368 ‖ 350a 3. 380; 4. 61; 4. 426; 7. 7; 7. 9; 8. 275 et 276

323 φανεὶς scripsi (cf. 325 ἐμπαροινῶν) : φανὲν codd. ‖ 325 θεῶν UL, Gaulmin : θε-
οῖς HV ‖ 328 γὰρ HV : γοῦν UL ‖ 331 ὢ HV : ἡ UL ‖ παράφρων UL, Gaulmin : πα-
ράφρον HV

δυνάμενον τὰ πάντα παρὰ Μιστύλῳ
καὶ παντὸς ἄλλου τῶν ὑπ' αὐτὸν βελτίω,
τιμήν τε κερδαίνοντα μυρίαν ὅσην.
εἰ γοῦν μίαν μοι καὶ μόνην δώσεις χάριν,
355   τὴν συγγενῆ σου, τὴν συνεγκεκλεισμένην,
πεῖσαι συνελθεῖν καὶ συναφθῆναι γάμῳ,
πολλῷ μεγίστην ἀντιδέξῃ τὴν χάριν.
τὴν παῖδα γάρ σοι τὴν καλὴν τοῦ Μιστύλου
κατεγγυῶμαι καὶ θεοὺς τοὺς πατρίους
360   προβάλλομαι νῦν μαρτυροῦντας τῷ λόγῳ,
ὡς ἡ Καλίππη γαμετὴ Δοσικλέος,
ἂν ἡ Ῥοδάνθη γαμετὴ τοῦ Γωβρύου.
   Καὶ τίς γένοιτ' ἂν εὐτυχέστερος γάμος,
ἢ τίς μεγαλόδοξος οὕτω νυμφίος,
365   ὡς ὁ ξυναφθεὶς τῇ θυγατρὶ Μιστύλου;
οἷα γάρ ἐστι τὴν θέαν ἡ παρθένος,
ἦ μὴν ἀδελφοῦ τῆς Ῥοδάνθης ἀξία·
οἷον τὸ κάλλος τοῦ χαρακτῆρος φέρει,
ἦ μὴν προσῆκον τῷ Δοσικλεῖ νυμφίῳ.
370   τούτοις προσεννόησον ὄγκον ἀξίας,
τύχης ἔπαρσιν, ἀργύρου, χρυσοῦ βάρος,
οἷς οἱ τυχόντες ἀρχικῶν κηδευμάτων
ὑπερφέρουσι τῶν χαμαιρριφεστέρων.'
   Τούτους Δοσικλῆς ὑπακούσας τοὺς λόγους,
375   μικρὸν περισχὼν τὴν ἀπόκρισιν λέγει·
'καλῶς μὲν ἡμῶν ἐστοχάσω, Γωβρύα,
καὶ τὴν ἀδελφὴν εὐφυῶς ἔγνως φύσιν
ἐκ τῆς ἀδελφῆς τῶν χαρακτήρων θέας·
379   ἐγὼ δ' ἐμαυτοῦ συννοῶ μὲν τὴν τύχην,
382   αἰσθάνομαι δὲ καὶ παροικῶν ἐν ξένῃ,

---

354 3.169; 3.517 ‖ 355b 1.83; Nic. Eugen. 2.38 ‖ 356b cf. 2.63; Nic. Eugen. 6.440; 6.478 ‖ 357 cf. 8.337 ‖ 359b 3.68 ‖ 360b 3.239; 8.518 ‖ 363b 9.310 ‖ 366b 1.61 ‖ 371b 4.510; 5.39; 7.80; 7.308; 7.423; Nic. Eugen. 8.121; Eurip. Hippol. 621; El. 1287 ‖ 372b 3.385. cf. Eurip. Med. 76 ‖ 373b cf. Christ. pat. 1430; Greg. Nyss. c. Eunom.1 (PG 45, 460 A) et al. ‖ 374 3.399; 5.73; 5.511; 7.446; 7.516 ‖ 375 cf. 2.160; 3.180

353 τε scripsi : δὲ codd. ‖ 367 et 369 ἤ UL : ἢ HV ‖ 376 ἐστοχάσω HV : ἠὐστοχήσω UL ‖ 379 δ' ἐμαυτοῦ HV : μὲν αὐτοῦ UL | συννοῶ HV : συνορῶ UL ‖ v. 382 versui 380 praeposui

380 οὐκ ἀγνοῶ τε δοῦλος ὢν τοῦ Μιστύλου,
381 ἀνάξιος δὴ τῇ Καλίππῃ νυμφίος.
383 ἀνὴρ γὰρ αἰχμάλωτος εἰς ὕψος τόσον
οὐκ ἄν ποτ' ἀρθῇ καὶ μεταπτῇ τὴν τύχην,
385 ὡς καὶ μετασχεῖν ἀρχικῶν κηδευμάτων,
ἅπαν ὑπερπτὰς ἀξίωμα σατράπου.
Ἐμοὶ μὲν οὖν ἄχαρις οὕτως ἡ χάρις·
τὴν δ' οὖν ἀδελφὴν τὴν ἐμήν, τὴν παρθένον,
πείσω συνελθεῖν εἰς γάμον σοι, σατράπα·
390 πλὴν ἀλλὰ μὴ νῦν τὴν ὑπόσχεσιν θέλε.
ἐπεὶ γὰρ ἡ τεκοῦσα καὶ θρεψαμένη
τέθνηκεν, οἴμοι, καὶ παρῆλθεν ἐκ βίου,
κρατεῖ δ' ἐφ' ἡμῶν τῇ πόλει νόμος γέρων,
πενθεῖν τελευτήσαντα τὸν φυτοσπόρον
395 τὰ τέκνα πεντήκοντα μέχρις ἡλίων,
κατάσχε σαυτὸν εἰς δεκάτην ἡμέραν·
αὕτη γὰρ ἡμῖν συμπεραίνει τὸν νόμον,
καί σοι μετ' αὐτὴν ἐγγυῶμαι τὸν γάμον.'
τούτων ἀκούσας τῶν λόγων ὁ Γωβρύας
400 δυοῖν παθοῖν μετῆλθεν ἐν μεταιχμίῳ·
ὁ μὲν βραδυσμὸς ἐστρόβει τὴν καρδίαν
(τῶν ἡμερῶν γὰρ τὰς τεθείσας ἐν μέσῳ
ζωῆς ὅλης ἔκρινε καὶ βίου χρόνον),
ἡ δ' ἐλπὶς ἐξέκοπτε τὴν ἀθυμίαν.
405 Τῆς γοῦν φυλακῆς ἐξιόντος Γωβρύου   Θρῆνος Δοσικλέ[
εὐθὺς Δοσικλῆς προσδραμὼν τῇ παρθένῳ
καὶ σὺν στεναγμῷ δάκρυον καταρράνας
καὶ πικρὸν οἷον ἐκβοήσας ἐκ βάθους,
'ὦ τῆς ἐμῆς' ἔλεξε 'λύχνε καρδίας

---

387 cf. ad 2.219 ‖ 389a 3.460; 3.466; 3.506; 6.309 ‖ 392b 6.67; 7.457 ‖ 393b cf. Aeschyli Agam. 750; fr. 331 ‖ 398b 2.312 ‖ 396 cf. Heliod. 1.22–24; Xenoph. Ephes. 2.13.8; 3.3.7 ‖ 399 3.374; 5.73 et al. ‖ 400 7.339; 7.462; Greg. Naz. Or. 15.8 δύο παθῶν ἐν μεταιχμίῳ (ἦν); Luc. Amores 5 ‖ 401b cf. Nic. Eugen. 2.154 ‖ 404 cf. 1.294 ‖ 408 1.270; 1.275; 2.43; 4.233

380 τε scripsi : δὲ HV : om. UL ‖ 381 δὴ scripsi : δὲ codd. ‖ 387 ἄχαρις HV : εὔχαρις UL ‖ 389 σατράπα HV : σατράπη UL ‖ 392 ὤμοι Hercher ‖ 397 αὐτὴ Gaulmin, Hercher ‖ 400 δυοῖν HV : δυεῖν UL | παθοῖν UL, Gaulmin : παθῶν HV ‖ 405 inscr. HUL (incertum in V) ‖ 407 καταρράνας UL : καταρράγας HV

410 καὶ φάρμακόν μοι τῶν πόνων τῶν ἀτρύτων·
ὦ μοι συναιχμάλωτε, συμφυλακίτι,
ὦ μέχρι φωνῆς τοῦ Δοσικλέος γύναι·
φυγεῖν μὲν εἵλου τὴν ἑαυτῆς πατρίδα,
ἀπεστερήθης συγγενῶν, συμπαρθένων,
415 φίλων ἀδελφῶν, τοῦ Στράτωνος, τῆς Φρύνης·
ξένας πόλεις δέδορκας ἐν μακρῷ πλάνῳ,
ἡ μηδὲ τὴν σήν (πῶς γάρ, ἠσφαλισμένη;)·
ἐκαρτέρησας ληστρικὴν τυραννίδα
καὶ μέχρι καὶ νῦν μυρίους στέγεις πόνους·
420 οἰκεῖς φυλακῆς ἐζοφωμένον στόμα,
εἰς γῆν καθεύδεις, τὴν κατάψυχον κλίνην,
στερῇ τὰ πολλὰ καὶ πιτυρίου τρύφους·
πλὴν οὖν μεθ' ἡμῶν καὶ δι' ἡμᾶς, παρθένε,
τὸν λιμὸν ἔτλης, τὴν φυγὴν καὶ τὴν πλάνην.
425 Καὶ νῦν ὁ ληστὴς Γωβρύας, ὁ σατράπης,
ἡμῶν διαρρήγνυσι πικρῶς τὸν πόθον,
οἰκτρῷ μερισμῷ δυσμενῶς διασπάσων
καὶ τὴν Ῥοδάνθην εἰς ἑαυτὸν λαμβάνων·
βιάζεται δὲ καὶ τυραννεῖ τὸν γάμον,
430 δι' ὃν Δοσικλῆς καὶ πλανήτης καὶ ξένος,
δεσμοῖς καθεκτὸς καὶ πεφυλακισμένος.
οὕτω κατηγγύησεν ἡμῖν τὸν γάμον
Ἑρμῆς ὁ παμμέγιστος ἐξ ὀνειράτων,
τοιοῦτον ἦλθε τῶν ὀνειράτων τέλος;

410b Pind. Pyth. 4.178; Herodoti 9.52; Suda s. v. 4394 ἄτρυτος ‖ 411a 7.256; 8.348; Nic. Eugen. 1.262; 7.170; 9.46; 9.81; Lucian. Asin. 27; Epp. ad Rom. 16.7; ad Coloss. 4.10; ad Philem. 23 ‖ 411b 1.425; 3.111 ‖ 412 cf. 3.65–67; 7.18; 7.115–116; Nic. Eugen. 1.221 ‖ 413 cf. 8.351 ‖ 414b 7.79; 7.117; 7.289; Nic. Eugen. 8.157; 9.245; Aeliani V. H. 12.1 ‖ 415a 8.138 ‖ 416b 8.319 ‖ 417b cf. 2.181 ‖ 418a 3.225 ‖ 418b 3.292; 9.281 ‖ 419a 9.91 ‖ 419b 1.117; 4.476; Nic. Eugen. 6.276; 8.92; Eurip. Cycl. 1; Hel. 603; Heraclidae 331; Or. 689; 1615; 1662–1663; fr. 575.3 ‖ 420 3.119; 5.232 ‖ 421 cf. 1.85; 1.96; 1.432; 3.299 ‖ 421b cf. Polluc. Onom. 6.72 ‖ 427a 9.299 ‖ 427b 3.518 ‖ 429 cf. 1.105 ‖ 431b 1.436; 3.170 ‖ 432–433 cf. 3.72–75 ‖ 433a cf. Aeschyli Suppl. 920 ‖ 433b cf. 9.300

410 ἀτρύτων VU (evanidum in H) : ἀρρήτων L ‖ 411 συμφυλακίτι H : -κίτα VUL ‖ 413 ἑαυτῆς HVL : σεαυτῆς U ‖ 416 μακρῷ πλάνῳ HV (cf. 7.83) : μακρᾶ πλάνη UL ‖ 417 ἢ Hercher | τὴν σήν (sc. πόλιν δεδορκυῖα) HUL : τὰ σήν V ‖ 428 λαμβάνων scripsi : λαμβάνει codd.

435   Εἴθε πλέουσαν δυστυχῶς Ἀβυδόθεν
      πόντου σε βυθὸς συγκατέσχεν ἀγρίου·
      ἢ γοῦν διεχρήσατο καί σε Γωβρύας,
      ὅταν κατεσκύλευε τὴν ὅλην Ῥόδον
      καὶ τῶν κατοίκων ἐσκύλευε τὸ πλέον
440   καὶ μὴ⟨ν⟩ κατασχὼν ζῶσαν ἐζώγρησέ σε,
      σῴζων ἑαυτῷ καὶ προμεμνηστευμένος
      τὴν οὐχ ἑαυτοῦ, τὴν μόνου Δοσικλέος,
      σωτὴρ πονηρὸς ἀθλίαν σωτηρίαν.

      Οἰκτρὸν μέν, οἰκτρὸν ταῖς κόραις Δοσικλέος
445   ἰδεῖν Ῥοδάνθην εἰς βυθὸν κατηγμένην,
      εἰς τὴν ἀχανῆ τῆς θαλάσσης γαστέρα,
      λαχοῦσαν ὑγρὸν καὶ κατάρρυτον τάφον,
      ἢ γοῦν σφαγεῖσαν καὶ θανοῦσαν ἐκ ξίφους·
      οἰκτρὸν δὲ μᾶλλον καὶ θαλάσσης καὶ ξίφους,
450   ἂν ζῶσα, φεῦ φεῦ, ἐξ ἐμῆς χειρὸς μέσης
      ἑλχθῇς, σπαραχθῇς καὶ διάσπασιν πάθῃς
      καὶ πρὸς συναφὴν ἐκδοθῇς τῷ Γωβρύᾳ,
      ὁρῶντος, οἴμοι, ταῦτα καὶ Δοσικλέος.

      Εἰ μὲν γὰρ ἐκπέπτωκας εἰς πόντου στόμα,
455   ἂν ἐκ μαχαίρας ἐσφάγης χαλκοστόμου,
      πάντως ἂν εἶχον συμπαθεῖν σοι, παρθένε,
      ῥίψας ἐμαυτὸν εἰς θαλάσσης καρδίαν,
      ἢ τὸ ξίφος γοῦν ἐμβαλὼν ἐπ᾽ ἐγκάτοις·
      νῦν δ᾽ ἀλλ᾽ ἐγὼ μὲν ἐκθανοῦμαι καὶ πάλιν,
460   πρὶν ὄψομαί σε συνιοῦσαν εἰς γάμον
      τῷ παγκακίστῳ βαρβάρῳ τῷ Γωβρύᾳ,
      αὐτὸς καθ᾽ αὑτοῦ καὶ κατὰ σπλάγχνων μέσων
      τὰ προστυχόντα τῶν ξίφων ἀκοντίσας.

---

436 cf. 5.426; 6.500; Nic. Eugen. 5.78; 8.172; Achill. Tat. 3.5.5 ‖ 441a cf. 3.174–176; 3.278–281 | 441b 6.233; Alciphr. 1.37 ‖ 445 = 7.36 ‖ 446 6.45; 6.276 ‖ 447 5.384; 6.19; 6.83; 6.268. cf. Olympiod. in Meteor. p. 128.32 Stueve ‖ 454b 5.48; 5.240; 6.181; 6.219; 8.312 ‖ 455 3.106; 5.30; 5.233 ‖ 457a 1.274 | 457b 6.404; Ezechiel. 27.4; 27.25 et 27; 28.2; Ionae 2.4 ‖ 458 cf. 6.103; 9.80 ‖ 462–463 cf. ad 2.314–315

440 μὴν scripsi : μὴ codd. : μὲν Gaulmin ‖ 442 τὴν² scripsi : τοῦ codd. ‖ 445 εἰς βυθὸν HUL : τῷ βυθῷ V ‖ 453 ὤμοι Hercher ‖ 455 χαλκοστόμου HV : χαλκορύμου UL ‖ 457 ἐμαυτὸν HV : ἑαυτὸν UL ‖ 463 τὰ H : τὰς V : τὸν UL

οὐ φείσομαι γὰρ τῆς ἐ⟨μ⟩αυτοῦ καρδίας,
465 κἂν χεὶρ ἐμοὶ ζῇ, κἂν βίῳ μένῃ ξίφος.
Σὺ δὲ ξυνέλθῃς εἰς γάμον τῷ βαρβάρῳ
καὶ σατραπικὴν ἀντεφυπνώσεις κλίνην
καὶ τῶν στολισμῶν ἐνδυθῇς τοὺς καλλίους,
χρυσῷ βρίθοντας, μαργάρῳ πεπασμένους,
470 καὶ πάντα πράξεις ὡς ἀρέσκει Γωβρύᾳ·
Δοσικλέος γὰρ οὐδ᾿ ἀνάμνησιν λάβῃς
καὶ τῆς ἐνόρκου τῆς πρὸς αὐτὸν ἐγγύης.
ἡ γὰρ περιττὴ τῆς Τύχης εὐδοξία
ὀγκοῦσα τὸν νοῦν τῶν χαλιφρονεστέρων
475 λήθην τὰ πολλὰ τῶν προλαβόντων φέρει, ·
λικμῶσα πάντων τῶν φθασάντων πραγμάτων
ἐκ τῆς ἄλωνος τῶν φρενῶν τὰ φορτία.
Κεραύνιε Ζεῦ, ἀστραπηφόρον κράτος
καὶ τῶν ἐνόρκων ἐγγυῶν ἐπιστάτα,
480 σὺ δ᾿ ἀλλὰ τούτων καρτερήσεις δρωμένων;
οὐ τῆς χαλάζης ἐντινάξεις τοὺς λίθους,
οὐ τῶν κεραυνῶν τὰς πυροπτέρους φλόγας;
οὐκ ἐξανοίξεις οὐρανοῦ πᾶσαν θύραν,
φθερεῖς τε τὴν γῆν καὶ τὸ πᾶν κατακλύσεις
485 ὅλαις θαλάσσαις ὑετοῦ διαβρέχων,
σεισμῷ δὲ μακρῷ συνταράξεις τὴν κτίσιν;᾿
Τούτοις Δοσικλῆς τοῖς λόγοις κεχρημένος
ἔρραινε πικρὰ ῥεῖθρα θερμῶν δακρύων,
καὶ συγκατασχεῖν τὴν τραγῳδίαν θέλων
490 ὅμως ἀνηρέθιστο καὶ πάλιν λέγειν,

---

464 cf. Eurip. H. F. 1146 ‖ **466** 3. 389; 3. 460; 3. 506; 6. 309 ‖ **469a** Iuliani Or. 3. 28
(86 A) ‖ **471–472** cf. Heliod. 1. 25 ‖ **474b** cf. Odyss. 4. 371; 19. 530 ‖ **478b** Eurip. Bacch. 3;
Soph. O. T. 201–202; Ps.-Arist. De mundo 7 p. 401 a 16; Orph. hymn. 15. 9; 20 tit. et
v. 5 ‖ **479** 3. 472; 6. 332; 7. 26; 7. 90; 7. 112; Nic. Eugen. 3. 400 ‖ **479b** ἐπιστάτα] cf. Δία
Ὅρκιον (RE X A, 345. 24) et 6. 401 ‖ **481–486** cf. 3. 237–238; 7. 69–75 ‖ **481** cf. 8. 103; Io-
sue 10. 11; Siracid. 43. 15; 46. 5; Ezech. 38. 22 ‖ **483b** cf. Gen. 28. 17; Ps. 77. 23; Apocal.
4. 1 et al. ‖ **488** cf. ad 1. 138 et 3. 86; 8. 94

464 ἐμαυτοῦ Huet (ap. Gaulm. 138) : ἑαυτοῦ codd. ‖ **466** ξυνέλθῃς VU¹ : -οις HLU² ‖
480 καρτερήσεις VUL : -ήσας H ‖ **481** ἐντινάξεις U : ἐκ- HVL ‖ **484** τε scripsi : δὲ
codd. ‖ **485** ὅλαις θαλάτταις Hercher : ὅλας θαλάσσας codd. ‖ **488** πικρὰ H¹UL : πυκνὰ
VH²

ὑποφλέγοντος τοῦ πάθους τὴν καρδίαν.
ἡ παρθένος δὲ συνδεθεῖσα τὸ στόμα
καὶ γλωττοδέσμην ὡσπερεὶ δεδε⟨σ⟩μένη
ἔστεργε μακρὰν δυστυχῶς ἀφωνίαν.

495 φιλεῖ γὰρ ἀνύποπτον εἰσπεσὸν πάθος
καὶ ταραχὴ δύσελπτος ἐξ αἰφνιδίου
ἐκστατικόν τι τῶν φρενῶν πεφυκέναι
καὶ συνδετικὸν τῶν λογικῶν ὀργάνων·
μεθύσκεται γὰρ ἡ παθοῦσα καρδία,
500 καινοπρεπὲς πιοῦσα καὶ ξένον μέθυ.

Μόγις δ' ἀνανήψασα τῆς καινῆς μέθης   *Παρηγορία Ῥοδάνθη*
καὶ τὸν ῥυέντα νοῦν ἀναλεξαμένη   *πρὸς Δοσικλέα*
καὶ γλῶτταν ὥσπερ καὶ λόγον λελυμένη
'παῦσαι, Δοσίκλεις, τῶν στεναγμάτων' ἔφη
505 'καὶ τὴν ἀφορμὴν τοῦ πάθους φράσον φθάσας.'
'σπεύδει συνελθεῖν εἰς γάμον σοι Γωβρύας',   *Ἀπόκρισις Δοσικλέο*
ἔφη Δοσικλῆς οὐκ ἀδάκρυτον λόγον·
'κἀμοὶ δέ, φεῦ φεῦ, τῆς θυγατρὸς Μιστύλου
ἀντεγγυᾶται τὸν γάμον, πικρὰν χάριν.
510 τίς γὰρ χάρις, κάκιστε ληστῶν Γωβρύα
(ἰδοὺ γὰρ εἰς σὲ τὸν λόγον μετατρέπω,
κἂν μακρὰν ἡμῶν, ἀγριώτατε, στρέφῃ),
εἰ τῆς ἐμῆς με παρθένου διασπάσεις,
ἄλλην δέ μοι δῷς δωρεὰν ἀλλοτρίαν;
515 σφάττεις με πικρῶς καὶ καταγγέλλεις γάμον·
τί τοῖς θανοῦσι συντελεῖν ἔχει γάμος;
μίαν Δοσικλεῖ καὶ μόνην δίδου χάριν·
μὴ τῆς Ῥοδάνθης δυσμενῶς διασπάσῃς.'
'Ἐγὼ μέν' ἀντέλεξεν εὐθὺς ἡ κόρη   *Ἀπόκρισις Ῥοδάνθη*
520 '(θεοὶ δὲ πάντως ἀκροῶντο τῶν λόγων)

492b Hesiodi fr. 239. 3 (ap. Athen. 10, 428 C) ‖ **494** Luciani Vit. auct. 3 ‖ **495** cf. 7. 263 ‖ **496** cf. Luciani Dial. mort. 17 (7). 2 ‖ **500** cf. Method. Olymp. Sermon. in ramos palm. 1 (PG 17, 385 B); Leont. Byz. Adv. argum. Severi, PG 86, 1921 B; Suda s. v. 1172 καινο-πρεπές ‖ **504** 1.137 ‖ **506** 3.389; 3.460; 3.466; 6.309 ‖ **507** = 1.512 ‖ **514** cf. Odyss. 17.452 ‖ **517** 3.169; 3.354; 7.255 ‖ **518b** 3.427 ‖ **519b** 9.126 ‖ **520** cf. 8.518

493 δεδεσμένη Hilberg (14) : δεδεμένη codd. ‖ **501** inscr. **HL** : παρηγορία ῥοδάνθης **V** ‖ **506** inscr. **HVL** : ἔνθα ἀπαγγέλλει δοσικλῆς τῇ κόρῃ τὸν γωβρίου πρὸς αὐτὴν ἔρωτα **U** ‖ **510** om. **UL** ‖ **519** inscr. **HUL** ‖ **520** ἀκροῶντο scripsi : ἀκροῶνται codd.

54

ἢ σοὶ φυλαχθῶ καθαρῶς τηρουμένη,
ἢ τῷ ξίφει γοῦν, οὐ γὰρ ἂν τῷ Γωβρύᾳ.
σοῦ δ' ἀλλὰ χάριν οὐ βραχὺν τρέμω τρόμον,
μή που συναφθεὶς τῇ θυγατρὶ Μιστύλου
525   τῆς αἰχμαλώτου μηδὲ μικρὰ φροντίσῃς.'
τοιοῦτον εἶπεν ἡ Ῥοδάνθη τὸν λόγον
καὶ τὸ πρόσωπον τοῦ φίλου Δοσικλέος
ἐκ τῶν ῥεόντων ἐξεμόργνυ δακρύων,
ὡς χειρομάκτρῳ τῷ χιτῶνι χρωμένη,
530   καὶ βραδέως μὲν πλὴν ἐπέσχε τοῦ γόου.

TOY AYTOY
ΤΩΝ ΚΑΤΑ ΡΟΔΑΝΘΗΝ ΚΑΙ ΔΟΣΙΚΛΕΑ
ΒΙΒΛΙΟΝ ΤΕΤΑΡΤΟΝ

Οὕτω μὲν οὗτοι τὸν πρὸς ἀλλήλους πόθον
λόγοις ἐπεσφράγιζον ἀλληλεγγύοις,
τῆς δ' ὑστεραίας ἐνδυθεὶς καλὸν φάρος,
λευκόν, ποδῆρες, ἱερεῖ τινι πρέπον,
5   καὶ σὺν ἑαυτῷ τοὺς νεωκόρους ἄγων
φύλλοις πίτυος καὶ δάφνης ἐστεμμένους,
ὥρμα πρὸς αὐτὸν τὸν νεὼν ὁ Μιστύλος,
τοῖς ἀθανάτοις ἱερώσων τοὺς νέους.
Ἀλλ' ὁ Βρυάξου σατράπης Ἀρταξάνης   Ἀρταξάνου παρουσία
10   ἐλθὼν πρὸς αὐτὸν προσταγῇ τοῦ δεσπότου
ἀνατρέπει τὰ πάντα καὶ διαστρέφει.
ἐπεὶ γὰρ αὐτὸν τὸν μέγαν Ἀρταξάνην
ἤκουσεν ἐλθεῖν ὁ στολάρχης Μιστύλος,
εὐθὺς μὲν ἐστείλατο τὴν ὀπισθίαν,

523b cf. 5.444; Eurip. Troad. 1026 ‖ 530b cf. Odyss. 4.758
2b cf. Nic. Eugen. 1.317; 3.398 ‖ 3a 3.79 ‖ 4 cf. Exod. 29.5 ‖ 6 cf. Achill. Tat. 7.12.2;
8.6.13 et al. ‖ 9 4.105; 5.42; 6.81. cf. Heliod. 1.27 ‖ 13b 1.76; 4.22; 4.75

521 καθαρῶς] καρτερῶς Gaulmin, Hercher ‖ 525 φροντίσῃς UL, Gaulmin : -σεις
HV ‖ 530 γόου Gaulmin (500) : λόγου codd.
2 ἀλληλεγγύοις HV (cf. Nic. Eugen. 3.398) : ἀλληλεγγύως UL ‖ 9 inscr. HVL ‖
10 πρὸς UL : ἐπ' HV

15 καθειργνύει δὲ τοὺς νεωκόρους πάλιν,
αὐτὸς δ' ἐπ' ὀκρίβαντος εἰς θρόνον μέγαν
ὑψοῦ καθεσθεὶς καὶ τιτανῶδες βλέπων,
τῆς σατραπικῆς στρατιᾶς εἰς τὸν θρόνον
ἱσταμένης κύκλωθεν εὐφυεῖ στάσει,
20 καλεῖν κελεύει τὸν σταλέντα σατράπην.

Καὶ γοῦν ἐκάλουν καὶ παρῆν Ἀρταξάνης·
πρὸ τοῖν ποδοῖν δὲ τοῦ στολάρχου Μιστύλου
κλίνας ἑαυτοῦ τὴν κάραν ὁ σατράπης
ἐπιστόλιον μικρὸν ἐσφραγισμένον
25 τῷ βασιλεῖ δίδωσιν εἰς χεῖρας μέσας·
ὁ δ' αὖθις ἀντέδωκεν αὐτὸ Γωβρύᾳ,
ὡς ἂν ἀναγνῷ τῶν παρόντων ἐν μέσῳ.
τὰς γοῦν σφραγῖδας ἐξελὼν ὁ Γωβρύας
τὸ γράμμα πᾶσιν εἰς ἐπήκοον λέγει·
30 'Ἄναξ Βρυάξης βασιλεὺς Πίσσης μέγας   Ἐπιστολὴ Βρυάξου πρὸ
χαίρειν βασιλεῖ τῷ μεγάλῳ Μιστύλῳ.   Μιστύλο
οἷος μὲν οἷος ὁ Βρυάξης Μιστύλῳ
καὶ πῶς τὰ θεσμὰ τῆς πρὸς αὐτὸν ἀγάπης
φρουρεῖν διεσπούδακεν, εἴπερ ἄλλο τι,
35 ἄλλοις τε πολλοῖς, εἰ θελήσεις, ἂν μάθοις
καὶ μᾶλλον οἷς μοι τῆς Τύχης δωρουμένης
μόνῳ μὲν ἄρχειν, ἄλλα δὲ θραύειν κράτη,
οὐκ ἠθέλησα τῆς Τύχης μοι τὴν χάριν
καὶ μέχρι τοῦ σοῦ, Μιστύλε, φθάσαι κράτους.
40 ἀλλ' ἰδίαν κέκρικα τὴν δυσκληρίαν,
εἰ σκῆπτρα τὰ σὰ πρὸς καθαίρεσιν πέσῃ·
μὴ γὰρ κρατοίην οἷς κρατῶ τῶν φιλτάτων,
μηδ' εὐτυχοίην οἷς καθαιρῶ Μιστύλον,

16a cf. Plat. Sympos. 194 b 2 et Timaei Lex. Plat.; Suda s. v. 123 ὀκρίβας ‖ 17b Luci-
ani Timon. 54; Icaromen. 23; Philopatris 22; Suda s. v. 680 Τιτανῶδες βλέπειν· κα-
ταπληκτικόν, φοβερόν ‖ 19b cf. 5.443 ‖ 23 8.363 ‖ 24 cf. Theodos. Diac. Exp. Cretae 2.25 ‖
29 cf. Luciani Sympos. 21; Imagin. 9 ‖ 33 cf. 4. 48 et 51 ‖ 40b Prodromi Carm. hist.
64a. 38; Basil. Homil. 8. 5 (PG 31, 316 B); Gregor. Nyss. c. Eunom. 12 (PG 45,
1117 D); Const. Porphyr. Novell. 274 et al.

19 εὐφυᾶ codd., corr. Huet (ap. Gaulm. 149) ‖ 25 μέσας HV : μέσον UL ‖ 30 inscr.
UL : ἐπιστολὴ βρυάξου HV ‖ 34 ἥπερ codd., corr. Boissonade ‖ 35 μάθοις HU²L :
μάθης VU¹ ‖ 37 μόνῳ HV : μόνα UL ‖ 41 πέσῃ HVL : πέσοι U

μηδ' εὐποροίην ἐξ ἀπανθρώπων πόρων,
βλάπτων ἐμαυτὸν οἷς φίλου βλάβην θέλω,
συλῶν ἐμαυτὸν οἷς συλῶ τὰ Μιστύλου.
Ἐγὼ μὲν οὕτω τὸν πόθον φρουρεῖν θέλω
καὶ θεσμοφύλαξ εἰμί σοι τῆς ἀγάπης·
σὺ δ' ἀλλὰ ταύτην εἰς τὸ πᾶν ἀποτρέπῃ.
ὅρους παλαιούς, ὡς ὁρῶ, παρατρέπων
λύεις τὰ θεσμὰ καὶ τὰ δεσμὰ τοῦ πόθου
καὶ πρὸς μαχησμὸν συγκαλεῖς ἄκοντά με.
ἢ γὰρ ἀτεχνῶς οὐ μάχην παραρτύεις,
εἰ τὴν καθ' ἡμᾶς ἐξαποσπάσας πόλιν
καὶ τῆς ἐφ' ἡμῖν ἁρπάσας ἐξουσίας,
οὓς μὲν συνέσχες τῶν φυλάκων ἀθρόως
ὡς οἷον ἐχθρούς, οὓς δ' ἀπέκτεινας ξίφει;
καίτοι τὸ Ῥάμνον ὡς ἐμὴ πάντως πόλις
καί μοι προσῆγε τοὺς φόρους ἐτησίους
καὶ τὸν Βρυάξην εἶχε δεσπότην μόνον,
οὐκ ἀγνοεῖν φαίημεν ἄν σε, Μιστύλε.
Ἡ γοῦν πρὸς ἡμᾶς ἀντίπεμψον τὴν πόλιν
καὶ τοὺς ἁλόντας λῦσον ὀψὲ δεσμίους,
καὶ πάλιν ἡμῶν ἀρχέτω τὰ τοῦ πόθου,
ἢ γοῦν Βρυάξην κατά σου κινεῖν μάθε·
πάντως δὲ πάντως καὶ τὸ Ῥάμνον τὴν πόλιν
καὶ τοὺς ἁλόντας στρατιώτας ῥύσομαι,
τυχὸν δὲ καὶ σὰς συνυφαρπάσω πόλεις.
τὸ τῆς Δίκης γὰρ ὄμμα τῆς πανοπτρίας
ἄγρυπνόν ἐστιν οὐδὲ μικρὰ καμμύει,

45
50
55
60
65
70

48a cf. Philon. De sacrificiis 50 ‖ 50 4.504; Georg. Pis. Hexaem. 624 καὶ τοὺς παλαιοὺς μὴ παρατρέπων ὅρους ‖ 51 cf. 4.33 ‖ 53b 3.316; 5.249 ‖ 54 4.434 ‖ 58 4.452; 5.487 ‖ 59b Nic. Eugen. 5.296; IG 7, 2227 ‖ 62–63 = 5.501–502 ‖ 65 cf. 5.503 ‖ 66a 1.144 ‖ 69a Orphic. hymn. 62.1; 69.15; Procli hymn. 1.38; 8.18; Trag. fr. adespot. 421 Kannicht-Snell; AG 7.357.2 | 69b cf. Eurip. El. 771; Orphic. hymn. 62.1; Procli hymn. 1.38; Nonni Dion. 40.1

46–47 in mg. U ‖ 49 ἀποτρέπῃ HVL : ἀνατρέπεις U, Hercher ‖ 50 παρατρέπων scripsi : περιτρέπων HUL : μετατρέπων V ‖ 54 ἐξαποσπάσας Hercher : ἐξαποσπάσεις HV (-ης) U : ἀποσπάσεις γὰρ L ‖ 55 ἁρπάσας Hercher : ἁρπάσεις codd. ‖ 58 ἐμὴ HV : ἐμοὶ UL ‖ 59 ἐτησίους codd. (cf. Nic. Eugen. 5.296) : ἐτησίως anonym., agn. Hercher : ἐτησίους φόρους Le Bas ‖ 63–66 om. UL ‖ 64 ἡμῶν H : ἡμῖν V ‖ 65 κινεῖν scripsi : κινῶν HV ‖ 66 καὶ scripsi : ὡς HV ‖ 68 τυχὸν δὲ HV : ἢ τυχὸν UL

καὶ τοῖς ἀδικήσασιν ἄγριον βλέπει,
ἀεὶ συνεργοῦν τοῖς παρηνομημένοις.
ἔρρωσο τηρῶν ὑγιᾶ τὴν ἀγάπην.'
Οὕτω διῆλθε τὴν γραφὴν ὁ Γωβρύας,
75 ὁ ληστάναξ δὲ καὶ στολάρχης Μιστύλος
τὸ μὲν θροηθεὶς τοῦ Βρυάξου τοῖς λόγοις,
τὸ δὲ χολωθεὶς καὶ θυμῷ περιζέσας
(βαρβαρικῆς γάρ, ὡς τὰ πολλά, καρδίας
ἄμφω κρατεῖν πέφυκεν, ὀργὴ καὶ φόβος),
80 καὶ τῇ μὲν ὀργῇ πρὸς θρασεῖς ὁρμῶν λόγους,
τῇ δειλίᾳ δὲ συστολὴν πάσχων πάλιν,
ἔμεινε σιγῶν οὐ βραχύν τινα χρόνον,
δυοῖν λογισμοῖν ἐνσχεθεὶς ἀντιρρόποιν,
οὐκ εἶχε δ' οἷον ἐξερεύξεται λόγον.
85 Καθῆστο γοῦν ἄναυδος εἰς πολὺν χρόνον
χροιαῖς περιτταῖς τὴν θέαν ἠλλαγμένος,
ὡς ταῖς ἔσωθεν ψυχικαῖς κινήσεσι
καὶ τῇ περιττῇ τῶν παθῶν μετακλίσει
μορφούμενός πως καὶ συνεξηλλαγμένος,
90 καὶ δεῖγμα τῆς ἔσωθεν εἰς ψυχὴν ζάλης
τὴν ἐκτὸς εἰς πρόσωπον ἐμφαίνων ἄλην.
92 αἰδούμενος μὲν τοὺς ἑαυτοῦ σατράπας,
96 χολούμενός τε καὶ θυμῷ πεφλεγμένος,
ὅλος μέλας ἦν ἐμπαθεῖ μελανίᾳ
(αἱ γὰρ χόλαπτοι καὶ θυμόφλεκτοι φλόγες
99 τὴν αἱματηρὰν οἷον ἐξώπτων φύσιν)·
93 φοβούμενος δὲ τοῦ Βρυάξου τὸ κράτος

71b Nic. Eugen. 5. 216; Philostr. Epist. 25; Hesiodi Scut. 236 ‖ 72 cf. 5. 229 ‖
75 1. 434 ‖ 77b = Eunap. Vitae sophist. p. 463. 44 Boissonade ‖ 81 cf. 4. 95; Georg. Pis.
Hexaem. 1734 ‖ 82 8. 3; 8. 284 ‖ 83 2. 202; Nic. Eugen. 5. 251 ‖ 84b 1. 367; Nic. Eugen.
3. 49 ‖ 85 4. 82 ‖ 91b cf. Eurip. Med. 1285; Plat. Crat. 421 b 3; Nicandri Alexipharm. 84;
124; Suda s. v. 1167 ἄλη ‖ 92 et 93 cf. Const. Manass. Amor. fr. 148 Mazal ‖ 96–97 cf. με-
λαγχολίαν

78 γὰρ UL : γοῦν HV ‖ 87 ὡς scripsi : καὶ codd. ‖ 89–191 om. Salmasius = Gaulmin
(H f. 55ᵛ–56ʳ) ‖ 91 ἄλην scripsi : ζάλην codd. (cf. 90) ‖ 93–95 post 99 traieci ‖ 96 χολούμε-
νος Hercher : ὀχλούμενος codd. | τε scripsi : δὲ codd. ‖ 97 ἐμπαθεῖ μελανίᾳ scripsi : ἐμ-
παθῆ (ἐμπαθεῖν V) μελανίαν codd.

94
95

τὴν ὄψιν ἐστύγναζε, τὸν χροῦν ὠχρία
τῷ πάλιν ἐντὸς συστολὴν πεπονθέναι.

100

Τοσαῦτα πάσχων τηνικαῦτα Μιστύλος,
ὅμως περισχὼν τὸν θυμὸν καὶ τὸν φόβον
καὶ κυριεύσας τῶν παθῶν ἑκατέρων
(ψυχὴν γὰρ εἶχεν ἀκλινῆ, στερεμνίαν,
τὰ πολλὰ κἂν ἔπασχε βάρβαρον πάθος)

105

'τὸν μὲν Βρυάξου σατράπην Ἀρταξάνην'
ἔφη 'λαβὼν σύ, Γωβρύα, σὺ μὲν τέως
φιλοφρόνησον καὶ μακροῦ μόχθου βάρος
λῦσον τραπέζῃ καὶ καταστρώσει κλίνης·
εἰς αὔριον δὲ συλλαβὰς ἀντιγράφους

110

λαβὼν μετέλθοι πρὸς τὸν αὐτοῦ δεσπότην.'
Ὁ μὲν τοσαῦτα φάμενος πρὸς Γωβρύαν
σκυθρωπάσας μὴν ἐξανέστη γοῦν τέως,
τῶν ἐντὸς αὐτὸς εἰσδραμὼν ἀνακτόρων·
Ἀρταξάνην δὲ λαμβάνει μὲν Γωβρύας,

115

καθιζάνει δὲ σατραπικοῖς ἐν δόμοις,
πρὸς τηλικούτων εἰσδοχὴν τεταγμένοις,
καὶ τοῖς ὑπ' αὐτὸν ἐγκελεύει βαρβάροις
ἱστᾶν κρατῆρα καὶ τράπεζαν εἰσάγειν.
καὶ συγκαθεσθεὶς Γωβρύας Ἀρταξάνῃ

120

ἐνετρύφων μὲν ταῖς τροφαῖς οἱ σατράπαι,
ἐνετρύφων δὲ τοῖς κρατῆρσιν εἰς πλέον.
Ἦν οὖν τὸ δεῖπνον τῆς γλυκύτητος γέμον
καὶ πρὸς τὸ θαυμάσιον ἠτοιμασμένον.

Δεῖπνον Γωβρύου καὶ
Ἀρταξάνου

94a cf. Ev. Marci 10.22 | **94b** cf. 7.342; 7.471; 8.207; Odyss. 11.529 ‖ **103a** Luciani Demosth. encom. 33; 43; Synes. hymn. 3.297; 4 Maccab. 6.7 et al. | **103b** cf. Plat. Epinom. 981 d 5 ‖ **105** 4.9; 5.42; 6.81 ‖ **106** cf. Liudprandi Antapodos. 6.5 ‖ **107a** 9.378; Theophan. Chronogr. p.106.12 de Boor ‖ **109b** cf. Nic. Eugen. 2.196; 2.198; 2.239; 2.279; Cyrilli Alex. Ep. 48 (PG 77, 249 B); Cod. Iustin. 1.1.7 Prooem.; Theoph. Simoc. Hist. 7.1 et saepius ‖ **117** 1.437; 7.357 ‖ **118** 8.51–52; 9.377 ‖ **120** 9.388

94 χροῦν **HV** : νοῦν **UL** ‖ **95** τῷ πάλιν scripsi (cf. 81) : τοὔμπαλιν codd. | πεπονθέναι scripsi (sive lacuna unius versus post 94) : πεπονθότα **HV** : πεπονθότος **UL** ‖ **109** συλλαβὰς **HV** : συλλαβὼν **UL**, συλλαβῶν Hercher ‖ **110** μετέλθοι **HUL** : -έλθη **V** | τὸν αὐτοῦ **HVL** (αὐτοῦ Hercher) : αὐτὸν τὸν **U** ‖ **112** μὴν scripsi : μὲν codd. | γοῦν scripsi : δ' οὖν codd. | τέως **HVU²L** : ὅμως **U¹** ‖ **113** ἐντὸς αὐτὸς **U** : ἐντὸς ἐντὸς **HVL** ‖ **120** τροφαῖς Le Bas (cf. 9.388) : τρυφαῖς codd. ‖ **122** inscr. **HVL** : δεῖπνον γωβρύου πρὸς ἀρταξάνην **U**

προὔκειτο μὲν γὰρ ὀπτὸς ἀρνὸς ἐν μέσῳ,
125 ἐπεὶ δὲ τοῦτον συλλαβὼν Ἀρταξάνης
ὦρμα διαιρεῖν καὶ διασπᾶν, ὡς φάγοι,
προὔκυπτον ἐκτὸς ἐκ μέσης τῆς γαστέρος
στρουθοὶ νεογνοί, καὶ πτέρυξιν ἠρμένοι
ὑπερπετῶντο τὴν κάραν τοῦ σατράπου.
130 Ἀρταξάνης οὖν ἦλθεν εἰς θάμβος μέγα,
τὸν Γωβρύαν δὲ λαμβάνει πλατὺς γέλως
ἐφ᾽ οἷς τέθηπε τὴν θέαν Ἀρταξάνης.
Μικρὸν δ᾽ ἐπισχὼν τὸν πλατὺν τοῦτον γέλων
'ὁρᾷς', ἔλεξε, 'παμμέγιστε σατράπα,
135 τοῦ δεσπότου μου τὴν δύναμιν Μιστύλου,
ὡς ἐξαμείβειν ἰσχύει καὶ τὰς φύσεις,
καιναῖς ἀμοιβαῖς καὶ τροπαῖς πολυτρόποις
τρέπων ἕκαστα καὶ μεθιστῶν ὡς θέλει.
ὁρᾷς τὸν ἀρνὸν ὡς κυΐσκει στρουθία·
140 τῆς φύσεως μὲν ἀγνοήσας τὸν νόμον,
ὡς πτηνὸν ὄρνιν πτηνὸς ὄρνις ἐκκύει,
ὑπηρετῶν δὲ τῇ κελεύσει Μιστύλου
ἀρνὸς πετεινὰ βλαστάνει τῶν ἐγκάτων.
Τί δ᾽; οὐχὶ θαῦμα καὶ τὸ πῦρ φέρει μέγα,
145 ὅπερ τὸν ἀρνὸν ἀνθρακῶσαν, ὡς βλέπεις,
ἔσωθεν ἐλθεῖν εὐλαβῶς ὑπεστάλη,
μή που λυμανθῇ τὸ πτερὸν τοῖς στρουθίοις;
καὶ γὰρ τοσοῦτον καὶ τὸ πῦρ οἶδε φλέγειν,
ὅσον μόνον βούλοιτο Μιστύλος φλέγειν·
150 πλέον δὲ πιμπρᾶν τῆς φλογὸς δωρουμένης,
ὅμως ἐκεῖθεν εὐλαβῶς ὑποστρέφει,
οἷον δεδοικὸς μὴ κατὰ γνώμην φλέγοι,
ἃ τῷ βασιλεῖ μὴ κατὰ γνώμην φλέγειν.

124 5.70 ‖ 127–128 cf. Petron. Satyric. 40.5 ex cuius plaga turdi evolaverunt ‖ 130b Christ. pat. 68 ‖ 131b 4.133; 5.293; Nic. Eugen. 5.343; Aristoph. Acharn. 1126; Philon. de agric. 62; Philostr. Vita Apoll. 7.39; Vitae sophist. 1.20.2; Liban. Declam. 27.6; Ep. 1595.2; Theoph. Simoc. Hist. 2.2.1 (ap. Suda s. v. 117 γέλως πλατύς); Thomae Mag. p. 293.4 Ritschl et al. ‖ 134–138 4.154–158; 5.62–64 ‖ 134b 4.190 ‖ 138 4.176; Ioann. Mauropi Carm. 53.51 ‖ 146b 4.151

129 ὑπερπετῶντο HV : -τες UL, Le Bas, Hercher ‖ 141 ὄρνιν HV : ἄρνα UL ‖ 143 βλαστάνει UL : βλυστάνει HV ‖ 145 ὅπερ H : ὅπως VUL, Le Bas, Hercher ‖ 149 om. UL

Ὁρᾷς, ἄριστε σατραπῶν Ἀρταξάνη,
155 τοῦ δεσπότου μου τοῦ μεγίστου τὸ κράτος,
ὡς ἐξαμείβει καὶ τυραννεῖ τὰς φύσεις,
ψυχρὰν δὲ ποιεῖ τοῦ πυρὸς τὴν οὐσίαν
ψιλῇ κελεύσει κἀκ θελήσεως μόνης·
ὡς ἀρνοφυῆ δεικνύει τὰ στρουθία,
160 ἀρνοὺς δὲ ποιεῖ στρουθοπάτορας ξένους,
καὶ μήτραν ἀρτίφλεκτον, ἐξωπτημένην,
βρεφῶν ἀκαύστων, ἐμβρύων καταπτέρων
γεννήτριαν δείκνυσιν ὣς μόνου λόγου,
ἃ φύσις οὐκ ἔγνωκεν οὐδέ τις λόγος
165 πλάττων, παριστῶν τῇ τεραστίῳ πλάσει.
  Ἢ που κελεύσας κἂν μέσαις τυχὸν μάχαις
καὶ στρατιώτας ἄνδρας, ἁδροὺς ὁπλίτας,
σπάθαις σὺν αὐταῖς καὶ μετ᾽ αὐτῶν ἀσπίδων,
γεννήτορας δείξειε πολλῶν σκυλάκων,
170 καὶ γαστέρας θώραξιν ἠσφαλισμένας
ἐγκυμονεῖν πείσειεν ἔμβρυα ξένα,
ἕλκων, μεθέλκων τῇ θελήσει τὰς φύσεις.᾽
  'Μὴ μὴ πρὸς αὐτῆς τῆς τραπέζης, Γωβρύα',   Ἀρταξάνου ἀπολογία
Ἀρταξάνης ἔλεξε, 'μὴ πρὸς τοῦ πότου,
175 ᾧ με ξενίζει δαψιλῶς ὁ Μιστύλος,
ὁ πάντα ποιῶν καὶ μεθιστῶν, ὡς λέγεις,
μὴ τὴν ἐμὴν γοῦν κοιλίαν διευρύνῃ
ἢ τοῦ μεγάλου προσταγῇ βασιλέως,
ὡς ἐκτεκεῖν σκύλακας, αἴσχιστα βρέφη.
180 μὴ τῶν γυναικῶν τὴν ἐπάρατον τύχην
καὶ τοὺς ὑπαλγύνοντας ἐν τόκοις πόνους
ἀνδρὶ στρατάρχῃ δυστυχῆ δώσοι χάριν.

---

154 4. 190 ‖ 157 4. 257 ‖ 159–160 4. 254–255; 5. 70 ‖ 161–163 5. 71–72 ‖ 164 cf. 4. 140 ‖ 166b 4. 297; 5. 370 ‖ 168 cf. 5. 371 ‖ 169 4. 179; 5. 58. cf. St. Thompson, Motif-Index, T 554. 2 ‖ 170–171 4. 180–182; 5. 59–60 ‖ 172a cf. ad 1. 297 ‖ 172b 4. 136; 4. 254; 5. 63 ‖ 176 4. 138 ‖ 179b 5. 58 ‖ 180 5. 60. cf. Plat. Leg. 9, 877 a 5 ‖ 181b cf. Eurip. Med. 1031 et al.

156 ὡς scripsi (cf. 136 et 159) : πῶς codd. | τυραννεῖ HV : -οῖ UL ‖ 158 κἀκ Hercher : καὶ codd. ‖ 159 ἀρνοφυῆ HUL : ἀσκοφυῆ V ‖ 161 ἀρτίφλεκτον HV : ἀντίφλεκτον UL ‖ 166 κἂν Le Bas : κᾶν codd. ‖ 173 inscr. H : om. VUL ‖ 177 διευρύνῃ UL : διερεύνα HV ‖ 182 δώσοι Le Bas (cf. 177): δώσει codd.

THEODORVS PRODROMVS

πoῦ γὰρ παρ' ἡμῖν καὶ γάλακτος ἐκχύσεις,
εἴ που δεήσει φυσικῷ πάντως λόγῳ
185   γάλακτος ὁλκοῖς ἐκτραφῆναι τὰ βρέφη·
ἄλλως δὲ καὶ πῶς τὴν τοσαύτην αἰσχύνην
ἀνὴρ στρατάρχης καρτερήσειν ἰσχύσει
ἐγκυμονῶν ἄθλιος ἄθλια βρέφη·'
      Πρὸς ταῦτά φησι Γωβρύας μεταφθάσας·
190   'παῦσαι, μέγιστε σατραπῶν, Ἀρταξάνη,
θεοὺς ἀτεχνῶς λοιδορῶν τοὺς ὀλβίους,
ὃς αἰσχύνην φῂς ἀρρένων οὐ μετρίαν
τὸ μήτραν αὐτοὺς ἐμβρυοτρόφον φέρειν.
εἴπερ γὰρ ὁ Ζεύς, τῶν θεῶν ὁ βελτίων,
195   ὁ γῆν ἀνασπῶν καὶ τὸ πᾶν περιτρέπων
βάθρων μετ' αὐτῶν καὶ σὺν αὐταῖς κρηπίσι,
καὶ τοῦ κεραυνοῦ τῶν βελῶν ὁ τοξότης,
ἔμβρυον ἀρτίφλεκτον εἰς μηρὸν μέσον
ἡμιτελεσφόρητον ἐρράπτειν θέλει
200   καὶ ζωπυρηθὲν ἐξάγει πρὸς ἡμέραν,
καὶ μητρικόν τι καὶ γυναικῶδες πάθος
ὁ τῶν Τιτάνων βασιλεὺς ὑποστέγει·
εἰ τὴν Ἀθηνᾶν ἐκ κεφαλῆς ἐκκύει,
ξίφει ῥαγείσης καὶ διχασθείσης μέσον,
205   πῶς αἰσχύνην φαίημεν ἀνδρῶν γηΐνων
ἃ τοῖς θεοῖς τίμια τοῖς οὐρανίοις;
σὺ δ' ἀλλὰ μηδὲν ἐλπίσαις πεπονθέναι
φίλος καθεστὼς τοῦ μεγίστου Μιστύλου.'
      Ἀρταξάνης μέν, ἀλλὰ μὴν καὶ Γωβρύας
210   τοιοῖσδε πολλοῖς ἠσχολοῦντο τοῖς λόγοις,

183 cf. 5.61 ‖ 184b 4.410; 4.164; 5.37; 5.257; 7.369; 8.482 et al. ‖ 185a Georg. Pis. Hexaem. 1093. cf. Nonni Dion. 3.33; 4.329 et saepius ‖ 188 1.36; 1.195; 1.346; Eurip. Phoen. 1701 ‖ 189 3.250 ‖ 190 4.154. cf. 5.53 ‖ 197-200 cf. Nonni Dion. 1.1–10; Luciani De sacrif. 5 s. f.; Dial. deor. 12 (9).2 et al. ‖ 198a cf. 4.161; 5.71 ‖ 199a cf. Nonni Dion. 1.5 βρέφος ἡμιτέλεστον ‖ 199b cf. Eurip. Bacch. 243; 286–287 ‖ 201-202 cf. Nonni Dion. 1.7 ἄρσενι γαστρὶ λόχευσε, πατὴρ καὶ πότνια μήτηρ ‖ 203 cf. Nonni Dion. 1.8–10; Luciani De sacrif. 5 s. f. et al. ‖ 204a cf. Luciani Dial. deor. 13 (8).1 ‖ 204b 5.367; 6.75; 6.197 ‖ 205b cf. 3.231; Gen. 2.7 ‖ 208b 4.238; 4.244; 5.4–5

183 ποῦ HV : τοῦ UL ‖ 185 in mg. U ‖ 190 σατράπης Le Bas, Hercher ‖ 192 ὃς Le Bas : οἷς codd. ‖ 195 περιτρέπων HUL : ἀνατρέπων V

ὁ Γωβρύας μὲν ἐκφοβῶν Ἀρταξάνην
καὶ κρυφίως πως ἐγγελῶν φοβουμένῳ,
Ἀρταξάνης δὲ τοὺς λόγους ὑποτρέμων.
ἀλλ' ἀντεπελθὼν τῇ κελεύσει Γωβρύου
215 ὁ θαυματουργὸς εἰς μέσον Σατυρίων
ἔπαυσεν ἀμφοῖν τοὺς λόγους τοῖν σατράπαιν.
ἐξῆπτο μὲν γὰρ ἠκονημένην σπάθην,
ἐγυμνίτευε μέχρις αὐτῆς ὀσφύος,
τὸ δ' ἔνθεν ἐνδέδυτο ποικίλον φάρος,
220 βαφαῖς περιτταῖς εὐβαφῶς κεχρωσμένον.
μικρός τις ἦν, κάτισχνος, ἠσβολωμένος,
κόμην δὲ καὶ γένειον ἐξυρημένος,
καὶ μορμολύττων, ὡς τὰ πολλά, τὰ βρέφη·
καὶ πάντας εἰς γέλωτα συγκινῶν μέγαν
225 Ἅιδης ἀμειδὴς οὗτος εἱστήκει μόνος.
    Ἐπεὶ δ' ἐπέλθοι καὶ παρασταίη μέσον,
Ἀρταξάνου βλέποντος ἐντρανεστέρως,
εἰς γυμνὸν ὦθει τὸν τράχηλον τὴν σπάθην,
καὶ κρουνὸς ἐξέβλυζεν εὐθὺς αἱμάτων,
230 καὶ νεκρὸς εἰς γῆν ἄθλιος Σατυρίων
κεῖται πρὸ πάντων, ἐκλελυμένος φρένας.
Ἀρταξάνης γοῦν ἦλθεν ἐγγὺς δακρύων
καὶ πικρὸν ἐστέναξεν ἐκ ψυχῆς βάθους
τὴν τοῦ Σατυρίωνος αὐτοχειρίαν.

Περὶ Σατυρίωνος
γελωτοποιοῦ

215a 5.80; 5.85 | 215b cf. Luciani Sympos. 19 ‖ 217b Theodos. Diac. Exp. Cretae 1.53 ‖
218a cf. 1 Corinth. 4.11; Orig. De orat. 11.2 (PG 11, 449 B) ‖ 219b Sophocl. fr. 586 Radt;
Iliad. 5.734–735 et al. ‖ 220 9.323 ‖ 221b cf. 2.251 et Ioann. Chrysost. Hom. in Matth.
35. 3 (PG 58, 409 B) καὶ οἱ χελιδόνας περιφέροντες καὶ ἠσβολωμένοι καὶ πάντας
κακηγοροῦντες μισθὸν τῆς τερατωδίας ταύτης λαμβάνουσιν ‖ 222 cf. Luciani Sympos.
18 ‖ 223 3.310; 5.75; Zachar. De opif. mundi, PG 85, 1036 A et 1082 A ‖ 224 4.377 ‖
225a AG 7. 439. 4; Greg. Naz. Carm. lib. 2, sect. 1, 38. 41 ‖ 227b 4. 336; 4. 359; 7. 447; Nic.
Eugen. 4. 10; 8. 268; Georg. Pis. Hexaem. 173 ‖ 228–229 cf. Achill. Tat. 3. 21. 3–5 ‖
229 Achill. Tat. 8. 1. 3; Eurip. Hec. 568; Rhes. 790–791; Georg. Pis. Hexaem. 1825 ‖
233 2. 43; 6. 92; Nic. Eugen. 1. 285; 2. 7 ‖ 234b 9. 46. cf. Iosephi Bell. Iud. 3. 369 et 383
Niese; Diodori 15. 54. 3

214 inscr. HUL | ἀντεπελθὼν Le Bas (cf. 226) : ἀνταπελθὼν codd. ‖ 216 σατράπαιν
V : σατράποιν HUL ‖ 221 τις om. UL | ἠσβολωμένος HV (cf. 2.251) : ἠσβολημένος
UL ‖ 230 εἰς γῆν HV : εὐθὺς UL ‖ 232 γοῦν HV : οὖν UL

235 ἀλλ' ἐξαναστὰς τῆς καθέδρας Γωβρύας
καὶ τῷ τυχὸν θανόντι μικρὸν ἐγγίσας,
'ἄνθρωπε', φησίν, 'ἐξανάστα καὶ βίου·
κέλευσμα τοῦτο τοῦ μεγίστου Μιστύλου.'
ἐγείρεται γοῦν εὐθέως Σατυρίων
240 καὶ τὴν συνήθη ταῖν χεροῖν ἄρας λύραν
τοὺς σατράπας ἔτερπε τῇ λυρῳδίᾳ,
τοιαῦτα πολλὰ μουσικώτερον λέγων·
'Ἥλιε, διφρεῦ ἅρματος πυροτρόχου.　　　　　　　Ἆισμα Σατυρίωνος
ὦ χαῖρε, χαῖρε, παμμέγιστε Μιστύλε,
245 ἄναξ κραταιέ, δυσμενῶν καθαιρέτα·
σοὶ Ζεὺς ὁμιλεῖ καὶ θεῶν γερουσία,
σὺ τῇ μεγίστῃ Παλλάδι ξυνεσθίεις.
Ἥλιε, διφρεῦ ἅρματος πυροτρόχου.
σὲ γῆ πτοεῖται καὶ τὸ πῦρ ὑποτρέμει,
250 ὑπηρετεῖ σοι τῆς θαλάττης τὰ πλάτη·
Ἅιδης ὁ πικρὸς ἐκ φάρυγγος παμφάγου
ὅλους Σατυρίωνας ἐξανάπτυει.
Ἥλιε, διφρεῦ ἅρματος πυροτρόχου.
σὺ τῇ κελεύσει τὰς φύσεις μετατρέπεις·
255 στρουθῶν μὲν ἀρνοὺς δεικνύεις φυτοσπόρους,
στρουθοὺς δὲ ποιεῖς ἐκγόνους τῶν ἀρνίων,
καὶ τὴν φλέγουσαν τοῦ πυρὸς ψύχεις φύσιν.
Ἥλιε, διφρεῦ ἅρματος πυροτρόχου.
τῇ σῇ τριήρει τῆς θαλάττης τὴν ῥάχιν
260 μέγας Ποσειδῶν ὑπτίαν πετάννυει,
Δημήτρα τὴν ἤπειρον ὑποστρωννύει,
Ἄρης δέ σοι δίδωσιν ἀλκὴν ἐν μάχαις.

238a 4. 311; 5. 68 | 238b 4. 208 || 240 cf. 4. 306; 5. 67 || 242b cf. Aristot. Rhet. B 22 p. 1395 b 29 | 243a Sophocl. Aiac. 857; Orphic. hymn. 8. 6; Ignat. Diac. versus in Adam. 19 | 243b cf. Orphic. hymn. 8. 11; Argon. 1122; Nonni Dion. 14. 292 || 244b 4. 134; 4. 208 || 245b Thucyd. 4. 83 || 246b 2. 488; 5. 82; 7. 141; 8. 117; Nic. Eugen. 8. 24 || 250 cf. 5. 423 || 251a AG 7. 303. 6; Epigr. 467. 4 Kaibel | 251b Christ. pat. 1922; Leon. Magistri Anacreont. 1. 8 Bergk || 252 4. 239; 5. 67 || 254 4. 136; 4. 172; 5. 63 || 255 4. 160; 5. 70 || 256 4. 159 || 257 5. 157 || 259b 5. 93; 5. 450; 6. 211; Nic. Eugen. 4. 15. cf. Iliad. 2. 159 et al.; LXX Num. 34. 11

243 inscr. HUL || 250 θαλάττης HV : -σσης UL || 259 θαλάττης Hercher, agnovi ob parechesin (cf. 250) : -σσης codd. || 260-262 om. UL (λείπει τρεῖς στίχοι) || 260 ὑπτίαν Hercher : ὑπτίως HV

Ἥλιε, διφρεῦ ἅρματος πυροτρόχου.
σοὶ γῆ χλοάζει, σοὶ κομᾷ φυτῶν φύσις,
σοὶ δένδρον ἀνθεῖ, σοὶ τέθηλεν ὁ στάχυς·
σοὶ σπαργανοῖ μὲν ἄμπελος βότρυν μέγαν,
οἶνον δὲ βότρυς ἐκκύει τεθλιμμένος.
Ἥλιε, διφρεῦ ἅρματος πυροτρόχου.
σοὶ τῶν μετάλλων ἡ πολύχρυσος χάρις,
σοὶ τῶν διαυγῶν μαργάρων ἡ στιλπνότης·
σοὶ νῆμα Σηρῶν, σοὶ λινόκλωστον φάρος,
σοὶ πᾶν ὑπουργεῖ, σὲ τρέμει πᾶσα κτίσις.
Ἥλιε, διφρεῦ ἅρματος πυροτρόχου.
σοὶ θὴρ ὀρεινός, σοὶ πέδον κτηνοτρόφον,
σοὶ πτηνὸς ὄρνις, σοὶ φύσις θαλασσία,
σοὶ μικρὸς ἰχθύς, σοὶ τὸ κητῶον γένος,
σοὶ πῦρ, ἀήρ, γῆ, σοὶ γοναὶ τῶν ὑδάτων.
Ἥλιε, διφρεῦ ἅρματος πυροτρόχου.
σοὶ πήγνυται χάλαζα, σοὶ νιφὰς ῥέει,
σοὶ σφίγγεται κρύσταλλος εἰς φύσιν λίθου,
σοὶ πλῆθος ὄμβρου, σοὶ ψέκασμα, σοὶ δρόσος,
σοὶ χιόνος λεύκασμα, σοὶ νέφος μέλαν.
Ἥλιε, διφρεῦ ἅρματος πυροτρόχου.
σοὶ λειοκύμων ἡ θάλασσα δείκνυται,
σοὶ ταῖς πλεούσαις ἐξαπλοῦται φορτίσι,
σοὶ πόντος εἴκει, σοὶ μετέστραπται κλύδων,
σοὶ κῦμα βρῦχον ἡμερώτερον τρέχει.
Ἥλιε, διφρεῦ ἅρματος πυροτρόχου.
σοὶ βοῦς ἀροτρεύς, σοὶ προβάτων ἀγέλαι,
σοὶ Κρῆσσα κύων, ἵππος ἐξ Ἀραβίας,

270 cf. Prodromi Carm. hist. 48. 15; Georg. Pis. Hexaem. 140 ‖ 271a Heliod. 2. 31; Galen. 10 p. 942. 9 Kühn | 271b cf. AG 7. 12. 4; Eurip. Hec. 1081–1082 ‖ 274a Herodiani Partit. p. 210. 4 Boissonade | 274b cf. LXX Num. 32. 4 ‖ 281b cf. Nic. Eugen. 2. 380; Aeschyli Agam. 1390 ‖ 282b Iliad. 16. 350; Eurip. H. F. 1216 ‖ 284 Nic. Eugen. 4. 2; Luciani Verae hist. 2. 4; Scytha 11 s. f.; Annae Comn. Alex. 7. 8 s. f. ‖ 287a Iliad. 17. 264; Odyss. 5. 412 et al. ‖ 289a 7. 101; Hesiodi Opera 405 et al. ‖ 290a Xenoph. Cyneg. 10. 1; Aeliani N. A. 3. 2; Pollucis Onom. 5. 37 | 290b Ps.-Luciani Timarion. 7 et al.

267 ἐκκύει HVL : ἐκλύει U ‖ 274 κτηνοτρόφον V : κτηνοφόρον HUL ‖ 280 κρύσταλλος UL : -αλος HV ‖ 281 ψέκασμα, σοὶ δρόσος HV : καὶ ψέκασμα δρόσου U, τὸ ψ. δρόσου L ‖ 285 φορτίσι HV : φροντίσι UL

γένος καμήλων, πάρδαλις, ταῦρος, λέων·
σοὶ γῆ, θάλασσα, νῆσος εἰσφέρει φόρους.
Ἥλιε, διφρεῦ ἅρματος πυροτρόχου.
ὦ χαῖρε καὶ σύ, τρισμέγιστε Γωβρύα,
295   τῶν σατραπῶν ὕπατε τῶν τοῦ Μιστύλου·
αἵμασιν ἐχθρῶν πορφυρουμένη σπάθη,
νοῦς ἀκαταπτόητος ἐν μέσαις μάχαις.
Ἥλιε, διφρεῦ ἅρματος πυροτρόχου.
ὦ χαῖρε καὶ σύ, τοῦ Βρυάξου σατράπα,
300   τοῦ δεσπότου μου συμπότα τοῦ Γωβρύου,
ὁ τοῦ Σατυρίωνος ἐκπεπνευκότος
δάκρυ σταλάξας ἐκ φίλων βλεφαρίδων.
Ἥλιε, διφρεῦ ἅρματος πυροτρόχου.
χαῖρε, τράπεζα καὶ τρισεύδαιμον πότος,
305   καὶ νέκταρ ἄλλο καὶ θεῶν δεῖπνος νέος·
ὦ χαῖρε καὶ σύ, μουσικωτάτη λύρα,
καὶ τῆς λυρικῆς τεχνίτα, Σατυρίων.
Ἥλιε, διφρεῦ ἅρματος πυροτρόχου.'
Οὕτως ὁ καλὸς εἰς λύραν Σατυρίων,
310   πλαστῶς φονευθεὶς καὶ πεσὼν ψευδὴς νέκυς,
αὖθις δ' ἀναστὰς τῇ κελεύσει Μιστύλου
(τῇ δραματικῇ ξυνδοκοῦν ὑποκρίσει)
καὶ τὴν ἀρίστην ἐμμελῶς κρούσας λύραν,
ᾄσας δὲ καὶ χαρίεν ᾄσματος μέλος,
315   πιών τε μεστὸν ἀκράτου σκύφον μέγαν,
τοῦ συμποσίου ταχέως ἀπηλλάγη.
Ὁ Γωβρύου δὲ συμπότης Ἀρταξάνης
οἴνῳ περιττῷ καὶ μέθης ἐπιβρίσει
τὸν νοῦν σαλευθεὶς καὶ παρακεκρουσμένος,
320   λαβὼν φιάλην ἀκράτου πληρεστάτην

296 2. 257; Prodromi Carm. hist. 44. 176 ‖ 297a Annae Comn. Alex. 3. 12 et 5. 4 (I pp. 184. 20 et 239. 3 ed. Bonn.) | 297b 4. 166 ‖ 302 cf. 6. 440 ‖ 315 5. 418 ‖ 318b 4. 478; Nic. Eugen. 5. 300; Oppiani Cyneg. 4. 351; AG 9. 481. 2 ‖ 319a 2 ep. ad Thess. 2. 2 | 319b cf. Comic. adesp. fr. 705 Kock; Hesych. s. v. παράκρουστος· μωρός ‖ 320 = 3. 90

293-297 post 302 transponit V ‖ 296 πορφυρουμένη HVU (in mg.) L : ἐμφορουμένη U (in textu) ‖ 297 ἀκατανόητος L ‖ 304 τρισεύδαιμον HUL, -ευδαίμων Hercher : δυσεύδαιμον V | πότος HUL : τόπος V ‖ 307 σατυρίων HV : -ίον UL ‖ 312 ξυνδοκοῦν HV : συν- UL ‖ 313 ἐμμελῶς HV : εὐμενῶς UL ‖ 314 χάριεν codd. ‖ 315 τε scripsi : δὲ codd.

λέληθεν ὕπνῳ συσχεθεὶς πρὶν ἐκπίῃ·
φιλεῖ γὰρ ὕπνος συννομαρτεῖν ταῖς μέθαις
καὶ συγγενής πώς ἐστι τοῖς μακροῖς πότοις.
αὐτὸς μὲν οὖν ὕπνωττεν ἐμβεβρεγμένος,
ὁ δὲ κρατὴρ ἔρριπτο καὶ συνεθρύβη,
ὑπεκδραμών πως τὴν ἀναίσθητον χέρα.
ἀλγεῖ θρυβέντος τοῦ κρατῆρος Γωβρύας
καὶ συμφορὰν τὸ πρᾶγμα μυρίαν κρίνει·
καλὸν γὰρ ἦν θέαμα τοῖς θεωμένοις
καὶ τὴν πόσιν παρεῖχε γλυκερωτέραν.

Ὕλη μὲν ὑπέστρωτο σάπφειρος λίθος,
ὂν εὐφυής τις καὶ σοφὸς λιθοξόος
λιθοξοήσας καλλιτέχνῳ δακτύλῳ
τὸν σχηματισμὸν ἀντέθηκεν ἡλίκον·
μάθοις⟨δ'⟩ἂν αὐτόν, εἰ μαθεῖν ἔχεις πόθον,
εἰς τὰς τριήρεις ἐντρανέστερον βλέπων.
στενὸν μὲν εἶχε καὶ κατάσφι⟨γ⟩κτον πλάτος,
μῆκος δὲ μακρὸν καὶ προεκτεταμένον·
κύκλῳ δ' ἐπ' αὐτὸ τῆς φιάλης τὸ στόμα
ἥπλωτο χρυσὸς ἐσφυρηλατημένος,
ἡ δ' ἀντίπλευρος τοῖν μεροῖν ἀμφοῖν θέσις
ἔξεστο καλῶς τῷ σοφῷ λιθοξόῳ
καὶ μυρίας δέδεκτο μορφὰς εἰκόνων.

Ἑώρακας γὰρ ἐμπελάσας ἐγγύθεν
τῇ μὲν σταφυλάς, ὡς ἐν ἀμπέλοις μέσαις,
καλάς, πεπείρους, εὐθαλεῖς, πλησιρράγους
καὶ τὸν τρυγητὸν ὥσπερ ἐκκαλουμένας,
τῇ δὲ τρυγῶντας ἄνδρας (οἷον ἐμπνόους),

324b Eurip. El. 326; Eubul. Com. fr. 126 Kock ‖ 325 cf. 4.413 ‖ 329b 1.283; Christoph. Mityl. Carm. 136.134 Kurtz ‖ 331, 345 et 365 cf. Achill. Tat. 2.3.2 ‖ 332b 3.69; 4.342 ‖ 336a cf. τριηριτικὸς κρατὴρ in IG II² 1424a.153; 1425.361; 1649.3 et al. | 336b 4.227; 4.359; 7.447 ‖ 337 1.55 ‖ 340b 1.34 ‖ 345–346 cf. Iliad. 18.561–562; Hesiodi Scut. 296; Theocr. 1.46 ‖ 348–350 cf. Iliad. 18.567–568

322 συννομαρτεῖν HUL : ξυν- VM ‖ 324 ἐμβεβρεγμένος HV : ἐμβεβριμένος UL ‖ 325 συνεθρύβη HV (cf. 327 et 413) : συνετρίβη UL ‖ 331 inscr. U: ἔκφρασις τοῦ θρυβέντος ποτηρίου χαριεστάτη | ὕλη Gaulmin, Hercher (qui vocem corruptam putat) ‖ 335 μάθοις UL : μάθης HV | δ' addidi (cf. 331 μὲν) ‖ 337 μὲν scripsi : γὰρ codd. | κατάσφικτον codd., corr. I. Th. Struve ‖ 339 om. V ‖ 345 et 348 τῇ HV : πῇ UL ‖ 346 πλησιρράγους HV : πλασιρράγους L, πλασιρραγας U

τὰς σταφυλὰς κόπτοντας ἐκ τῶν ἀμπέλων
350   καὶ καλαθίσκοις ἐντιθέντας εὐπλόκοις,
οὓς λυγίνους εἴκαζες ἄν, οὐ πετρίνους.
ἰδὼν ἂν ἐζήτησας, οἶμαι, καὶ βότρυν,
τρύγος νομίζων, οὐ γραφὴν τρύγους βλέπειν·
τοσοῦτον ἀπέξεστο καλῶς ἡ λίθος.
355   Ἄλλοι θλίβοντες τὰς ῥάγας τῶν βοτρύων
356   τὸν οἶνον ἐξίκμαζον εἰς ληνὸν μέσην,
363   ἄλλοι τὸν οἶνον ἐν σμικροῖς κεραμίοις
364   λαβόντες ἀντέβαλλον εἰς νέους πίθους.

* * * * * * * * * *

357   πλεξάμενοι δὲ τοὺς ἑαυτῶν δακτύλους
χορὸν ξυνίστων, λίθινοι χοροστάται.
ἔφης ἂν αὐτοὺς ἐντρανέστερον βλέπων
360   ᾄδειν ἀληθῶς εὐφυᾶ τραγῳδίαν,
καί που ξυνελθεῖν καὶ ξυνεμπλέξαι χέρα
362   καὶ ξυγχορεύσειν ἔσχες ἂν σφοδρὸν πόθον.
365   Διόνυσος δέ, τοῦ τρύγους ὁ προστάτης,
πίθου νεαροῦ προ⟨σ⟩καθιζήσας στόμα,
Βάκχαις σὺν αὐταῖς καὶ μετ' αὐτῶν Σατύρων
ἔπαιζεν, ὥσπερ τὰ πρέποντα τῷ τρύγει.
ῥάγας γὰρ ἐκσπῶν ἔκ τινος τῶν βοτρύων
370   τοὺς Σατύρους ἔπληττεν ἁπαλῷ βέλει·
οὗτοι δὲ κατέπιπτον ὡς βεβλημένοι,
ὁ μὲν κρατῶν τὴν χεῖρα τμηθεῖσαν τάχα,
τῷ πτυέλῳ τε τὴν τομὴν περιχρίων,
ὡς ἂν δι' αὐτοῦ τὴν συνούλωσιν λάβῃ,
375   ὁ δὲ προσουρῶν τοῦ ποδὸς τῷ δακτύλῳ,
ᾧ τῆς ῥαγὸς τὸ κροῦμα φλεγμονὴν ἔδω·
γέλως δ' ἐπ' αὐτοῖς τῷ Διονύσῳ μέγας.

356a cf. AG 5. 133. 1 ἰκμάδα Βάκχου ‖ 357-358 cf. Iliad. 18. 569–572 ‖ 357 cf. 4.397–398 ‖ 359b 4.336 ‖ 373-374 cf. Plin. N. H. 28.36 ‖ 375-376 cf. Plin. N. H. 28.66–67; Galeni XII p. 286 Kühn et al. ‖ 377 4.224

351 λυγίνους HU : λιγίνους VL ‖ 352 ἐζήτησας UL : ἐξήτηκας HV ‖ 354 ἡ HV : ὁ UL ‖ 363-364 post 356 traieci ‖ 364 λαβόντες scripsi : βάλλοντες codd. ‖ post 364 lacunam signavi (cf. 397–398) : post 357 lacunam signavit L ‖ 366 προσκαθιζήσας Gaulmin : προ- codd. ‖ 367 βάκχαις σὺν UL : βάκχαισιν HV ‖ 373 τε scripsi : δὲ codd. ‖ 376 κροῦμα HV : κροῦσμα UL

Εἴ που δὲ καὶ τὸ σχῆμα καὶ τὴν ἰδέαν
καὶ τὴν πρόσοψιν τοῦ θεοῦ μαθεῖν θέλεις,
380 ὁποῖος ἀπέξεστο τῷ λιθοξόῳ,
παῖς ἦν νεαρός, ἀγαθὸς τὴν ἰδέαν,
ἔρευθος ἀνθῶν ἐκ μέσων σιαγόνων,
οὐχ ὡς φυσικόν, ἀλλ' ὁποῖον ἐκ μέθης.
κόραις ἐῴκει, τὴν γένυν οὐκ ἐχνόα,
385 ἱμάντι συνέσφικτο χρυσῷ τὴν κόμην,
αὔραις ὑποσκιρτῶσαν ἁπαλοπνόοις.
ὑγρὸν τὸ χεῖλος, ὥσπερ ἀπὸ φιάλης,
πάντῃ σεσηρός, μηδαμῇ ξυνιζάνον.
ὁ πέπλος εἰς γόνατον ἀνεζωσμένος,
390 οἷος προσήκει ληνοβάταις ἀνδράσιν·
ἡ χεὶρ⟨δ'⟩ἀσυγκάλυπτος ἀγκῶνος μέχρι,
ὡς οἷον ἀνδρὸς εἰς τρύγος πονουμένου.
ἔπαιζεν οὗτος, καὶ μικρὸν μεθιζάνων
καὶ κλημάτων ἕλικας εὐπλόκους πλέκων
395 φύλλοις σὺν αὐτοῖς καὶ μετ' αὐτῶν βοτρύων,
ἔστεπτο λαμπρῷ τῷ στεφάνῳ τὴν κάραν.
Αἱ δ' ἄρα Βάκχαι τοὺς ἑαυτῶν δακτύλους
πλεξάμεναι κύκλωθι καὶ χοροστάδην,
ἐῴκεσαν κάλλιστον ἐξᾴδειν μέλος
400 καὶ τὸν θεὸν δὴ συγχορεύσειν ἠξίουν.
ἡ μέν τις ἐ⟨ν⟩δέδρακτο τοῦ χιτωνίου,
τὸν συγχορευτὴν ἔνθεν ἐκκαλουμένη·
ἄλλη μαλακῶς τῆς πυγῆς εἰλημμένη
τὸν μειρακίσκον ἀντέσυρεν ἠρέμα·
405 ἄλλη δὲ φιλήματι μαλακωτέρῳ
ὑφεῖλκεν αὐτὸν εἰς μέσον χοροῦ στόμα.
ὡς δ' αὐτὸς ἀντέβαινε τῇ τυραννίδι,
μία τις ἁρπάσασα λάθρα τὸ στέφος

384-385 Luciani Bacchus 2 ‖ 389 cf. Apoc. Pauli 34 (p. 58 Tischendorf) ‖ 392-393 4.357
et 361; Georg. Pis. Hexaem. 290-292 ‖ 401 cf. Pap. mag. Par. I 2137

378 εἴ HV : ἤ UL ‖ 379-381 om. VUL ‖ 385 συνέσφικτο HV : -ίγκτο UL ‖ 391 δ' ad-
didi ‖ 392 τρύγος Le Bas : τρύγα HUL : τρῦγους V ‖ 394 εὐπλόκους UL (cf. 350) : εὐ-
πλόκως HV ‖ 396 λαμπρῷ HV : λαμπρῶς UL ‖ 399 ἐῴκεσαν Gaulmin : ἐῴκεισαν UL :
ἐῴκασι(ν) HV ‖ 400 καὶ τὸν θεὸν δὴ H²V : καὶ δὴ τὸν θεὸν H¹UL ‖ 401 ἐνδέδρακτο
scripsi : ἐδέδρακτο codd. : αὖ δέδρακτο Hilberg (14)

69

καὶ πρὸς μέσον ῥίψασα τοῦ χοροῦ κύκλον,
410   ἄκοντα τοῦτον ἐξεγείρει τοῦ πίθου
καὶ συγχορευτὴν δεικνύει τῶν Μαινάδων.
Οὕτως ἐναπέξεστο πρὸς κάλλος τόσον
ἡ συνθρυβεῖσα φιάλη τοῦ Γωβρύου.
Ἀρταξάνης δὲ τῷ νέφει τῷ τῆς μέθης
415   ὡς οἷα νεκρὸς ἐνσχεθεὶς τάλας τάλας,
ἀχθεὶς φοράδην εἰς κλίνην ἐπερρίφη
καὶ μακρὸν ἀφύπνωττεν ὡς θανὼν ὕπνον.
Ὁ Μιστύλος δὲ συγκαλεῖ μὲν Γωβρύαν,
πυνθάνεται δὲ τῆς ἐπιστολῆς χάριν
420   καὶ πῶς Βρυάξῃ τῷ μεγίστῳ γραπτέον·
καὶ δόξαν ἀμφοῖν, Μιστύλῳ καὶ Γωβρύᾳ,
γέγραπτο ταῦτα λίαν ἐσκοπημένως·
    Χαίρειν Βρυάξῃ τῷ μεγίστῳ Μιστύλος,   *Ἐπιστολὴ Μιστύλου*
ἄναξ μέγας ἄνακτι Πισσαίου στόλου.   *πρὸς Βρυάξην*
                                                                                          ἀντίγραφον
425   τὴν εἰς σὲ πάντως ἐξ ἐμοῦ θερμὴν σχέσιν
οὐκ ἀγνοεῖ τις, κἂν σεσύληται φρένας
(εἴ που δὲ πυνθάνοιο καὶ τῶν ἐν σκότῳ,
κἀκεῖθεν αὐτὸ μανθάνειν γίγνοιτό σοι).
καὶ σύμβολον φαίνοιτο τρανὲς τοῦ πόθου
430   αἱ μυριάδες τῶν παρ' ἡμῖν συμμάχων
εἰς σὲ σταλεῖσαι πανταχοῦ καὶ πολλάκις.
σὺ δ', ὡς ἔοικε, τὴν σχέσιν καὶ τὸν πόθον
τούτῳ περατοῖς καὶ περιγράφειν θέλεις,
τῷ τὰς ὑφ' ἡμᾶς ἐξαποσπάσαι πόλεις
435   καὶ σοὶ παρασχεῖν ἀνελευθερωτάτα⟨ς⟩·
καὶ σμικρύναι μὲν τὴν ἐμὴν ἐξουσίαν,
τὸ σὸν δὲ μᾶλλον ἀντεπαυξῆσαι κράτος.
ὅπερ φόβου φαίνοιτο σημεῖον πλέον.
439   ἀλλ' οὐ τρανὸν γίγνοιτο σύμβολον πόθου·
442   ἤθους σαφὴς ἔνδειξις εὐηθεστάτου,

---

412 cf. 4.354 ‖ 413 cf. 4.325 ‖ 415b 6.32 ‖ 425 2.307; 2.337–338; 4.432 ‖ 426b 2.218;
5.79 ‖ 429 4.439 ‖ 434 4.54 ‖ 436 4.55

423 inscr. **HLV** (om. μιστύλου) **U** (om. ἀντίγραφος) ‖ 426 ἀγνοεῖ scripsi : ἀγνοεῖ
codd. ‖ 427 πυνθάνοιο **UL** : -οιτο **HV** ‖ 428 αὐτὸ **UL** : αὐτῶ **HV** ‖ 435 ἀνελευθερωτάτας
scripsi : ἀνελευθερώτατα codd. ‖ 439 γίγνοιτο **U**: γίν- **HVL** ‖ 442 post 439 traieci ‖ εὐηθε-
στάτου **HV** : -τάτη **UL**

440 ψυχῆς ἀγεννοῦς, οὐ φιλούσης καρδίας,
441 γνώμης ταπεινῆς, ἀνελευθέρου τρόπου.
443 Καὶ πῶς γὰρ οὐκ ἂν ἀφρονέστατα δράσω,
μόχθῳ μὲν αὐτὸς συγκατασχὼν τὴν πόλιν,
445 καὶ χερσομάχων στρατιαῖς καὶ ναυμάχων
ἑλὼν τὸ Ῥάμνον, καὶ φόνων οὐ μετρίων
βίᾳ πολίχνην μίαν ἀντικερδάνας,
καὶ ζημιωθεὶς τὸν μέγαν μοι σατράπην,
τὸν τοῦ στρατοῦ φύλακα, τὴν στερρὰν χέρα,
450 εἶτα προδιδοὺς ἀφίλου φίλτρου χάριν
τὰ τῶν πόνων ἔπαθλα, τὴν μίαν πόλιν;
Καίτοι τὸ Ῥάμνον εὖ γινώσκει Μιστύλος
ὡς οὐ Βρυάξης εἶχεν, ἀλλὰ Μιτράνης·
ἐχθρὸς δὲ πάντως Μιστύλος τῷ Μιτράνῃ
455 καὶ γῆς κατεκράτησε δυσμενεστέρας.
εἰ τοίνυν ἡμῖν ἐγκαλεῖν βούλοιτό τις,
δίκαιός ἐστιν ἐγκαλεῖν ὁ Μιτράνης·
ὁ δὲ Βρυάξης οὐδὲν ἠδικημένος
πλαστογραφεῖν ἔοικε τὴν ἀδικίαν.
460 πῶς δ' οὐκ ἂν εἴη καρδίας κακοσχόλου
καὶ παντελῶς τὸ φίλτρον ἐξομνυμένης
πόλεις ἀπαιτεῖν καὶ τόπους ἀλλοτρίους,
ἢ μὴ διδόντας ἐκκαλεῖσθαι πρὸς μάχην;
Εἰς σαυτόν, εἰ βούλοιο, κάμψας τὸν λόγον,
465 ἔνθεν τὰ σαυτοῦ συλλογίζου καὶ βλέπε.
χιλιόναυν ὥπλισας ἐκ πόντου στόλον,
στρατὸν συναγήγερκας ἀνδρῶν ναυμάχων,
ἤθροισας ἁδρὰν χερσομάχων ἀσπίδα,
σπάθην περιττήν, μυριόστομον δόρυ·
470 μάχην συνῆξας, ὡς τὸ Ῥάμνον συλλάβῃς,
πολλοὺς ἀπ' ἀμφοῖν ταῖν χεροῖν εἶδες φόνους,

441 cf. Plat. Leg. 6, 774 c 7; 7, 791 d 8; Luciani Somnium 9; Imagines 21 ‖ 450 cf.
3. 387 ‖ 452a 4. 58 | 452b 4. 61 ‖ 455b 2. 258 ‖ 458 = 5. 33 ‖ 463 cf. 4. 65; 5. 503 ‖ 464–465 cf.
3.217 ‖ 466 5.224; Eurip. Orest. 352; Rhes. 262–263; Strab. 13.1.27 (594 C) ‖ 468 5.481.
cf. Eurip. Phoen. 78 ‖ 469b Georg. Pis. Hexaem. 1255

440 ψυχῆς ⟨δ'⟩ Hercher ‖ 463 ἐκκαλεῖσθαι UL : ἐγκαλεῖσθαι HV ‖ 464 σαυτόν HV :
αὐτὸν UL (voluere αὐτόν)

σπάθην καθημάτωσας, ἔχρανας δόρυ,
ἐπορφύρωσας δεξιὰν ἀνδροκτόνον
βαφῇ πονηρᾷ πορφύρας αἱμοχρόου·
475   εἶδες φονευθὲν τοῦ στρατοῦ σου τὸ πλέον,
εἷλες τὸ Ῥάμνον μυρίοις ὅσοις πόνοις,
ἐπεκράτησας αὐτὸς ὡς ἄναξ ὅλων,
τόσας ἀνατλὰς συμφορῶν ἐπιβρίσεις.
   Μετῆλθον αὐτός, ἀνταπῄτουν τὴν πόλιν
480   καὶ πρὸς τὸ δοῦναι φιλίαν προὐβαλλόμην·
εὐγνωμόνως ἂν ἠκροάσω τῶν λόγων;
ἔδωκας ἂν τὸ Ῥάμνον ἐζητηκότι
καὶ τοὺς μεσιτεύοντας ᾐδέσθης πόθους;
οὐκ ἔστιν εἰπεῖν, ἂν ἀληθεύειν θέλῃς.
485   σὺ τοίνυν οὐκ ἂν ἀντέδωκας τὴν πόλιν,
ἀλλ' ἀντέθηκας οὕσπερ ἀνέτλης πόνους,
τὸν μόχθον ἠρίθμησας, εἶπας τοὺς φόνους.
ἐγὼ δὲ μηδὲν ἀντιλέξας τῷ λόγῳ
οὕτω προχείρως ἀντιδώσω τὴν πόλιν;
490   οὐκ ἐς τοσοῦτον μικρόφρων ὁ Μιστύλος.
τί δ' οὐχὶ καὶ πᾶν, ὦ Βρυάξη, τὸ κράτος
ἡμᾶς ἀπαιτεῖς φιλίας κενῆς χάριν;
   Ἐγὼ μὲν οὐκ ἂν τῆς ἐμῆς ἐξουσίας
ἑκὼν μέρος τι, κἂν μικρόν, παρασπάσω·
495   βίᾳ δὲ τυχὸν καὶ μάχης τυραννίδι
κἂν πᾶν συληθῶ, μικρός ἐστί μοι λόγος.
οὗτος γάρ ἐστι τῆς ἐμῆς γνώμης ὅρος·
τὸν γῆς κρατοῦντα, κἂν πολύπλεθρος τύχῃ,
κἂν μῆκος ἴσως ἀπερίγραπτον φέρῃ,
500   ἑκόντα μηδὲν μηδαμοῦ ταύτης μέρος
τινὶ προδοῦναι, τῷ δὲ τῆς Τύχης νόμῳ

472a 2.257; 4.296; Prodromi Carm. hist. 44.176 ‖ 473a cf. Eurip. Phoen. 1368; Nonni Dionys. 44.106 ‖ 474b cf. 9.175 et Ioann. Mauropi Carm. (in A. Mustoxidis Anecd. p. 2 παρειαὶ αἱμόχροοι) ‖ 476b 3.419 ‖ 479 cf. 3.119 ‖ 481 cf. 3.225 ‖ 484a 3.208; 3.226; 7.318 ‖ 496b 8.40. cf. Herodoti 3.50; Plat. Reip. 8, 550 a 3 et al. ‖ 498b Eurip. Alc. 687; Luciani Icaromen. 18; Niceph. Phocae Novell. 1 p. 312.19 ed. Bonn. (cum Leone Diac.)

476 εἷλες Huet (ap. Gaulmin. 181) : εἶδες HV, Gaulmin : εἶτα UL, Hercher ‖ 477 αὐτὸς ἐπεκράτησας codd., transposuit Le Bas ‖ 498 τὸν coni. Hercher : τῆς codd. ‖ 499 ἀπερίγραπτον scripsi : εὐπερίγραπτον codd.

κἂν πᾶσαν ἁρπάζοιτο, γενναίως φέρειν·
μενεῖ γὰρ ἀνέγκλητος, ἂν ἄκων πάθῃ.
ἔρρωσο, τοὺς σοὺς μὴ παρατρέχων ὅρους.'

505   Τοιαῦτα γράψας τῷ Βρυάξῃ Μιστύλος,
τὸ γράμμα δεσμοῖς ἐμπεδοῖ σφραγισμάτων,
Ἀρταξάνῃ δὲ τῷ μεγάλῳ σατράπῃ
(μόγις ἀνανήψαντι τῆς μακρᾶς μέθης)
εἰς χεῖρας ἐνθεὶς καὶ προσειπὼν γνησίως

510 καὶ χρυσίον δοὺς τοῦ βάρους οὐ μετρίου,
ἐπὶ Βρυάξην ἀντιπέμπει τὸν μέγαν.

TOY AYTOY
TΩN KATA POΔANΘHN KAI ΔΟΣΙΚΛΕΑ
ΒΙΒΛΙΟΝ ΠΕΜΠΤΟΝ

    Ὁ μὲν λαβὼν τὸ γράμμα καὶ τὸ χρυσίον
εἰς τὴν ἰδίαν ἀντανέπλει πατρίδα·
ὁ δὲ προληφθεὶς τῷ λόγῳ λῃστοκράτωρ

5 (ἔγνως ἀκούσας πολλαχοῦ τὸν Μιστύλον)

4 ἔφη πρὸς αὐτὸν τὸν μέγιστον σατράπην

6 (οἶμαι, πτοηθεὶς οὐκ ἀνεύλογον φόβον,
μὴ συγκροτήσας ὁ Βρυάξης τὴν μάχην
οὕτως ἀέλπτως, ἀπροόπτως ἐμπέσοι
καί που κρατήσοι μὴ προητοιμασμένων),

10 τὸν πρῶτον αὐτοῦ σατράπην, τὸν Γωβρύαν,
πρὸς τὰς ὑπ' αὐτὸν ἀντιπέμψασθαι πόλεις,
ὅπως ἐκεῖθεν συγκαλῆται συμμάχους,

504b 4. 50 ‖ 508 cf. 4. 417 ‖ 509b 9. 372; Christoph. Mityl. Carm. 77. 33 Kurtz ‖ 510 7.308

2 1.75; 7.249 ‖ 4b 3.277; 5.10 ‖ 6b 1.65; 3.141 ‖ 7 5.191; 5.241; 5.286; 5.292; 5.482; 7.284; Nic. Eugen. 1.7; Choric. Or. 3.11 et 29.80 Foerster-Richtsteig; Georg. Pis. Heracliad. 1.223 et saepius ‖ 8 cf. 2.286; Soph. El. 1262–1263

503 μένει Gaulmin, Hercher | πάθῃ Gaulmin : πάθοι codd. ‖ 510 μετρίου U : μετρίως HVL

5 quintum quarto versui praeposuit Gaulmin (505) ‖ 9 προητοιμασμένων H : -μένον VUL ‖ 11 ἀντιπέμψασθαι UL : ἀντιπέμπεται HV ‖ 12 συγκαλῆται UL : ἐκκαλεῖται HV

THEODORVS PRODROMVS

εἰς ἓν συνελθεῖν εὖ παρεσκευασμένους,
τοῦτο προγινώσκοντας ἀκριβεστάτως,
15   ὡς οὐκ ἂν ἀδώρητος αὐτοῖς ἡ μάχη.
Ἐδυσφόρησε τῇ κελεύσει Γωβρύας·
τὴν αὔριον γὰρ εἶχεν ὡς τεταγμένην
τὸν τῆς Ῥοδάνθης εὐτυχηκέναι γάμον.
τέως δὲ πεισθεὶς τῷ λόγῳ τοῦ δεσπότου
20   (τὰ καθ' ἑαυτὸν οὐκ ἀκίνδυνα βλέπων,
εἴ που παραιτήσαιτο καὶ παραδράμοι)
ἔσπευδε ποιεῖν τὴν κέλευσιν ὡς τάχος.
περιτρέχων γοῦν τὰς πέριξ πάσας πόλεις
τὴν ἐκ Βρυάξου προσδοκωμένην μάχην
25   τοῖς πᾶσιν ἀπήγγελλε κηρύττων μέγα·
'Οἱ συμμαχοῦντες τῷ κρατοῦντι Μιστύλῳ,
τὰ τῆς μάχης σκέπτοισθε καὶ πρὸ τῆς μάχης·
στολῇ περιφράττοισθε σιδηρενδύτῳ,
ὤμων ἀπαρτῷητε καὶ τὰς ἀσπίδας,
30   σμήχοιτε καλῶς καὶ σπάθας χαλκοστόμους,
καὶ τὴν κεφαλὴν ὁπλίζοιτε τῷ κράνει,
ὡς ἂν ἀπαντήσοιτε τοῖς ἐναντίοις.
ὁ γὰρ Βρυάξης οὐδὲν ἠδικημένος
χωρεῖ καθ' ἡμῶν, μυρίον κινεῖ στόλον,
35   ἵππον δὲ πολλὴν ἀντιπέμπει χερσόθεν.
δούλους μὲν ὄντας συμμαχεῖν τοῖς δεσπόταις
νόμος φυσικὸς εὐσεβῶς ἐπιτρέπει·
ὑμῖν δὲ φιλότιμος ὢν ὁ δεσπότης
προσεγγυᾶται καὶ πολὺ χρυσοῦ βάρος.'
40   οὕτως ἀνῆπτεν εἰς μάχην πρὸ τῆς μάχης
τοὺς τοῦ κρατοῦντος συμμάχους ὁ Γωβρύας.
Ὁ δὲ Βρυάξου σατράπης Ἀρταξάνης

13a Eurip. Phoen. 462 | 13b cf. Eurip. Heracl. 691 ‖ 14a Theocr. 16.7 ‖ 26–27 5.40–41 ‖
28 cf. Heliod. 9.15 ‖ 29a cf. Babr. 17.2 ‖ 30a cf. Babr. 76.12–13; Heliod. 1.27 | 30b 3.106;
3.455; 5.233 ‖ 33 4.458 | 34b 5.50; 5.183; 5.224 ‖ 37a 4.184; 5.257; 7.369; 8.482 |
37b 7.147 ‖ 39b 3.371; 4.510; 7.80; 7.308; 7.423; Nic. Eugen. 8.121 ‖ 40–41 5.26–27 ‖
42 4.9; 4.105; 5.81

18 εὐτυχηκέναι codd. : ηὐτυχ- Hercher ‖ 25 ἀπήγγελλε H² : ἀπήγγειλλε H¹V²,
ἀπήγγειλε V¹UL ‖ 29 ὤμων Gaulmin, Hercher : ὤμοις codd. | ἀπαρτῷητε Boissonade :
ἀπαρτῷοιτε HV : ἀπαρτύοιτε U²L ‖ 37 φυσικὸς HV : -ικῶς UL ‖ 38 ὑμῖν Le Bas : ἡμῖν
HV : ὑμῶν UL ‖ 39 παρεγγυᾶται Gaulmin, Hercher

74

εἰς Πίσσαν ἐλθών, τὴν ἑαυτοῦ πατρίδα,
διδοῖ Βρυάξῃ τὴν γραφὴν τοῦ Μιστύλου.
45   ἐπεὶ δὲ τἄνδον ὁ Βρυάξης ἐκμάθοι,
λυττᾷ τι δεινόν, εἰσκαλεῖ τοὺς σατράπας
τοὺς χερσομάχους, ἀλλὰ μὴν καὶ ναυμάχους·
ἕλκει δὲ τὰς ναῦς εἰς μέσον πόντου στόμα,
καὶ πικρὸν οἷον κατὰ Μιστύλου βρύχων
50   κινεῖ κατ' αὐτοῦ μυρίαν τὴν ἀσπίδα.
    Οὕτως ἑτοιμάζοντος αὐτοῦ τὴν μάχην
Ἀρταξάνης ἔλεξεν ἔντρομον λόγον·
'παῦσαι, Βρυάξη, τὴν κενὴν κινῶν μάχην
καὶ καθ' ἑαυτοῦ συλλέγων τὴν ἀσπίδα,
55   ἣν συλλέγειν βούλοιο κατὰ Μιστύλου.
ἄφες τὸ μακρὸν βρύγμα, τὸν μέγαν χόλον,
μὴ συρραγείσης τῆς μάχης ἀντιστάδην
αἰσχρῶν βρεφῶν γένοιο πικρὸς ἐγκύμων,
τοὺς ἀνδρικούς τε ζημιούμενος πόνους
60   τὰς τῶν γυναικῶν ἀντικερδάνῃς τύχας,
γεννῶν, γαλουχῶν ἐξ ἀνίκμων μαστάδων.
    Ἦ τὴν δύναμιν ἀγνοεῖς τοῦ Μιστύλου,
ὡς τῇ θελήσει τὰς φύσεις μετατρέπει
καὶ δουλαγωγεῖ τῇ κελεύσει τὴν κτίσιν;
65   ἐγὼ μὲν αὐτοῦ τὸ κράτος κατεπλάγην·
εἶδον γὰρ εἶδον ἐκ μυχαιτέρου τόπου
νέκυν ἀναδραμόντα καὶ λυροκράτην,
ἐπεὶ θελήσοι καὶ κελεύσοι Μιστύλος·
εἶδον δὲ πάλιν τῆς τραπέζης ἐν μέσῳ
70   ἀρνειὸν ὀπτὸν στρουθοπάτορα ξένον

43a 7. 301 | 43b 3. 413. cf. 5. 2 ‖ 47 cf. 2. 267–268; 4. 445; 4. 467–468; 5. 201–202 ‖
48b 3. 454; 5. 240; 6. 181; 6. 219; 8. 312 ‖ 49 cf. 5. 91; Acta apost. 7. 54 ‖ 50b 5. 34 ‖ 56a 5. 49;
5. 91; Ioann. Chrysost. PG 47, 547 A | 56b Eurip. Med. 590 ‖ 57 Nic. Eugen. 5. 432; Thu-
cyd. 1. 66; Plut. De fort. Rom. 322 B et al. ‖ 58a 4. 169; 4. 179 | 58b 4. 171; 4. 188 ‖
60 4. 180 ‖ 61 cf. 4. 183 ‖ 62 4. 135; 4. 155 ‖ 63 4. 136; 4. 138; 4. 172; 4. 254 ‖ 64 cf. 4. 156;
4. 249–250 ‖ 66b cf. 4. 251–252; Hesiod. Theog. 119; Aeschyli Prom. 433 ‖ 67a 4. 239;
4. 252 | 67b 4. 240–241; 4. 306–307 ‖ 68 4. 238 ‖ 69–70 4. 124; 4. 127–128; 4. 160; 4. 255

47 μὴν καὶ HV (cf. 4. 209) : καὶ τοὺς UL, Hercher ‖ 55–57 om. UL ‖ 58 πικρὸς codd.
(cf. 4. 188) : πικρῶς coni. Hercher ‖ 59 τε scripsi : δὲ codd. ‖ 62 ἦ Hercher : ἤ codd. ‖
67 νέκυν HV : νίκην UL

καὶ μήτραν ἀρτίφλεκτον ἄφλεκτον τόκον
τελεσφοροῦσαν καὶ κατάπτερα βρέφη.'
    Τούτων ἀκούσας ὁ Βρυάξης τῶν λόγων
'ἀλλ' ἠγνόουν', ἔλεξεν, 'ἀρχισατράπα,
75   οὕτω πενιχροὺς μορμολυκείων τύπους
ὑποτρέμοντα καὶ σκιὰς Ἀρταξάνην,
καὶ δειλιῶντα παιγνίων ψευδεῖς πλάσεις,
ἃ μηδ' ἂν αὐτῶν τῶν βρεφῶν κατισχύσοι,
συλωμένων δὲ καὶ φρένας καὶ νοῦν ὅλον
80   γελωτοποιῶν καὶ μαγείρων ἀπάταις.
    Ἐγὼ μέν (ἀλλ' ἄνωθεν ἵλεων βλέποις,
θεῶν ἁπάντων ὀλβία γερουσία,
καὶ χεῖρα πέμποις τῇ μάχῃ ξυνεργάτιν)
τὸν παντοποιὸν καὶ τρέποντα τὰς φύσεις
85   καὶ θαυματουργόν, ὡς δοκοῦν Ἀρταξάνῃ,
νεκροὺς ἀνιστᾶν καὶ φύσεις τρέπειν μάθω,
ἂν νεκρὸς οἰκτρὸς ἐξ ἐμῆς πεσὼν σπάθης
ἑαυτὸν αὐτὸς ἐξαναστήσῃ πάλιν.'
    Ἔλεξε ταῦτα καὶ τὸν ἅπαντα στόλον
90   εἰς ταὐτόν, εἰς ἓν ὁμμάδην ἠθροισμένον
λαβὼν ἀπέπλει, δυσμενὲς βρύχων μέγα.
ἦν οὖν ἰδέσθαι τοῦ στόλου προηγμένου
ὅλην μέλαιναν τῆς θαλάσσης τὴν ῥάχιν,
ἐκ τῆς ἐπ' αὐτῇ τῶν νεῶν μελανίας
95   οὕτως ἐκείνην ὡσπερεὶ κεχρωσμένην.
ὁ Σμυρνόθεν δὲ καὶ σοφὸς στιχογράφος
'ἁλὸς πολιῆς' τῶν ἐπῶν λέγων μέσον

71a 4. 161 ‖ 71-72 4. 162–163 ‖ 73 3. 374; 3. 399; 5. 511; 7. 446; 7. 516 ‖ 74b 3. 196;
6. 179 ‖ 75 et 78 3.310; 4.223 ‖ 76-77 2.331–332; 3.312–314 ‖ 79 2.218; 4.426 ‖ 80a 4.215;
4.224; Nic. Eugen. 3. 128 ‖ 81b 7.316. cf. Soph. El. 655; 1376 et al. ‖ 82 2.488; 4.246;
7.141; 8.117; Nic. Eugen. 8. 24 ‖ 84a Ptolem. Tetrab. p. 160.21 Boll-Boer; Georg. Pis.
Hexaem. 294 | 84b 5.63 ‖ 85a 4.215 ‖ 91b 5.49; 5.56 ‖ 93b 4.259; 5.450; 6.211 ‖ 96b Pro-
dromi Carm. hist. 19.2; Append. AG 5.12; Ioann. Tzetzae De metris, Anecd. Cramer
III pp. 307.28; 317.3 ‖ 97a Iliad. 1.350; Odyss. 2.261 et al.

71 ἀρτίφλεκτον HV : ἀντί- UL ‖ 77 πλάσεις Gaulmin (cf. 4.165) : φράσεις codd. ‖
78 κατισχύσοι Le Bas : κατισχύσῃ codd. ‖ 79 συλωμένων HV : συλώμενον UL | καὶ¹
HVU : om. L : τὰς Gaulmin, Hercher ‖ 85 ἀρταξάνῃ UL : ἀρταξάνην HV ‖ 88 ἑαυτὸν
αὐτὸς HV (αὐτοῖς) : αὐτὸς ἑαυτὸν UL

ψευδῶς ἂν ὑπώπτευτο τοῖς πολλοῖς γράφειν,
εἰς τὸν τότε χροῦν τῆς ἁλὸς δεδορκόσι,
100 λέγειν δὲ καλῶς, εἰ λέγοι 'πόντος μέλας'.
τῇ δ' ἄρα κώπῃ τῶν τοσούτων ὁλκάδων
ἡ γραῦς θάλασσα, ξυλίνοις ὡς δακτύλοις
ὑγρὰς παρειὰς ὥσπερ ἐρραπισμένη,
κλαίειν ἐῴκει τῇ βοᾷ καὶ τῷ κτύπῳ,
105 θυμουμένη δὲ καὶ τὸν ἀφρὸν ἐκπτύειν
βιάζεται τάχιστα σὺν τοῖς κωπίοις.
Ἐπεὶ δ' ἐς αὐτὰς τὰς πόλεις τοῦ Μιστύλου
ὁ τοῦ Βρυάξου πλησίον φθάσοι στόλος,
εὐθὺς Βρυάξης ἀνιὼν ἐπ' ἀσπίδα,
110 κάτωθεν ἀνδρῶν χερσὶν ἐστηριγμένην
καὶ τοὺς πατοῦντας ἀντερείδουσαν πόδας,
ἔλεξε ταῦτα, τῶν νεῶν ἠθροισμένων
καὶ κύκλον ὥσπερ εὐφυᾶ μιμουμένων,
ἐξ οἷα κέντρου τοῦ κρατοῦντος ἠργμένου·
115 Ἄνδρες στρατάρχαι, θρέμματα στρατηγίας, Δημηγορία Βρυάξου
μάχης ἐρασταί, στρατιῶται γεννάδαι,
τῆς Ἀρεϊκῆς ἀρετῆς ἐπιστάται,
σπάθης τρόφιμοι, συγγενεῖς τῆς ἀσπίδος,
καὶ τῆς Ἐννοῦς τῆς φίλης φίλα βρέφη·
120 οἷα μὲν ὑμῖν εἰς μάχας εὐανδρία,
οἷα δὲ τόλμα καὶ πόση θράσους χάρις,
μάρτυς ἀληθὴς ὁ προβὰς ἅπας χρόνος.
μὴ γὰρ τοσοῦτον τῆς Βρυάξου καρδίας
λήθη κρατήσοι καὶ καλῶν ἀμνηστία,
125 ὡς τῆς τοσαύτης τῶν ἐμῶν στρατηγίας
καὶ τῆς περιττῆς ἐν μάχαις εὐανδρίας

100b cf. Iliad. 24.79 ‖ 102a cf. Nic. Eugen. 5.77–78 ‖ 105 Georg. Pis. Hexaem. 389 et 391; Exp. Pers. 1.183 ‖ 109–111 cf. Tac. Hist. 4.15.2 *impositusque scuto more gentis et sustinentium umeris vibratus*; Amm. Marc. 20.4.17 (Iulianus) *impositusque scuto pedestri*; Liban. Or. 13.34 ‖ 113 cf. 1.47 ‖ 115 5.223 ‖ 118 5.272–273 ‖ 119 cf. Nonni Dion. 37.773 ‖ 120b 2.254; 5.126; 5.211 ‖ 123–124 2.241–245

98 ὑπώπτευτο **HV** (ὑπό-) : ὑποπτέοιτο **UL** ‖ 99 εἰς **HV** : τοῖς **UL**, Hercher ‖ 100 λέγοι Boissonade : λέγει codd. ‖ 114 ἠργμένου scripsi (cf. 5.500) : ἠργμένον **HV** : ἠργμένων **UL** : ἠρμένου Hercher ‖ 115 inscr. **HUL** (ἀρίστη add. U) ‖ 120 ὑμῖν **VU²L** : ἡμῖν **HU¹** ‖ 125 τῆς om. **UL**

καὶ τῶν ἁλόντων ὑφ᾽ ὑμῶν πολιχνίων
καὶ τῶν πεσόντων κατὰ γῆς πυργωμάτων
καὶ τῶν σχεθεισῶν ἐν θαλάσσῃ φορτίδων
130 (φόρτου μετ᾽ αὐτοῦ καὶ σὺν αὐτοῖς ναυτίλοις)
ἀμνημονήσειν, δυσγενοῦς γνώμης πάθος.
      Πλὴν ἀλλὰ μὴ φύσημα μηδ᾽ ὄγκον μέγαν
ἐκ τῆς φθασάσης σχόντες εὐετηρίας
καταφρονεῖτε τῆς ἐνεστώσης μάχης,
135 ἀρκοῦντος ὥσπερ τοῦ προλαβόντος κράτους.
μᾶλλον μὲν οὖν μαθόντες ἀκριβεστέρως
ἐκ τῶν φθασάντων οἷον ἡ νίκη καλόν,
σπεύδοιτε πάλιν εἰς τὸν αἴτιον πόνον,
εἰς ἀντίληψιν τοῦ καλοῦ προηγμένοι.
140 ἢ πῶς ἂν οὐ μαίνοισθε καινὴν μανίαν,
καλὸν μὲν εἶναι τὸ κρατεῖν ἐν ταῖς μάχαις
ἐκ τῆς φθασάσης ἐκδιδαχθέντες τύχης,
εἶτα τρέχοντες τοῦ καλοῦ πορρωτέρω;
      Παντὸς μὲν ἂν γίγνοιτο πράγματος κόρος·
145 κόρος τραπέζης καὶ τρυφῆς, κόρος πότου,
κόρος λυρικῆς μουσικῆς μελῳδίας,
ὀρχήσεώς τε τῆς ἀμύμονος κόρος.
ἤδη τις ἔσχε θυμικῆς φλογὸς ζέσιν,
ὀργῆς τε πῦρ ἀνῆψεν ἐν τῇ καρδίᾳ,
150 δούλου παρογρίσαντος ἐξ ἀταξίας
ἢ παραπικράναντος ἐκ ῥαθυμίας·
καὶ τῶν ἐν αὐτῷ θυμικῶν πυρεκβόλων
σπινθηριώντων ἐν μέσῃ τῇ καρδίᾳ
κατεξανέστη πῦρ λαλῶν καὶ πῦρ πνέων·
155 καὶ ῥάβδον ἀδρὰν ἐν χεροῖν ἐξημμένος
καὶ τὸν παροινήσαντα πολλὰ ῥαβδίσας,
ὅμως ἐπαύθη, κἂν μόγις, τῶν μαστίγων

---

130 1.418 ‖ 132b 5.410; Plut. De audiendo 39 D ‖ 136b 5.14; 9.90 ‖ 137b 5.141; 5.252 ‖
140b cf. 5.270; 9.64 ‖ 144–147 et 160–161 Iliad. 13.636–639 ‖ 148–149 Prodromi Catomyom.
297–298; Plat. Crat. 419 e; Aristot. De anima A 1, 403 a 31; Probl. B 26, 869 a 5 ‖
150–151 cf. Psalm. 78.40; Philon. De somniis 2.177 ‖ 152b 2.298; Prodromi Carm. hist.
54.97; Georg. Pis. Bell. Avar. 476 et al. ‖ 154b cf. 2 Maccab. 9.7 ‖ 155 cf. 1.184

127 ὑμῶν Le Bas : ἡμῶν codd. ‖ 133 σχόντες HV : χθιζῆς UL ‖ 138 αἴτιον] ἀντίον Le
Bas, Hercher ‖ 147 et 149 τε scripsi : δὲ codd. ‖ 156 πολλὰ HVU²L : μακρὰ U¹

καὶ βραδέως μέν, ἔσχε δ' ἂν ὀργῆς κόρον.
παντὸς μὲν οὖν λάβοι τις, ὡς ἔφην, κόρον·
160 κόρον δὲ νίκης καὶ τροπῆς ἐναντίων
ἀνὴρ ἐραστὴς τῶν καλῶν οὐκ ἂν λάβοι·
ἢ γὰρ ἑαυτῷ τοῦ καλοῦ φθονεῖν ἔχοι.
Ἄνδρες μαχηταὶ συντραφέντες τοῖς ὅπλοις,
μή, κἂν πενιχρὸς ὁ στρατὸς τοῦ Μιστύλου,
165 ὅμως χαλάσοι τὴν ὑμῶν προθυμίαν·
ὑπαμβλυνεῖ γὰρ τῆς μαχαίρας τὸ στόμα,
δείξει δ' ἐπ' αὐτῆς τῆς μάχης νωθεστέρους,
μόνοις βρυχηθμοῖς ὥσπερ ὑπωπτευκότας
ὅλους θροήσειν τοὺς ἐναντιουμένους.
170 μᾶλλον μὲν οὖν, θούρια Παλλάδος βρέφη,
τούτου χάριν δίκαιον, ὡς ἐμὴ κρίσις,
στῆναι κραταιῶς καὶ κροτῆσαι τὴν μάχην,
τοῦτο φρονοῦντας ἐμφρονεστέρᾳ κρίσει,
ὡς εἰ μὲν ἡττήσοιτε, μικρὸς ὁ κρότος
175 (τί γὰρ μέγα τρόπαιον ἢ ποῖον γέρας
μικρός, πενιχρός, εὐαρίθμητος στόλος
κατατροπωθεὶς ἐκ τοσούτων ναυμάχων;)·
εἰ δ' ἄρα τὴν μέλαιναν (ἀλλ' ἀποτρέποι⟨ς⟩
ἐκ τῶν Βρυάξου καρτερῶν στρατευμάτων,
180 Ἄρες κραταιὲ καὶ Τύχη νικηφόρε)
ἡμᾶς ἐνεγκεῖν δυστυχῶς συνεμπέσῃ,
πολλὴν ὑποτλαίητε πάντως αἰσχύνην,

159 5.144 ‖ 161 cf. 5.137 ‖ 163a 5.223; 5.236 | 163b cf. 5.115; 5.223 ‖ 166b cf. ad 1.19 ‖
167b cf. 5.192 ‖ 169b 5.279; 5.439; Prodromi Catomyom. 224 et al. ‖ 170b cf. 5.119;
Nonni Dion. 26.2; 48.799; Tryphiodori Ilii excid. 112 ‖ 172b 5.188; 5.263; 5.515;
8.111; 8.265. cf. ad 5.7 ‖ 176b cf. 5.183; Nic. Eugen. 4.21; Georg. Pis. Exp. Pers. 3.207 ‖
177a 5.193; Nic. Eugen. 5.347; 7.171 et al. ‖ 178 τὴν μέλαιναν] sc. κῆρα vel μοῖραν. cf.
Nic. Eugen. 6.207 et 215; Hes. Theog. 211; Iliad. 2.859 et al.; Eurip. Phoen. 950 |
178b 5.291; 9.138 ‖ 180a Orac. Sibyll. 11.104. cf. Iliad. 2.515 et al.

158 ἄν] οὖν Hercher ‖ 159 οὖν HVUL : ἂν M | ὡς ἔφην HVUL : ἴσως M ‖ 162 ἢ
γὰρ HV : οὐ γὰρ UL : εἰ μὴ M | τοῦ καλοῦ HVUL : τῶν καλῶν M ‖ 166 ὑπαμβλύνοι
Huet | γὰρ scripsi : δὲ codd. ‖ 167 δείξοι Huet ‖ 174 ἡττήσοιτε HV : ἡττήσητε UL ‖
177 κατατροπωθεὶς codd. (cf. 193) : μετα- Gaulmin, Hercher ‖ 178 ἀποτρέποις Gaulmin
(cf. 5.291; 9.138) : ἀποτρέχοι codd.

στρατὸς μυρίος, δυσαρίθμητος στόλος,
μικρᾷ τραπέντες στρατιᾷ, μικρῷ στόλῳ.

185 Μὴ γοῦν, κἄν ἐστιν ἀσθενὴς ὁ Μιστύλος,
καταρραθυμήσοιτε τῆς φίλης μάχης·
ἀρχαϊκὸς γὰρ καὶ παλαίτερος λόγος
κροτεῖν παραινεῖ τὴν μάχην ταῖς ἐμπίσιν
ὡς οἷα τοῖς λέουσι τοῖς παναλκέσι.

190 τί τοῦτο δηλοῦν ἀσφαλεστέρᾳ φράσει;
μὴ πρὸς πενιχρὸν συγκροτοῦντες τὴν μάχην
νωθεστέρως πως συγκροτεῖν μηδ' ἐκλύτως,
μή που λάθοιμεν κατατετροπωμένοι
ἐκ τῶν παρ' ἡμῶν καταπεφρονημένων
195 καὶ μακρὸν ὀφλήσαιμεν ἀξίως γέλων.

Ἄλλως τε καὶ τίς τὸν στρατὸν τοῦ Μιστύλου
φαίη πενιχρόν, τίς δὲ μικρὸν τὸν στόλον;
ἐγὼ μὲν αὐτὸν καὶ μέγαν καὶ γεννάδα
φαίην ἄν, εἰδὼς πολλαχοῦ καὶ πολλάκις
200 νικηφόρον φανέντα πολλαῖς ἐν μάχαις
καὶ μυρίους μὲν εὐτυχοῦντα ναυμάχους
καὶ χερσομάχων δυσαρίθμητον στίφος,
πολλοῖς δ' ἐπιπρέποντα καλοῖς σατράπαις.
ἦ μὴν δέδοικα τὴν παρεστῶσαν μάχην,
205 τὸν στρατὸν εἰδὼς καὶ στόλον τοῦ Μιστύλου·
Τύχῃ δὲ θαρρῶν καὶ θεῶν συνεργίᾳ
καὶ τῇ τιμωρῷ τῶν κακοτρόπων Δίκῃ
κινῶ πεποιθὼς κατὰ Μιστύλου δόρυ.

Πλὴν ἀλλὰ τὰ τρόπαια τῶν ἐναντίων,
210 ἡ τόλμα καὶ τὸ θράσος, ἡ σταθηρότης,
μὴ τῆς ἐν ὑμῖν εἰς μάχας εὐανδρίας

183b 5. 202; 5. 225; Appiani B. C. 2. 73 et al. ‖ 187–189 cf. Aesopi fab. 267 Hausrath; Achill. Tat. 2. 22; Nic. Chon. Hist. p. 650. 20 Bekker ‖ 189b cf. Prodromi Carm. hist. 25. 43; 75. 80 ‖ 191b cf. ad 5. 7 ‖ 192a cf. 5. 167 ‖ 192b 5. 213 ‖ 193b 5. 177 ‖ 195 4. 131 et 133; 4. 224; 4. 377; 5. 293 ‖ 199b 5. 320; 5. 498; 6. 93 ‖ 200b 2. 261; 3. 161 ‖ 202b 5. 183; 5. 225 ‖ 205 5. 289; 5. 380; 6. 26 ‖ 206b 8. 147; Nic. Eugen. 5. 347; 8. 154 ‖ 207 Orphic. hymn. 62. 4 ‖ 208 Eurip. Andivom. 607; fr. 352. 1 ‖ 210b 2.253 ‖ 211b 2.254; 5.120; 5.126

186 καταρραθυμήσοιτε HV : -σητε UL ‖ 190 δηλοῦν Hercher : δηλῶν codd. ‖ 193 που Hercher : πω codd. ‖ 194 ἡμῶν scripsi : ἡμῖν codd. ‖ 203 ἐπιπρέποντα Gaulmin (510) : ἐπιτρέποντα codd. ‖ 204 ἦ μὴν H (evanidum in V) : ἡμῖν UL

καὶ τοῦ περιττοῦ πρὸς παράταξιν κράτους
δείξωσιν ὑμᾶς ὥσπερ ἐκλελυμένους,
μηδὲ πτοεῖσθαι τὸν στρατὸν τοῦ Μιστύλου
215 πείσωσιν ὑμᾶς, ὡς περιττόν, ὡς μέγαν.
ὁ γὰρ Βρυάξης τοὺς ἑαυτοῦ συμμάχους
τόσον πτοεῖσθαι τοὺς ἐναντίους θέλει,
ὡς τὴν περιφρόνησιν ἐκβεβληκέναι·
περιφρονεῖν δὲ πάλιν αὐτοὺς εἰς τόσον,
220 ὅσον τὸ δεινὸν τοῦ φόβου φυγεῖν πάθος,
νικῶντας ἄμφω τῇ δι' ἀλλήλων μάχῃ
(ἐμφύλιον φαίη τις αὐτὴν εὐστόχως).
   Ἄνδρες μαχηταί, θρέμματα στρατηγίας,
κἂν μηδὲν ἄλλο, μὴ μυριόναυν στόλον,
225 μὴ στρατὸν ἁδρόν, μὴ δυσάριθμον δόρυ
εἶχε Βρυάξης ὡς συνεργὰ τῇ μάχῃ
μηδ' ἄλλο μηδὲν ἀντιλήψεως μέρος,
ἡ τῶν θεῶν χείρ, ἡ μάχαιρα τῆς Δίκης
οὐκ ἀμυνεῖται τὸν παρηνομηκότα
230 καὶ τὸν παρασπάσαντα τὴν ἐμὴν πόλιν,
καὶ τῶν φυλάκων οὓς μὲν ἐζωγρηκότα
καὶ πρὸς φυλακῆς ἐμβιβάσαντα στόμα,
οὓς δ' ἐκ μαχαίρας ληστρικῆς χαλκοστόμου
εἰς ἔσχατον πέταυρον, εἰς βαθὺ σκότος
235 ῥίψαντα πικρῶς καὶ κακοτρόπῳ τρόπῳ;
   Ἄνδρες μαχηταί, δεξιοὶ στρατηγέται,
τέμνουσα κώπῃ καὶ σπάθῃ κωπηλάτις,
ἄμφω πρὸς ἄμφω δεξιῶς ἡρμοσμένα,
ἀμφίβιον στράτευμα, χερσοναυμάχοι·
240 πῇ μὲν καθ' ὑγρὰν εἰς μέσον πόντου στόμα,

---

222 Theocr. 22. 200; Alcaei fr. 43. 11 Diehl²; Aeschyli Eumen. 862–863; Polyb.
1.65.2 ‖ 223 5.115 ‖ 224b 4.466; 5.290; AG 7.237.4 | 225a cf. 4.468 | 225b 5.183; 5.202 ‖
228a 8.461; 9.150 | 228b cf. Aeschyli Choeph. 647 ‖ 229 cf. 4.72 ‖ 230 4.54; 5.251 ‖ 231-233
cf. 4.55–57 ‖ 232 3.119; 3.420 ‖ 233 3.106; 3.455; 5.30 ‖ 234 Prov. 9.18 ἐπὶ πέταυρον Ἄι-
δου; Suda s.v. 1389 πέταυρον· σανίς, βάθος ‖ 236a 5.163; 5.223 ‖ 240b 3.454; 5.48;
6.181; 6.219; 8.312

215 ὑμᾶς H : ἡμᾶς V : αὐτὸν L : om. U, qui post ὡς μέγαν addit λίαν ‖ 225 μὴ¹ HV :
καὶ UL ‖ 226 συνεργὰ HV : συνεργοὺς UL ‖ 234 πέταυρον HV, Gaulmin (510; cf. Prov.
9.18) : τάρταρον UL, Hercher ‖ 235 πικρῶς HVL : δεινῶς U ‖ 238 ἡρμοσμένα HV : -μέ-
ναι UL

πῇ δ' ἀμφὶ χέρσον συγκροτοῦντες τὴν μάχην,
ὡς ἂν δεήσῃ τῷ τόπῳ καὶ τῷ χρόνῳ

* * * * * * * * * * * *

    παῖδες Βρυάξου καὶ φίλοι καὶ σύμμαχοι
    (καλῶ γὰρ υἱοὺς καὶ φίλους καὶ συμμάχους,
245   δεικνὺς τὰ θεσμὰ τῆς πρὸς ὑμᾶς ἀγάπης),
    ἂν ὁ Βρυάξης εἶχεν ὑμᾶς μισθίους,
247   ἂν δεσπότης ἦν, ἀλλὰ μὴ φυτοσπόρος,
249   μάχην παραρτύοντες ἐξ ἐναντίας,
248   οὐκ ἂν ἐπεσπεύσατε τοῦ μισθοῦ χάριν
250   καταδραμεῖν μὲν δυσμενῶν πάντας τόπους,
    παρασπάσαι δὲ καὶ λαβεῖν ὅλας πόλεις,
    νίκης τε σεμνὴν ἐνδυθῆναι πορφύραν
    ζωγροῦντες ἢ τέμνοντες ἐχθρῶν αὐχένας,
    καὶ ταῦτα κερδαίνοντες οὐδὲν οὐδέπω
255   ἐκ τῶν παρ' ὑμῶν ἐσκυλευμένων τότε·
    οὐ γὰρ ἑαυτοῖς, τῷ δὲ μισθωσαμένῳ
    τὸ πᾶν ἐφεῖται φυσικῷ λαβεῖν λόγῳ.
    Ἐπεὶ δὲ πᾶσαν πατρικὴν εὐκληρίαν
    οἱ παῖδες ὑμεῖς κερδανεῖν μέλλοιτέ μοι,
260   πῶς οὐκ ἂν εἴη καρδιῶν κακοφρόνων
    αὐτοὺς ἑαυτοὺς τῶν καλῶν στερεῖν θέλειν,
    καὶ μὴ σταθηρᾷ καὶ προθύμῳ καρδίᾳ
    χωρεῖν κατ' ἐχθρῶν καὶ κροτεῖν στερρὰν μάχην
    καὶ τὴν πατρῴαν λαμβάνειν ἐξουσίαν,
265   ἄλλας ἐπ' ἄλλαις προσπορίζοντας πόλεις,
    ὡς ἂν ἐπαυξάνοιτε τὴν κληρουχίαν;
    τὸ γὰρ στρατιᾶς δυσμενοῦς, ἀλλοτρίας

241b 5.7; 5.191; 5.286; 5.292; 5.482; 7.284 ‖ 243–245 Theodos. Diac. Expugn. Cretae
1.73–76 ‖ 245 4.33; 4.48; 4.51 ‖ 249 3.316; 4.53; 7.284 ‖ 251 5.230 ‖ 257b 4.164; 5.37;
7.369; 8.482 ‖ 263 5.172; 5.188; 5.515; 6.24; 8.111; 8.265 ‖ 264 cf. 5.258 et 266

242 post hunc versum lacunam statuit Hercher (ante 243 exspectes ἄνδρες στρατάρ-
χαι, θρέμματα στρατηγίας vel sim.) ‖ 245 θεσμὰ codd. (cf. 4.33) : δεσμὰ Gaulmin, Her-
cher | πρὸς] ἐς Gaulmin, Hercher | ὑμᾶς U : ἡμᾶς HVL ‖ 247 μὴ UL : καὶ HV ‖
v. 249 versui 248 praeposui ‖ 249 παραρτύοντες HV : -οντος UL ‖ 252 τε scripsi : δὲ codd. ‖
255 ὑμῶν Le Bas : ὑμῖν UL : ἡμῖν HV ‖ 257 ἐφεῖται Hercher (cf. 7.369) : ἀφεῖται codd. ‖
266 ἐπαυξάνοιτε HUL : -ητε V ‖ 267 γὰρ scripsi : δὲ codd.

τὰς ἡμεδαπὰς λωποδυτούσης πόλεις
ἡμᾶς καθεύδειν ἐν μέσοις κλινιδίοις
270 πόσης ἂν εἴη μανίας, πόσης νόσου;
ἰαταταὶ τὸ πάθος ὡς θηλυφρόνων.
    Ἄνδρες τρόφιμοι τῆς φιλοκτόνου μάχης,
στρατὸς παλαιστὴς καὶ τραφεὶς ὑπ' ἀσπίδι,
μία κρατείτω παρ' ὑμῖν γνώμης θέσις,
275 μιᾶς τε βουλῆς σύμφρονος καὶ συμπνόου
γίγνοισθε πάντες ἐν ξυναφῇ καρδίας,
μηδ' ἄλλος ἄλλης, καὶ διάστασις μέσον.
οὐδεὶς γὰρ ἄλλος τοῖς ἐναντίοις πόθος
ἢ στασιάζειν τοὺς ἐναντιουμένους,
280 τοὺς σὺν ἐκείνοις ἀντεπεξηγερμένους
αὐτοὺς καθ' αὑτῶν ὥσπερ ἐξωπλισμένους.
στάσις δὲ πάντως καὶ διάστασιν φέρει,
διάστασις δὲ συγγενὴς ἀντιστάσει,
ἀντίστασις δὲ ταὐτόν ἐστι καὶ μάχη,
285 μάχης δὲ νίκη καὶ τροπὴ θυγατέρες.
εἰ γοῦν καθ' αὑτῶν συγκροτοῦμεν τὴν μάχην,
νικῶμεν αὐτοὶ καὶ πάλιν νικώμεθα·
οὗ τίς γένοιτ' ἂν ἀθλιώτερος πόνος;
    Τί δ' ἄλλο κατεύξαιτο Μιστύλου στόλος
290 τῆς τοῦ Βρυάξου μυρίας ναυαρχίας
ἢ τοῦτο πάντως; ἀλλ' ἀποτρέποις, Ἄρες,
ἡμῶν καθ' ἡμῶν συγκροτούντων τὴν μάχην,
αὐτοὺς καθῆσθαι καὶ πλατὺν γελᾶν γέλων,
κᾆτα κρατήσειν ὡς ἀπαλαμνεστάτων
295 γυμναῖς παλάμαις· οὐ γὰρ ἂν μετὰ ξίφους
λάβωσιν ἡμᾶς, τοῖς μετ' ἀλλήλων πόνοις
ἤδη καμόντας καὶ προκατειργασμένους.
ἵν' οὖν ἀποτρέποιντο ταῦτα μακρόθεν,
μία κρατείτω παρ' ὑμῖν γνώμης θέσις.

269b 3. 29; 9. 11 ‖ 270 cf. 5. 140; 5. 300 ‖ 271a 7. 236; Nic. Eugen. 8. 197 ‖ 272–273 cf. 5. 118 ‖ 274b 5. 299 ‖ 279b 5. 169; 5. 439 ‖ 280b 2. 11 ‖ 281 5. 301 ‖ 286b 5. 7 et al. ‖ 288 cf. 7. 512 ‖ 290b 4. 466; 5. 224 ‖ 291b 5. 178; 9. 138 ‖ 292b 5. 7 ‖ 293b 4. 131 et 133 ‖ 299b 5. 274

275 τε scripsi : δὲ codd. ‖ 290 ναυαρχίας HU²L : ναυμαχίας VU¹ ‖ 294 κᾆτα κρατήσειν HV : κατακρατήσειν UL ‖ 298 ἀποτρέποιντο HUL : -οιτο V

300 Ἤ πῶς ἄν οὐ πάσχοιτε μανικὸν πάθος,
αὐτοὶ καθ᾽ αὑτῶν ὥσπερ ἐξωπλισμένοι
καὶ τῆς ἑαυτῶν σαρκὸς οὐ πεφεισμένοι
καὶ γνήσια σπεύδοντες ἐσθίειν μέλη,
τοῖς δαιμονῶσιν οἷον ἐξεικασμένοι;
305 ἢ καθάπερ σῦς ἐκ δρυμοῦ πηδῶν μέγας
καὶ θηραγρευταῖς δεξιοῖς ἐντυγχάνων,
307 ἄλλου παρεμπήξαντος ἄκρον τὸ ξίφος
309 αὐτὸς μανικῶς ἀντιβαίνων τῷ ξίφει
308 ἔσω διωθεῖ καὶ κατὰ σπλάγχνων μέσων
310 καὶ πικρὰν αὐτῷ τὴν σφαγὴν παραρτύει,
θρασὺς μαχητὴς εἰς τὸν οἰκεῖον φόνον,
οὕτω καθ᾽ αὑτῶν ἀκονῶντες τὴν σπάθην;
Ἄνδρες, κἄν ἡμῖν ἡ θεῶν ἐξουσία
δοίη τὰ κρείττω συμμαχούσης τῆς Δίκης,
315 κἄν ἐγκρατεῖς γένοισθε τῶν τοῦ Μιστύλου,
μὴ πρὸς λαφύρων ἁρπαγὰς ὡρμηκότες
χάνοιτε λίχνον, ἐκφαγεῖν ἠπειγμένοι,
μὴ συγκατασπάσοιτε τὴν ἀγκιστρίδα
(τὸν κρυπτὸν οὕτω καὶ τομὸν φόνον λέγω).
320 πολλοὺς γὰρ οἶδα πολλαχοῦ καὶ πολλάκις
μικρούς, ἀνάνδρους, ἀφελεῖς ἐν ταῖς μάχαις,
εἶτα κρατοῦντας τῶν ἐναντίων δόλῳ·
πρὸ γὰρ ἑαυτῶν ἐκτιθέντες εἰς μέσον
σκευῶν τὰ πολλά, βρωμάτων, ἐνδυμάτων,
325 ἔκτειναν οἰκτρῷ τοὺς ἐναντίους φόνῳ
ἐπεισπεσόντας ἀπροόπτῳ τῷ δρόμῳ.
οὕτω τὰ πολλὰ τῶν θαλαττίων γένη
ἀσπαλιεὺς ἄνθρωπος ἀγρεύειν ἔχει,
τροφὴν προδεικνὺς καὶ παρεγκ⟨ρ⟩ύπτων φόνον.

301 5.281 ‖ 305-311 Iliad. 21.573-578 ‖ 310 6.105 ‖ 317a 6.278 ‖ 318 Luciani Dial. mortuor. 18 (8).1 ‖ 320b 5.199; 5.320; 5.498; 6.93 ‖ 323-326 cf. Achill. Tat. 4.13.4-6 et 4.14.3-4 ‖ 326 cf. 5.8

305 ἢ scripsi : καὶ codd. ‖ v.309 versui 308 praeposui ‖ 310 αὐτῷ HU : αὐτῶ VL ‖ 312 ἀκονῶντες Hercher (cf. 4.217) : ἀκονοῦντες codd. ‖ 315 γένοισθε HV : γένησθε UL ‖ 316 ἁρπαγὰς codd. (cf. 335) : ἁρπαγὴν Gaulmin, Hercher ‖ 318 συγκατασπάσοιτε H(V) : -σητε UL ‖ 323-326 om. V ‖ 329 παρεγκρύπτων Le Bas : παρεγκύπτων codd.

330　　Αἰσχρὸν μὲν ἁπλῶς τοὺς Βρυάξου συμμάχους
ἔργον γενέσθαι τῆς ἐναντίας σπάθης,
αἰσχρὸν δὲ μᾶλλον, ἂν σκυλεύοντες πόλιν
συνεκθάνοιτε τῇ λαφυραγωγίᾳ.
ἵν' οὖν ἐφ' ὑμᾶς μή τι τῶν δεινῶν ῥέποι,
335　　μὴ πρὸς λαφύρων ἁρπαγὰς μηδεὶς βλέποι·
εἰς ἁρπαγὴν γὰρ αὐτὸς ἠσχολημένος
χώραν παράσχοι τοῦ φυγεῖν τῷ Μιστύλῳ
κἀντεῦθεν ἡμῶν τὴν σπάθην ἀποδρᾶναι.
ὑποφθερεῖ δὴ τῷ σκυλεύειν τὸν χρόνον
340　　εἰς ἐντρύφησιν τῶν παρεσκυλευμένων,
πάθοι τε πάντως ἐκ φρενῶν ἐλαφρίας
μωροῦ κυνηγοῦ καὶ παράφρονος πάθος.
ὃς πλῆθος εὑρὼν οὐκ ὀλίγον περδίκων
κἀκ τῶν τοσούτων ξυλλαβὼν μίαν μόνην,
345　　ἐξῆπτε πυράν, ὡς ἂν ὀπτήσας φάγοι·
ἅπαν μὲν οὖν τὸ πλῆθος ἐκπτὰν αὐτίκα
τὰς χεῖρας ἐκπέφευγε τοῦ κυνηγέτου·
τὴν γὰρ φυγὴν εὕρηκεν εὐμαρεστάτην,
τούτου κατεσθίοντος ἣν φθάσας λάβοι.
350　　αὐτὸς δὲ τὸν πρέπονta τῇ θήρᾳ χρόνον
εἰς μωρὸν ἔργον ἀναλώσας ἀφρόνως,
οὐδέν γε κέρδος ἔσχε τῆς κυνηγίας.
ἢ πῶς ἂν οὐ δόξοιτε καὶ μεμηνέναι,
τὰ σφῶν ἑαυτῶν ἁρπάσαντες ὡς νόθα;
355　　ἡμῶν γὰρ ἂν γένηται τὰ τοῦ Μιστύλου,
ἂν ἡ Τύχη δῷ τὸ κρατῆσαι Μιστύλου.
　　Ἄνδρες, κἂν (ἀλλ' ἔχοιεν, ὀλβία Δίκη,
οἱ τοῦ Βρυάξου σύμμαχοι τὰ βελτίω)
σχῶμεν τὸ χεῖρον, ἐγκοτούσης τῆς Τύχης,

---

331 5.369 ‖ 335 cf. 5.316 ‖ 341b cf. 2 Corinth. 1.17 ‖ 357b cf. 5.291 ‖ 359 cf. 5.178 et 181

334 ῥέποι HV : ῥέπῃ UL ‖ 335 μὴ Hercher : καὶ codd. | ἁρπαγὰς HVL (cf. 316) : ἁρπαγὴν U, Gaulmin, Hercher | βλέποι scripsi (cf. 409) : ῥέποι codd. (cf. 334) ‖ 339 δὴ scripsi : δὲ codd. | τῷ Hercher : τὸ codd. ‖ 341 πάθοι U : πάθη HV (σπάθη) L, Gaulmin, Hercher | τε scripsi : δὲ codd. ‖ 343 ὀλίγον Hercher : ὀλίγων codd. ‖ 344 τῶν om. UL ‖ 349 λάβοι Hercher : λάβῃ UL : λάβε HV ‖ 352 γε scripsi : τὸ codd. ‖ 353 δόξοιτε Hercher (cf. 300) : δόξητε codd. ‖ 356 om. UL ‖ 359 ἐγκοτούσης UL : ἐγκροτούσης H : ἐγκρατούσης V

360 κἂν ἧτταν αἰσχράν, ἠρεμούσης τῆς Δίκης,
καὶ μὴ τὰ κρείττω, τῶν θεῶν κοιμωμένων,
μὴ πρὸς φυγὴν ῥέψοιτε, μηδ' ὀπισθίαν
δράμοιτε τρίβον ἐξ ἀνάνδρου καρδίας,
μηδ' ἀντεπαλλάξοισθε δυσγενεῖ κρίσει
365 σφαγῆς ἀγαθῆς δυσκλεᾶ σωτηρίαν,
ζωὴν πονηρὰν εὐκλεεστέρου φόνου.
κρεῖττον γὰρ ἡμῖν ἂν διχασθῶμεν μέσον,
ἂν συντριβῶμεν, ἂν ἐνέγκωμεν φόνον,
ἔργον φανέντες τῆς ἐναντίας σπάθης,
370 ναὶ κρεῖττον ἡμῖν ἐν μέσῃ πεσεῖν μάχῃ,
τόξων μετ' αὐτῶν καὶ σὺν αὐταῖς ἀσπίσιν,
ἢ ζῆν τραπέντας καὶ φυγόντας ἐκ μέσου·
τὸ μὲν γάρ ἐστιν ἀνδρικῆς εὐτολμίας,
θανεῖν πρὸ τέκνων καὶ πεσεῖν πρὸ πατρίδος,
375 τὸ δ' ἀντικλῖναι πρὸς φυγὴν τὰς ἡνίας,
τά θ' ὅπλα ῥῖψαι καὶ δραμεῖν παλινδρόμως
ψυχῆς ἀνάνδρου καὶ γυναικωδεστέρας.
Ἄλλως τε καὶ τίς ἐκφυγόντας τὴν μάχην
κατεγγυᾶται συμφυγεῖν καὶ τὸν φόνον,
380 καὶ πανταπάντως τὸν στόλον τοῦ Μιστύλου
αὐτοῦ μενεῖν ἥσυχον ἐν τῇ πατρίδι,
φεύγουσιν ἡμῖν ὑπανέντα τὸν πλόον,
μηδ' ἐκδιῶξαι καὶ λαβεῖν τοὺς φυγάδας
καὶ πάντας ὑγρῷ προσκατακρύψαι τάφῳ;
385 ἢ καὶ περιττὸν τοῦτο τοῖς ἐναντίοις·
φόβος γὰρ ἡμῖν, καὶ πρὸ Μιστύλου φθάσας,

___

361b cf. 3.125 ‖ 362 5.390 ‖ 362–363 5.376 ‖ 363b 3.313 ‖ 364b cf. 5.390 ‖ 366 5.403; Aeschyli fr. 90 ‖ 367b 4.204; 6.75; 6.197 ‖ 369 5.331 ‖ 370b 4.166; 4.297; 5.398; 7.373 ‖ 371 4.168 ‖ 373 cf. Christ. pat. 292; Eurip. Med. 469 ‖ 374 cf. Tyrt. 10.1–2 et 13–14 ‖ 376b cf. 5.362–363 ‖ 377a 3.313; 5.363 | 377b cf. 5.271; Plut. Solon. 21.7 ‖ 380 5.205; 5.289; 6.26 ‖ 384 3.447; 6.19; 6.83. cf. Achill. Tat. 5.16.1 ‖ 386–388 cf. 1.28; 3.123; 7.346; 7.519

360 ἠρεμούσης τῆς δίκης – 366 ζωὴν πονηρὰν om. UL ‖ 360 ἠρεμούσης V : ἠρεμώσης H ‖ 365 δυσκλεᾶ Hercher : δυσκλεῆ HV ‖ 376 θ' scripsi : δ' codd. ‖ 380 πανταπάντως Hercher : πάντα πάντως codd. (cf. 6.459) ‖ 383 τοὺς UL, Gaulmin : τὰς HV ‖ 384 πάντας HVU : πάντως L | προσκατακρύψαι HV : προσκατακρῖναι UL ‖ 385 ἢ Gaulmin : ἦ codd. ‖ 386 ἡμῖν scripsi : ἡμᾶς codd.

θανὴν πρὸ θανῆς καὶ πρὸ τοῦ ξίφους φόνον
δοίη σπαθίζων, ὡσπερεὶ ταῖς ἐμπίσιν.
ἵν' οὖν ἀποτρέποιτε ταῦτα μακρόθεν,
390   μὴ πρὸς φυγὴν ῥέψοιτε δυσγενεῖ τρόπῳ.
Εἰ μὲν γὰρ ἐξῆν τὴν θανὴν πεφευγέναι
καὶ τὴν τελευτὴν εἰς τὸ πᾶν ἀποδρᾶναι,
ἄληκτον ὥσπερ εὐτυχήσαντας βίον,
κἀνταῦθα φαῦλον ἦν μάχην ἐκφυγγάνειν·
395   τίς γὰρ πτοηθεὶς τὴν τελευτήν, εἰπέ μοι,
ζωὴν⟨δ'⟩ἄληκτον εὐτυχήσας ἐκ Τύχης
ὅμως γένοιτ' ἂν τοῦ πάθους συγγνωστέος;
ἐπεὶ δέ, κἂν φύγοιμεν ἐκ μέσης μάχης,
οὐκ ἐξὸν ἡμῖν τὴν θανὴν ἀποδρᾶναι,
400   τί μὴ τελοῦμεν τὴν ἀναγκαίαν τύχην
ἡμῶν ἑαυτῶν φιλοτιμίαν τάχα;
ἢ τὴν τελευτήν, φυσικῶς ὡρισμένην,
κἂν γοῦν ὑποκλέπτοιμεν εὐκλεεστέραν,
καλόν, φυγόντας τῆς μαχαίρας τὸ στόμα,
405   αὔξην παρασχεῖν τῷ βίῳ καὶ τῷ χρόνῳ;
ἀλλ' αἰσχρόν, αἰσχρὸν αἰσχύνην ὀφλισκάνειν
καὶ ζῆν ἐν ὕβρει καὶ βιοῦν γελωμένους.
Ἄνδρες, τὸ πᾶν μοι τοῦ σκοποῦ καὶ τοῦ λόγου
τοῦτο ξυνάγει, πρὸς πέρας τοῦτο βλέπει·
410   μὴ τῦφον ὑμᾶς, μὴ κόρον νίκης ἔχειν·
φεύγειν περιφρόνησιν, ὡς δὲ καὶ φόβον·
μισεῖν πρὸς αὐτοῖς τὰς μετ' ἀλλήλων στάσεις·
μήτε κρατοῦντας προσχανεῖν τοῖς λαφύροις,
μήτε τραπέσθαι πρὸς φυγὴν ἡττωμένους.'
415   Ταῦτα Βρυάξης τοῖς ὑπ' αὐτὸν ναυμάχοις

390 5.362 ‖ 393 5.396 ‖ 398b 5.370 ‖ 399 5.391–392 ‖ 403 cf. 5.366 ‖ 404b cf. ad 1.19 ‖ 406-407 cf. 5.365; Tyrt. 10.9–10 et 16 ‖ 410a cf. 5.132 | 410b cf. 5.160–161 ‖ 411a cf. 5.218 | 411b cf. 5.214–215 ‖ 412 cf. 5.278–279 ‖ 413 cf. 5.316–317; 5.332–333 ‖ 414 cf. 5.362; 5.390

388 ἐμπίσιν scripsi (cf. 188) : ἐλπίσιν codd. ‖ 390 ῥέψοιτε HV : ῥέψητε UL ‖ 393 εὐτυχήσαντας Le Bas : -σαντες HUL : εὐτυχηκότες V ‖ 394 ἦν scripsi : τὴν codd. ‖ 395 πτοηθεὶς scripsi : πτοηθῇ codd. ‖ 396 δ' addidi ‖ 397 συγγνωστέος HV : -τέον UL ‖ 402 ἢ scripsi : καὶ codd. ‖ 410 ὑμᾶς scripsi : ἡμᾶς codd.

κοινῶς ἐπειπών, εὐφυὴς δημηγόρος,
ἐπεὶ τελευτήσειεν ὁ ξύμπας λόγος,
τῇ δεξιᾷ μὲν ἀκράτου λαβὼν σκύφον,
ἄλλον δὲ μεστὸν ὕδατος θαλαττίου,
420 ὕψωσεν ἄμφω· πρὸς δὲ πόντον ἐκχέας,
'Πόσειδον' εἶπε 'καὶ θεοὶ θαλάττιοι,
ἄναξ Πόσειδον, βασιλεῦ ἁλικράτορ,
ὁ πόντον ὑψῶν τὸν πλατὺν καὶ τὸν μέγαν
τῆς σῆς τριαίνης τῷ τανυσμῷ καὶ μόνῳ,
425 καὶ πάλιν ἱστῶν καὶ κατάγχων τὴν ζάλην,
τύπτων δὲ τὴν θάλατταν ἀγριουμένην
ὡς οἷα ῥάβδῳ τοῦ θυμοῦ σου τῷ τρόπῳ,
καὶ δουλαγωγῶν τὰς πνοὰς τῶν ἀνέμων
(οὗ γὰρ θέλεις, πνέουσιν· οὗ δὲ μὴ θέλεις,
430 δουλοπρεπῶς στέργουσι τὴν ἡσυχίαν)·
ναύαρχος ἐλθὲ τοῦ Βρυάξου τῷ στόλῳ,
τοῖς ναυμάχοις δὲ Μιστύλου ποινηλάτης,
τοῦ νῦν χεθέντος ἐκροφήσας ἀκράτου.'
Τοσαῦτά φησι, τοῖς τε μὴν κωπηλάταις
435 κινεῖν κελεύει τὰς τριήρεις ὡς τάχος,
ὡς ἂν παρ' αὐτὴν τὴν πόλιν τοῦ Μιστύλου
φθάσαντες ἀπρόοπτα μηδ' ἐγνωσμένοι
ἄελπτον ἐμπέσοιεν ὡς μέσον νέφος
καὶ νύκτα δοῖεν τοῖς ἐναντιουμένοις
440 καὶ σφῶν κατεργάσαιντο μυρίον φόνον.
ὡς δὲ προῆλθεν ὁ στόλος πρὸς τὰ πρόσω
καὶ τὴν ἐκεῖθεν εἴδοσαν ναυαρχίαν
ἱσταμένην ἔνοπλον εὐτάκτῳ στάσει,

---

418 4.315 ‖ 421b 1.460; 6.5 ‖ 422 cf. Aristoph. Thesmoph. 323; Orphic. hymn. 17b.7; Aeschyli Sept. 130 ‖ 423–430 cf. Odyss. 5.291–294 ‖ 426b 3.436; Plut. Pyrrh. 15.7; Luciani Toxaris 20; Ioann. Mauropi Carm. 91.103 ‖ 438a 2.286; 5.8 ‖ 438b cf. Iliad. 4.274; 16.66; Herod. 8.109.2 ‖ 443b cf. 4.19

420 ἐκχέας Le Bas (cf. 433) : ἐγχέας codd., Hercher ‖ 422 ἁλικράτορ **H** (ut vid.) : -τωρ **VUL** ‖ 425 κατάγχων **HV** : κατέχων **UL** ‖ 426 θάλατταν **HVL** (ob parechesin) : -σσαν **U** ‖ 434 τε scripsi : γε codd. ‖ 437 φθάσαντες scripsi : φθάσαιεν **HVL** : φθάσοιεν **U** ‖ 438 ὡς μέσον scripsi : εἰς μέσον **HV** : μέσον ὡς **UL** ‖ 442 ναυαρχίαν **HUL** : ναυμαχίαν **V**

οὐ μικρὸς αὐτοὺς ἀνθυπέδραμε τρόμος
445 ὧν ἐλπίδα τρέφοιεν ἡμαρτηκότας.
    Ἦν γὰρ ἰδέσθαι τὰς τριήρεις Μιστύλου,   Παράταξις Μιστύλου
    πολλὰς μὲν ὡς μάλιστα καὶ καλὰς λίαν,
    τὸν δὲ στολισμὸν οἷον ἐστολισμένας.
    ὅσον γὰρ αὐταῖς οὐκ ἐβαπτίσθη κάτω,
450 ἀλλ᾽ ὑπερέπλει τῆς θαλάσσης τὴν ῥάχιν,
    ἐκ δευτέρου ζωστῆρος ἄχρι καὶ τρίτου
    πίλοις κατεσκέπαστο ναστοῖς, παχέσι·
    βουλῆς σοφῆς εὕρημα καὶ στρατηγίας,
    ὡς ἂν τὰ πλεῖστα τῶν τεταμένων βελῶν
455 ἐκεῖ παρακλώθοιντο, μηδ᾽ ἐς τὸ πρόσω
    ἔχοιεν ἐλθεῖν καὶ βαλεῖν τοὺς ἐν μέσῳ,
    ἀλλ᾽ ἠρεμοῖεν ἐμπαρέντα τοῖς πίλοις.
    ἄνω δ᾽ ἐπ᾽ αὐτῶν τῶν τεθειμένων πίλων
    πληθὺς παρῃώρητο μακρῶν ἀσπίδων,
460 καὶ τοῦτο βουλῆς ἀνδρὸς εὐεπηβόλου.
    ἀνὴρ γὰρ ἀμφοῖν ἀσπίδων ἑστὼς μέσος
    πλήττειν ἐκεῖθεν εἶχε τοὺς ἐναντίους,
    αὐτὸς δ᾽ ἔσωθεν εἰσιὼν τῶν ἀσπίδων
    ἀτραυμάτιστος, ἀβλαβὴς ἐφεστάναι·
465 τύπον γὰρ εἶχεν ἡ θέσις τῶν ἀσπίδων
    οἷον τὰ τειχῶν ἄκρα καὶ τῶν πυργίων,
    ἀφ᾽ ὧν οἰστεύουσιν ἄνδρες τοξόται
    (τειχῶν ὀδόντας ταῦτα τὸ πλῆθος λέγει).
    Ταύτην μὲν εἶχον αἱ τριήρεις τὴν θέσιν·
470 κύκλῳ δὲ τὸν σύμπαντα Μιστύλου στόλον
    πληθὺς μεγίστων ἐστεφάνου φορτίδων
    (ὑπόστενον γὰρ παρανοίξασα στόμα
    χώραν παρεῖχεν ἐξόδου τοῖς ναυμάχοις),

---

444 3.523 ‖ **450b** 4.259; 5.93; 6.211 ‖ **451** cf. Heliod. 1.1 ‖ **452** cf. δέρρεις καὶ δι-
φθέρας ap. Basil. Naumachic. 5.6.1 Dain; Polyaeni Strategem. 3.11.13 ‖ **455a** cf.
Ducae Hist. 6.6 (p. 24.17 Bekker) ‖ **460** 5.453 ‖ **464a** 2.304; Nic. Eugen. 7.54; Luciani
Ocypus 36

446 inscr. παράταξις μιστύλου **HV** : παρασκευὴ μιστύλου **U** : om. **L** ‖ **452** ναστοῖς
HUL : vacat spatium in **V¹**, πηκτοῖς **V**^(m. rec.) ‖ **455** παρακλώθοιντο scripsi : περι- codd. ‖
461 μέσος **HV** : μέσον **UL** ‖ **472** γὰρ scripsi : δὲ codd. | παρανοίξασα codd. (sc.
πληθύς) : -ξασαι Hercher ‖ **473** παρεῖχον Gaulmin, Hercher

τὸ δ' ἐκτὸς αὐτῶν καὶ πρὸς ἀκταῖς χωρίον
475   πολὺς παρειστήκεισαν ἐσμὸς ἱππέων.
ταῦτα Βρυάξης καὶ τὰ τοιαῦτα βλέπων
καὶ τὴν ἐκεῖθεν στρατιὰν ὑποτρέσας
καὶ δειλίαν σχὼν ἀντὶ τοῦ πρώτου θράσους,
γραφὴν παρασχὼν Ἀρτάπῃ τῷ σατράπῃ
480   (Ἀρταξάνης μὴν οὐ παρῆν ἐν τῷ στόλῳ·
σὺν χιλίᾳ γὰρ χερσομάχων ἀσπίδι
ἔσταλτο πεζῇ συγκροτήσων τὴν μάχην),
εἰς Μιστύλον πέπομφε τὸν βασιλέα.
τῆς δὲ γραφῆς ἡ λέξις αὕτη τυγχάνει·
485   Ἐχρῆν με πρώτως, Μιστύλε, γράψαντά σοι   Ἐπιστολὴ Βρυάξο
καὶ τὴν ἐφ' ἡμᾶς φάμενον παροινίαν,   δευτέρα
ὅπως τὸ Ῥάμνον τὴν ἐμὴν λαβὼν πόλιν,
σπονδάς τε λύσας καὶ νόμους παρασπάσας,
τοὺς φύλακάς τε συγκατασχὼν ἀθρόως
490   οὓς μὲν τέτμηκας, οὓς δὲ δεσμήσας ἔχεις
(ὡς μὴ λέγειν δύναιο, κλέπτων τὴν δίκην,
ἄγνοιαν εἶναι τῆς μάχης τὴν αἰτίαν·
μὴ γὰρ Βρυάξου τὴν πόλιν συνειδέναι),
μὴ δευτέρου γοῦν προσδεηθῆναι λόγου,
495   ἀλλ' ἣν ἀφηρέθημεν ἐκ μάχης πόλιν
μάχῃ λαβεῖν καὶ μᾶλλον, εἰ δυναίμεθα,
πλείω παρασπᾶν τῶν προπαρεσπασμένων.
ἐπεὶ δὲ φίλτρου πολλαχοῦ καὶ πολλάκις
δεσμὰ ξυνῆψε τῷ Βρυάξῃ Μιστύλον,
500   καὶ δευτέρων νῦν ἄρχομαι μηνυμάτων·
ἢ γοῦν πρὸς ἡμᾶς ἀντίπεμψον τὴν πόλιν

479b 5.506 ‖ 481b 4.468 ‖ 482b 5.7 ‖ 487 4.54 ‖ 488 4.50 ‖ 489-490 4.56-57 ‖ 491b Georg.
Pis. Hexaem. 435; Theodoreti Epist. 2 PG 83, 1176 A ‖ 492-493 4.58-61 ‖ 497 4.68 ‖
498-499 4.33; 4.48; 4.51 ‖ 498b 5.199 et al. ‖ 501-502 = 4.62-63

474 ἀκταῖς HV (cf. 6.494) : ἀκτὴν UL ‖ 479 ἀρτάπῃ HV : ἀτάρπῃ UL ‖ 480 μὴν
scripsi : μὲν HV : γὰρ UL ‖ 481 χιλίᾳ HV : χιλίων UL ‖ 485 inscr. ἐπιστολὴ βρυάξου
δευτέρα H : ἐπ. δευτέρα βρυάξου πρὸς μιστύλον U : δευτέρα γραφὴ βρ. πρὸς μιστ. L :
om. V ‖ με H : μὲν VUL ‖ πρώτως HV : πρῶτον UL ‖ 488 et 489 τε scripsi : δὲ codd. ‖
498 δὲ UL : om. HV ‖ τὰ πολλαχοῦ codd., corr. Hercher ‖ καὶ HV : om. UL ‖ 499 μιστύ-
λον HV : μιστύλῳ UL ‖ 500 νῦν HVL : γοῦν U

90

καὶ τοὺς ἁλόντας λῦσον ὀψὲ δεσμίους,
ἢ τὴν στρατιὰν ηὐτρεπισμένην βλέπεις.'
   Ταύτην ἀναγνοὺς τὴν γραφὴν ὁ Μιστύλος
505 οὐδὲν μὲν ἀντέγραψεν, ἀλλ' ἀπεκρίθη
πρὸς τὸν Βρυάξου σατράπην τὸν Ἀρτάπην·
'ὡς εὐστόχως ἂν τὴν ἐμὴν γνώμην μάθοι
ὁ δεσπότης σου καὶ φίλος μου, σατράπα,
εἴ μου τὸ γράμμα τὸ πρὸ μικροῦ τοῦ χρόνου
510 σταλὲν διέλθοι καὶ διελθὼν ἐκμάθοι.'
ἐπείπερ ἀκούσειε τούτων τῶν λόγων,
ἐπὶ Βρυάξην Ἀρτάπης ἀντεστράφη,
καὶ πᾶν τὸ ῥηθὲν μηνύσας τῷ δεσπότῃ
πίμπλησιν ὀργῆς τὴν ἐκείνου καρδίαν.
515 καὶ τάχ' ἂν ἐκρότησεν εὐθὺς τὴν μάχην,
ὑπερφλέγοντος τοῦ θυμοῦ τὴν καρδίαν,
εἰ μὴ τὸ νυκτὸς ἀνθυποφθάσαν σκότος
ταῖς ἀποθήκαις ἐγκέκλεικε τὰ ξίφη·
καὶ γοῦν ἐφησύχαζεν ἐν ταῖς ὁλκάσιν,
520 ἕως ὑπερτέλλουσαν ἡμέραν ἴδοι.

ΤΟΥ ΑΥΤΟΥ
ΤΩΝ ΚΑΤΑ ΡΟΔΑΝΘΗΝ ΚΑΙ ΔΟΣΙΚΛΕΑ
ΒΙΒΛΙΟΝ ΕΚΤΟΝ

Ὁ μὲν γίγας Ἥλιος ἄρτι τῶν κάτω
ἄνω τὸν ἀκάμαντα δίφρον ἑλκύσας,
τὸν ὑπὲρ ἡμᾶς ὑπερίππευε δρόμον,
ὁ δὲ Βρυάξης ἐξαναστὰς τῆς κλίνης,
5 θεῶν προεμνήσατο τῶν θαλασσίων

503 4.65; Georg. Pis. Exp. Pers. 3.31 ‖ 506 5.479 ‖ 509-510 4.423-504 ‖ 511 3.374; 3.399; 5.73; 7.446; 7.516 ‖ 515 5.172 et al. ‖ 516 cf. 4.77; 5.148-149 ‖ 517 1.159; 9.431; Carm. hist. 50.23 ‖ 520 Eurip. fr. 772.1 = Phaeth. fr. 6; Herodoti 3.104
1 Prodromi Carm. hist. 1.3; Carm. astronom. 286; Amicitia exsulans 86; Indignabundi in provid. 15; Nic. Eugen. 2.2; Georg. Pis. Hexaem. 217; Const. Manass. Chron. 108; Ps. 19.5-6 et al. ‖ 2 cf. Iliad. 18.239 et 484; Hymn. Homer. 31.7; Orphic. hymn. 8.3 et al. ‖ 4b 2.95; 3.299; 7.188 ‖ 5 1.460; 5.421

506 ἀρτάπην HV : ἀτάρπην UL ‖ 512 ἀρτάπης HV : ἀτάρπης UL

THEODORVS PRODROMVS

καὶ τῶν ἐφ' ὕψους Ἄρεος καὶ Παλλάδος.
εὐξάμενος δὲ πρὸς μάχης χωρεῖ στόμα
καὶ τοὺς κυβιστητῆρας, ἄνδρας γεννάδας,
οὓς εὖ κυβιστᾶν εἶχεν ἐξησκημένους,
10 λαβεῖν σιδηρᾶς ἐν χεροῖν λέγει σφύρας
(μικράς γε μὴν μάλιστα, μή που τῷ βάρει
καὶ σφᾶς ἐκείνους συγκατασπῷεν κάτω)
καὶ δύντας εἰς θάλασσαν ἐν λαθριδίῳ
(ὡς ἀφανὲς τὸ σκέμμα τοῖς ἐχθροῖς μένοι)
15 ὑποδραμεῖν μὲν τὰς τριήρεις Μιστύλου,
τὰ γεῖσσα δὲ σφῶν κρυπτάδην διασπάσαι,
ὡς ἂν χεθέντων ἔνδοθεν τῶν ὑδάτων
ἐκ τῶν ἐκεῖθεν σχισμάτων καὶ σπασμάτων
τοῖς ἔνδον ὑγρὸς εὐτρεπισθείη τάφος.
20 οἱ γοῦν κυβιστητῆρες αὐτῷ τῷ λόγῳ
τῇ προσταγῇ παρέσχον αἴσιον πέρας·
ὁ δὲ Βρυάξης συγκινήσας τὸν στόλον,
ἐπεὶ κατὰ πρόσωπον ἦν τῷ Μιστύλῳ,
στερρὰν ἐκεῖθεν τὴν μάχην ἀντεκρότει.
25 Τὰ πρῶτα μὲν δὴ καὶ κατ' ἀρχὰς τῆς μάχης
τὸ κρεῖττον εἶχεν ὁ στόλος τοῦ Μιστύλου·
τρεῖς γὰρ τριήρεις συλλαβὼν ὁ Γωβρύας
ἐκ τῆς ἐκεῖθεν δυσμενοῦς ναυαρχίας,
ὅπλων μετ' αὐτῶν καὶ σὺν αὐτοῖς ναυμάχοις,
30 μικροῦ γ' ἂν ἐτροποῦτο τοὺς ἐναντίους
καὶ πρὸς φυγὴν ἔκλινεν αὐτοὺς ἀθρόαν.
ἀλλ' οἱ κυβιστητῆρες, οὓς εἶπον φθάσας,
τὰς ναῦς ὑποδραμόντες αὐταῖς ταῖς σφύραις

7b cf. ad 2.256 ‖ 8a cf. Etym. Magn. κυβιστητήρ· ὁ κολυμβητής et Eustath. in Iliad.
p. 1083.60 κυβιστητὴρ δὲ ὁ ἐπὶ κύμβην, ὅ ἐστι κεφαλήν, ὑπὸ τῷ ὕδατι γινόμενος ‖
13–16 cf. Paus. 10.19.1; Arriani Anab. 2.21.6; Dion. Cass. 42.12.1–2; 74.12.2; Syriani
Naumachic. 4.4 Dain et H. Hunger, Antidosis (Festschrift Walther Kraus), Vindobo-
nae 1972, 183–187 ‖ 16a cf. Eurip. Orest. 1570; 1620; Phoen. 1158; 1180 ‖ 19 3.447;
5.384; 6.83 ‖ 20b 2.192; 6.56; 8.142 ‖ 24a 5.263 | 24b 2.205 ‖ 26b 5.205; 5.289; 5.380 ‖
32–33 6.8–10

9 εὖ HV : om. UL | κυβιστᾶν HV : κυβιστεῖν UL ‖ 17 χεθέντων VUL : σχε- H ‖
22 συγκινήσας VUL : ξυγ- H ‖ 25 inscr. U: ναυμαχία βρυάξου καὶ μιστύλου ‖ 28 ναυαρχίας
scripsi : ναυμαχίας codd. (cf. 29 ναυμάχοις)

92

καὶ τὴν κάτωθεν ἁρμογὴν λελυκότες,
35   ἄελπτον εἰργάσαντο τοῖς πολλοῖς φόνον·
οἱ μὲν γὰρ εἱστήκεισαν ἀντισυστάδην
σπάθαις σιδηραῖς προσκροτοῦντες τὴν μάχην,
ὑγρόστομον δὲ σφᾶς κατέσφαζε ξίφος.
Ἦν οὖν ἰδεῖν θέαμα δακρύων γέμον   Μιστύλου κατάλυσις
40   καὶ μεστὸν οἴκτου συμπαθούσῃ καρδίᾳ·
ὁ μὲν γὰρ εὐπάλαμος ἀνὴρ τοξότης
λαβὼν τὸ τόξον, τὴν δὲ νευρὰν ἑλκύσας,
πρὶν ἂν προτείνῃ τὴν βολὴν τάλας τάλας,
ἄωρος ἦκτο καὶ πρὸ τῆς εἱμαρμένης
45   εἰς τὴν ἄπληστον τῆς θαλάσσης γαστέρα,
τόξου μετ' αὐτοῦ καὶ σὺν αὐτῷ τῷ βέλει,
μηδ' αὐτὸ κἂν γνούς, ὅστις αὐτὸν ἁρπάσοι.
ἄλλος βαρεῖαν ἐν χεροῖν ἄρας λίθον,
πρὶν ἂν προπέμψῃ καὶ βάλῃ κατασκόπως,
50   βέβλητο τρισδείλαιος ὑγρᾷ σφενδόνῃ,
μηδὲ βραχὺν γοῦν προφθάσας φάναι λόγον.
Ὁ Μιστύλου δὲ σατράπης ὁ Γωβρύας,
οὗ μνημονεύω πολλαχοῦ μοι τοῦ λόγου,
'ὤμοι Ῥοδάνθη', μικρὸν οἷον κραυγάσας,
55   'ὡς οἴχομαί σοι καὶ ξυνοίχονται γάμοι',
ψυχὴν συνεξέρρηξεν αὐτῷ τῷ λόγῳ.
οὕτω βιαιότατον ἐν κακοῖς Ἔρως,
ὅταν ἐπιπτὰς ἐς μέσην τὴν καρδίαν
ἐκεῖ πανημέριος ἐμμένειν θέλῃ
60   καὶ παννυχίζῃ δυσμενεῖς παννυχίδας·

35 cf. Aeschyli Pers. 265; 1006 ‖ 37b cf. ad 5.7 ‖ 38 cf. 6.50 ‖ 41 cf. Const. Manass.
Chron. 5242; Amor. fr.162.12 Mazal ‖ 43b 4.415 ‖ 45 3.446; 6.276 ‖ 46 cf. 4.168; 5.371 ‖
50a cf. AG 7.737.1 | 50b cf. 6.38 ‖ 52 = 3.150; 3.320 ‖ 54 6.264 et al. ‖ 56a cf. AG 7.313.1;
Aeschyli Pers. 507; Eurip. Or. 864; Troad. 756; I.T. 974 ‖ 57 cf. AG 12.84.3; 12.85.4

36 ἀντισυστάδην HV : αὐτο- UL ‖ 37 προσ- HV : προ- UL ‖ 38 κατέσφαζε HU : κατ-
έσφαξε VL ‖ 39 inscr. H : νίκη βρυάξου U : om. VL ‖ 41 εὐπάλαμος scripsi (cf.
Aesch. Agam. 1531) : εὐπάλαμνος codd. ‖ 43 προτείνῃ UL : προτείνοι HV ‖ 45 ἄπληστον
HV : ἄπληκτον UL ‖ 47 ἁρπάσοι HV : ἁρπάσει UL ‖ 49 προπέμψῃ UL : προπέμψοι
HV | βάλῃ Le Bas : βάλλῃ UL : λάβοι HV | κατασκόπως UL : κατὰ σκοποῦ HV ‖
52 inscr. U solus: θάνατος γωβρύου ‖ 54 μικρὸν HVU²L : πικρὸν U¹ ‖ 60 παννυχίζῃ
HVL, Gaulmin : παννυχίζειν U, Hercher

πάντων γὰρ αὕτη, συμπεσόντων πραγμάτων,
καταφρονοῦσα, καὶ θανάτου καὶ ξίφους,
ὅλην ἑαυτήν (κἂν ἀφέλκηται βίᾳ)
ὅλης ἀναρτᾷ τῆς ἐρωμένης θέας.

65 Σχεδὸν μὲν οὖν ἅπαντες οἱ τοῦ Μιστύλου,
ἢ γοῦν τὸ πλεῖστον τοῦ στόλου τέως μέρος,
ἄλμην πιόντες ἐξαπῆλθον τοῦ βίου,
ψυχὰς συνεξεμοῦντες οἷς πεπώκεσαν.
οὕτω τὸ λεῖπον τῆς σταθηρᾶς ἰσχύος

70 ἡ πληρότης πίμπλησι τῆς εὐβουλίας,
καὶ λῷστόν ἐστιν ἀσθενὴς βουληφόρος
ἢ καρτερὸς τὸ σῶμα μὴ βουληφόρος.
Τούτοις μὲν οὖν τοιοῦτο τοῦ βίου τέλος
(τοῦ γὰρ λόγου τὸ σῶμα συνεχιστέον,

75 οἷον διχασθὲν τῇ παρεμπτώσει μέσον),
μέρος δὲ μικρόν, οἷς ἐπ' ἀκταῖς ἡ στάσις,
συχνοῖς ἐρετμοῖς (δυστυχεῖς κωπηλάται)
τὸν ἐν θαλάσσῃ θάνατον πεφευγότες,
ἔλαθον, ἐξ ὧν ἐξέφυγον ἀρκύων,

80 τούτοις παρέντες ἀμφὶ τὴν χέρσον μέσην·
ὁ γὰρ Βρυάξου σατράπης Ἀρταξάνης
πεζῇ προσελθὼν τῇ πόλει τοῦ Μιστύλου,
ἔκτεινε τοὺς φυγόντας ἐξ ὑγροῦ τάφου.
οὕτως ἄφυκτός ἐστιν ἡ πεπρωμένη·

85 κἂν σοὶ τὸ νῆμα τοῦ βίου τμηθὲν φθάσοι,
οὐκ ἂν βιώῃς, κἂν μακρὸν δράμῃς δρόμον·
κἂν που φύγῃς θάλασσαν, ἡ χέρσος πέλας,
κἂν γῆν, ἀὴρ πάρεστι· πανταχοῦ θεοί.

67b 3.392; 7.457 ‖ **74** cf. 2.470 ‖ **75** 4.204; 5.367; 6.197 ‖ **81** 4.9; 4.105; 5.42 ‖ **82** = 6.110 ‖ **83b** 3.447; 5.384; 6.19 ‖ **84** cf. Simonid. fr.520.4 Page; Plat. Leg. 9, 873 c 5 ‖ **85** cf. Phanocl. fr.2.1 Powell; IG XIV 1188.11 ‖ **88b** cf. Thaletis A 22 Diels-Kranz πάντα πλήρη θεῶν

61 γὰρ αὕτη (sc. καρδία) **HV** : μὲν αὐτῶν **UL** ‖ **63** ἀφέλκηται **HV** : ἀφέληται **UL** ‖ **64** ὅλης **HV** : ὅλην **UL** ‖ **66** τέως **HV** : τέλος **UL** ‖ **68** πεπώκεσαν **H**, ἐπεπώκεσαν **V** : πεπώκασιν **UL** ‖ **69** οὕτω **VUL** : οὕτως **H** : ὄντως **M**, Gaulmin ‖ **74** συνεχιστέον Hercher (cf. 2.470) : συνεσχιστέον codd. ‖ **87** φύγῃς **HV** : φύγοις **UL** | ἡ **UL** : ἢ **HV** ‖ **88** ἀὴρ **U** : ἀνὴρ **HVL**

Ὁ δυστυχὴς δὲ ταῦτα Μιστύλος βλέπων,　　　　　Θάνατος αὐτόχειρ
90　　σταθεὶς ἄνωθεν τοῦ κέρως τῆς ὁλκάδος,　　　　　Μιστύλου
γυμνὴν μάχαιραν ἐν χεροῖν ἐσπασμένος,
βαθὺ στενάξας καὶ δριμὺ κράξας λέγει·
'Μιστύλε, πολλοῖς πολλαχοῦ καὶ πολλάκις
ταῖς χερσὶ ταύταις τὸν φόνον κατειργάσω·
95　　ἐπεὶ δὲ νῦν θεῶν σε καὶ Τύχης φθόνος
προὔδωκεν ἤδη τοῦ Βρυάξου τῇ σπάθῃ,
μὴ καρτέρει γοῦν ἐκ νόθου θανεῖν ξίφους,
ἡ σὴ δὲ χείρ σε καὶ σπάθη φονευέτω.
μὴ γὰρ τὸν ἐχθρὸν ὑπεροψίας λόγους
100　　δοίης λαλῆσαι, μηδ᾽ ἀκοῦσαι τὸν πέλας,
ὡς τῆς μαχαίρας τῆς ἐκείνου τὸ στόμα
κατευστοχήσοι τοῦ τραχήλου Μιστύλου.᾽
ἔλεξε ταῦτα καὶ κατ᾽ αὐτῶν ἐγκάτων
τὴν ἰδίαν ὤθησεν αὐτίκα σπάθην,
105　　πικρὰν ἑαυτῷ τὴν σφαγὴν ὑπαρτύσας.
Οὕτω λαβούσης τῆς μάχης τὰ τοῦ τέλους,　　　　Ἅλωσις τῆς πόλεως
οἱ συμμαχοῦντες τῷ Βρυάξῃ ναυμάχοι,　　　　　Μιστύλου καὶ Δοσικλέος
αὐτῷ βασιλεῖ καὶ σὺν αὐτοῖς σατράπαις,　　　　καὶ Ῥοδάνθης δευτέρα
κενὰς λιπόντες τὰς ἑαυτῶν ὁλκάδας　　　　　　αἰχμαλωσία
110　　πεζῇ προσῆλθον τῇ πόλει τοῦ Μιστύλου,
πάντας τε καθέξοντες ἄνδρας ἀθρόως
καὶ δουλαγωγήσοντες αὐτὴν τὴν πόλιν,
ὡς οἷα γυμνὴν δεσπότου καὶ συμμάχων.
Ἦν οὖν ἰδέσθαι τοὺς νεὼς συλωμένους,
115　　τοὺς ἀνδριάντας τῶν θεῶν ῥιπτο⟨υ⟩μένους,
ἡρωικοὺς πίνακας ἐξηλειμμένους,
οἴκων ἁλώσεις, τῶν ἐνοικούντων φόνους,

90b cf. AG 5.204.3; Luciani Amor. 6 ‖ 91a 2.445; 3.106 ‖ 92a 2.43; 4.233; Nic. Eugen. 1.285; 2.7 | 92b 2.161 ‖ 93 5.199; 5.320; 5.498 ‖ 95b 1.215; 6.223; Epigr. 489.4 et 664.5 Kaibel ‖ 101 cf. ad 1.19 ‖ 103b 3.458; 9.80 ‖ 105 5.310 ‖ 107a 5.26 ‖ 109 1.24 ‖ 110 = 6.82 ‖ 111 cf. 4.56; 5.489

89 inscr. U (ad 98) L (θάνατος ss. φόνος, ad 105) : om. HV ‖ 102 κατευστοχήσοι HV : -ήσει UL ‖ 105 ὑπαρτύσας HV : ὑποτίσας UL ‖ 106 inscr. H : πόρθησις τῆς πόλεως μιστύλου L (ad 114) : om. VU ‖ 110 προσῆλθον UL : προῆλθον HV ‖ 111 τε HUL : δε V ‖ 112 δουλαγωγήσοντες HV : -γήσαντες UL ‖ 115 ῥιπτουμένους Hercher (cf. 7.16) : ῥιπτομένους codd.

θρήνους γυναικῶν, κλαυθμυρισμοὺς παιδίων.
ὠρχεῖτο πληθὺς τῶν πικρῶν Ἐριννύων,
ἐπετραγῴδουν τοῖς κακοῖς οἱ Τιτάνες,
ἔπαιζε Παλλάς, εἶχεν ἡδονὴν Ἄρης.
ἔτρωγεν ὠμὰ τὸ ξίφος πολλὰ κρέα,
ἔπινεν ἡ μάχαιρα πηγὰς αἱμάτων.
Λέκτρα σχεδιασθέντα, παρθένων φθόροι,
θάλαμος ἐν γῇ καὶ χαμαίστρωτον λέχος.
διχῇ διερρήγνυτο γαστὴρ ἐγκύμων·
ἔρριπτεν ἐκτὸς νεκρὰ νεκρὸν τὸ βρέφος.
ἔκλαυσεν υἱὸν πρεσβύτης πατὴρ νέον,
ἔκλαυσεν υἱὸς μητέρα γραῖαν νέος.
οὐκ οἶκτος οὐδείς, οὐ γέροντος, οὐ βρέφους,
οὐ τῶν ἐν ἄνθει τῆς μέσης ἡλικίας·
ᾤμωξεν ἀνὴρ τὴν ὁμόζυγον βλέπων
ἄκουσαν εἰς τὰ λέκτρα τυραννουμένην.
Αἱ πλούσιαι γυναῖκες (ὦ πικρᾶς τύχης)
χεῖρας συνε⟨κ⟩τέτμηντο τοῖς δακτυλίοις·
ἡ δυσπραγοῦσα πλοῦτον ηὐπόρει ξένον,
τὸ σῶμα κερδαίνουσα· κἂν οὖν εἰς τέλος
οὐκ ἦν λαθεῖν οὐ δοῦλον οὐδὲ δεσπότην·
κοινὴ τύχη τὰ πάντα καὶ κοινὸς νόμος.
πολλοὺς τραχήλους εἷλκεν ἄλυσις μία·
μήτηρ, πατήρ, παῖς, τέκνα, νύμφη, νυμφίος,
νεανίας, ἔφηβος, ἀκμήτης, γέρων,
πλουτῶν, προσαιτῶν, δεσπότης, ὑπηρέτης,
νοσῶν, ὑγιής, εὐτυχῶν, οὐκ εὐτυχῶν,
δούλη, κυρία, παρθένος, γραῖς, νέα –
ἤγοντο πάντες ἐξ ἑνὸς καλῳδίου.
Εἶέν, τί δέ; ζωγροῦσι καὶ Δοσικλέα
αὐτῇ Ῥοδάνθῃ· πῶς γὰρ ἦν ζωγρεῖν μόνον

120

125

130

135

140

145

118b Oppiani Cyneg. 4.248 ‖ 119 cf. Aeschyli Agam. 645; 1189–1190; Eumen. 344 ‖ 120b 4.202; 7.134 ‖ 121 6.6 ‖ 122 2.258; 2.263; 7.387 ‖ 123 2.265; Georg. Pis. Hexaem. 646 ‖ 125b 3.299 ‖ 126b 6.367 ‖ 134b 1.453; 2.169; 6.206; 7.55; Prodromi Carm. hist. 72.27 ‖ 142b cf. Zonarae Lex. s.v. ἀκμήτης

121 παλλὰς HV : πολλὴν UL ‖ 124 σχεδιασθέντα HV : διασχισθέντα UL | φθόροι H : φθόρος V, Gaulmin : ἔρρει UL ‖ 135 συνεκτέτμηντο Hilberg (14), cf. 204 : συνετέτμηντο codd. ‖ 137 οὖν scripsi : οὐκ codd.

τὸν εἰς τὰ πάντα τῇ κόρῃ συνημμένον;
ἐπεὶ δὲ κρατηθεῖεν οἱ νεανίαι
καὶ συνδεθεῖεν τοὺς ἁπαλοὺς αὐχένας,
ἤχθοντο μὲν τὰ πλεῖστα· πῶς γὰρ οὐκ ἔδει
ἄλλοις ἀπ' ἄλλων δεσπόταις δουλουμένους,
καὶ ταῦτα (βαβαί) βαρβάροις ἐκ βαρβάρων,
καὶ τὰς ἀδήλους ἐνθυμουμένους τύχας;
ἀλλ' εἶχον εἰς κούφισμα τῆς ἀχθηδόνος
οἱ μὴ γαμικῇ ξυνδεθέντες ἀλύσει
τὸ ξυνδεθῆναι δουλικῇ κἂν ἀλύσει·
εἶχον παρηγόρημα καὶ τὸ Γωβρύου,
συνεκλιπόντος τῷ βίῳ καὶ τὴν βίαν.

Ἤλγει Δοσικλῆς, ἐστάλαττε δάκρυον,
οὐ τὰς ἑαυτοῦ δυστυχεῖς θρηνῶν τύχας,
ἀλλὰ Ῥοδάνθης, τῆς ἐρωμένης κόρης,
τὸν τρυφερὸν τράχηλον ἐν δεσμῷ βλέπων·
ἤλγει Ῥοδάνθη, θρῆνον ἐθρήνει μέγαν
ὁρῶσα δεσμηθέντα τὸν Δοσικλέα.
ἁπλῶς ἑαυτῶν ὥσπερ ἐκλελησμένοι
ἀλληλοπενθεῖς ἦσαν ἡ συζυγία,
ἡ μὲν Δοσικλῆν ⟨χ⟩ὥδε Ῥοδάνθην κλάων.

Ἧκτο ξὺν αὐτοῖς καὶ Κράτανδρος ὁ ξένος,
οἷς συμπεφυλάκιστο συνειλημμένος.
ἤγοντο πάντες ἀμφί που τὸν λιμένα·
ἐπεὶ δὲ καὶ φθάσαιεν ἀγχοῦ τὸν τόπον,
διχῇ διαιρεῖ τοὺς ἁλόντας Ἀρτάπης,
καὶ τῶν μὲν ἀνδρῶν ὁλκάδα πληροῖ μίαν
καὶ τῶν γυναικῶν ἀτέραν πάλιν μίαν.
ταύτην Δοσικλῆς τὴν διαίρεσιν φθάσας,

151b 6.164 ‖ 152b 8.481 ‖ 159b cf. 6.56 ‖ 161b 2.44; 3.86; 4.302 ‖ 163b 1.503; 3.265 ‖
164 6.151 ‖ 168 Nic. Eugen. 4.69 ‖ 170b 3.134 ‖ 171 1.143

149 τὰ HV : om. LU (qui πάντα γε praebet) ‖ 150 inscr. δευτέρα αἰχμαλωσία δοσι-
κλέος καὶ ῥοδάνθης U : ἅλωσις δευτέρα δοσ. καὶ ῥοδ. L : om. HV (cf. ad 106) ‖
155 ἐνθυμουμένους HUL : ἐνθυμημένους V, Hercher ‖ 156 εἰς] ἓν Huet ‖ ἀχθηδόνος HV :
ἀλγηδόνος UL ‖ 159 τὰ coni. Hercher ‖ 161 ἐστάλαττε HV (cf. 2.44) : ἐστάλαξε UL ‖ δά-
κρυον HV : δάκρυα UL ‖ 168 ἡ συζυγία HV : αἱ συζυγίαι U (in mg.) L : οἱ νεανίαι U
(in textu) ‖ 169 χὥδε Gaulmin : ὁ δὲ codd. ‖ 174 ἀρτάπης HV : ἀτάρπης UL ‖ 176 ἀτέ-
ραν Hercher (cf. 9.457) : ἑτέραν codd.

'ἀλλ' ἤν με' φησί 'τῆς ἀδελφῆς παρθένου
ταύτης διαρπάσειας, ἀρχισατράπα,
180   ἐγὼ τὸ δρᾶμα τῆς ἐμῆς λύσω τύχης
βαλὼν ἐμαυτὸν εἰς μέσον πόντου στόμα.'
Ἔλεξε ταῦτα, καί τις ἑστὼς πλησίον
βάρβαρος ὠμός, νηλεὴς μέγας γίγας,
κατὰ προσώπου τὸν καλὸν παίσας νέον
185   ἄκοντα ῥιπτεῖ πρὸς μέσην τὴν ὁλκάδα.
τί γοῦν; παρειὰ πλήττεται Δοσικλέος,
σπαράττεται δὲ τῆς Ῥοδάνθης καρδία·
ὁ μὲν γὰρ εἰς πρόσωπον, ἡ δ' εἰς καρδίαν
τὴν πλῆξιν ἔσχε, καὶ τὸ δάκρυον βλύσαν
190   ὅμως ἐπέσχε, μὴ τὸν ἐν στέρνοις πόθον
δεῖξαν κακοῦ γένοιτο τυχὸν αἰτία.
Ἀπέπλεεν μὲν ἡ ζυγὰς τῶν ὁλκάδων
νεκρὰν φέρουσα τὴν ζυγάδα τῶν νέων,
ἡ μὲν Ῥοδάνθην, ἡ δὲ τὸν Δοσικλέα.
195   ὡς γάρ τι σῶμα συνεχές, πνοὴν ἔχον
(ἄνθρωπον ἐννόησον, ἵππον, βοῦν, κύνα),
ξίφει διχασθὲν καὶ μερισθὲν εἰς μέσον
ἀμφοῖν νεκροῦται τοῖν μεροῖν (καὶ πῶς γὰρ οὔ,
τοῦ συνεχοῦς τμηθέντος εἰς τομὰς δύο;
200   οὐ γάρ, καθάπερ ἐκ φυτοῦ τμηθεὶς κλάδος
εἰς αὖθις ἐκτέθηλε καὶ ζωὴν ἔχει,
οὕτως ἔχοιεν αἱ κατ' αἴσθησιν φύσεις·
ἀλλ', εἰ τέμοις βοῦν εἰς μέσας τομὰς δύο,

178b cf. 3. 376–378 ‖ 179b 3. 196; 5. 74; Prodromi Carm. hist. 36. 3 ‖ 180 8. 379; 8. 493; Polyb. 23. 10. 12; Achill. Tat. 1. 3. 3; 6. 3. 1 ‖ 181b 3. 454; 5. 48; 5. 240; 6. 219; 8. 312 ‖ 183a 1. 38 ‖ 184a 7. 128 ‖ 187 2. 191 ‖ 190 1. 166; 2. 341 ‖ 192a 6. 207 ‖ 196 cf. Hippol. Refut. 7. 16. 3; Dexipp. in Arist. Categ. p. 19. 20–21 Busse; Simplic. in Arist. Categ. p. 26. 22 Kalbfleisch ‖ 197 4.204; 5.367; 7.75 ‖ 198a cf. Ep. ad Rom. 4.19; Ep. ad Col. 3.5 ‖ 198b cf. ad 1.199; Eurip. Rhes. 759; Bacch. 612; Soph. Aiac. 1010 ‖ 199b 6.203

178 ἄν Hercher ‖ 184 προσώπου HV : πρόσωπον UL ‖ 185 ῥιπτεῖ codd. : ῥίπτει Gaulmin, Hercher ‖ 186 τί HV, τὶ UL (cf. 4. 144; 6. 147; 8. 69) : ἡ Gaulmin, Hercher ‖ 190 τὸν HVU¹L¹ : τὸ U²L² ‖ 191 δεῖξαν (sc. τὸ δάκρυον) HV : δεῖξαι UL ‖ 192 inscr. ἀπόπλους τῶν νέων ἐξ ἁλώσεως U : ἀπόπλους ἐξ ἁλώσεως δοσικλέος καὶ ῥοδάνθης L ǀ ἀπέπλεεν L, ἐπέπλεεν U : ἀπέπλεον HV ‖ 193 φέρουσαι Hercher ‖ 201 ζωὴν scripsi (cf. 204) : ψυχὴν codd.

ζωὴν ἂν αὐτῶν αὐτίκα συνεκτέμοις),
205　οὕτω κἀκείνοις ἡ διάζευξις τότε
νέκρωσις ἦν ἄντικρυς (ὦ πικρᾶς τύχης).
Ἀπέπλεον μέν, ὡς ἔφην, αἱ φορτίδες
ὑπὸ προπομποῖς ἀνέμοις εὐθυπνόοις.
νὺξ δευτέρα μετῆλθε, καὶ θρασὺς Νότος
210　δριμὺς προελθὼν ἐκ μέσης μεσημβρίας
κυρτοῖ μὲν εὐθὺς τῆς θαλάσσης τὴν ῥάχιν,
ὑψοῖ δὲ ταύτης κυμάτων πολλοὺς λόφους
ἐκ χασμάτων κάτωθε μέχρι πυθμένος.
ὁ μὲν Ποσειδῶν ἠρέθιζε τὸν Νότον,
215　τὸν πόντον ἀντήγειρεν ὁ θρασὺς Νότος,
τὰς ναῦς ὁ πόντος, αἱ δὲ ναῦς τοὺς ἐν μέσῳ·
κλύδωνα κοινὸν καὶ ζάλην εἶχον μίαν
οἱ ναυλοχοῦντες, ἡ θάλασσα, τὰ σκάφη.
ἐπεβρυχᾶτο τῆς θαλάσσης τὸ στόμα·
220　ἀντεβρυχᾶτο τῶν πλεόντων τὸ στόμα.
Ἐποτνιῶντο πάντες οὐκ ἀδακρύτως,
κοινῇ θεοκλυτοῦντες ἐν κοινῷ πάθει
ἐποτνιῶντο· τὸν δὲ τῆς Τύχης φθόνον
οὐκ ἦν ἰδέσθαι καθυφέντα τῆς ζάλης.
225　μία γὰρ ἀμφοῖν ὧν ἔφαμεν φορτίδων
(ἡ τῆς Ῥοδάνθης, τῆς ταλαίνης παρθένου)
τινὶ προσαραχθεῖσα μυχίῳ πέτρᾳ
συνθρύπτεται μέν, τὸν δὲ φόρτον ἐξάγει.

206b cf. ad 6.134 ‖ 207 6.192 ‖ 208a cf. 2.461 | 208b cf. Pind. Nem. 7.29; Ps.-Aristot. De mundo 4 p.394 b 35 ‖ 209b 6.215; 6.307 ‖ 211a cf. 7.430 | 211b cf. ad 4.259 ‖ 212-213 cf. 2.10; 2.13–14 ‖ 214-218 Nic. Eugen. 9.28–31 ‖ 219a cf. Nonni Dionys. 2.245; 43.316; Aristid. Or. 28 (49).124 | 219b cf. ad 6.181 ‖ 220a cf. Schol. in Luciani Paras. 51 ‖ 221-222 cf. Synes. Ep. 4 (PG 66, 1333 A) ‖ 221b cf. 1.512; 3.507; Nic. Eugen. 3.45; 3.202; 6.235 ‖ 222 cf. Christ. pat. 811 ‖ 223b 1.215; 6.95 ‖ 225 6.175–176 ‖ 227 cf. Plut. Marcell. 15.3 et al. ‖ 227-228 cf. Achill. Tat. 3.4.3; 5.9.1–2

204 συνεκτέμοις VUL : ξυν- H ‖ 208 εὐθυπνόοις HVU¹L : ἀλιπνόοις U² ‖ 209 inscr. U: ναυάγιον (cf. ad 229) | νότος HV (cf. 214–215) : σκότος UL ‖ 213 ἐκ χασμάτων scripsi (cf. 2.10–14) (sive unus versus post 212 periit) : καὶ χάσμα τοῦ codd. | κάτωθεν codd., corr. Gaulmin ‖ 220 om. HV ‖ 222 θεοκλυτοῦντες HV : θεοκλητοῦντες UL, Gaulmin ‖ 225 ὧν HV : ὡς UL ‖ 227 προσαραχθεῖσα Hercher : παραρραχθεῖσα codd.

ἅπαν γὰρ εὐθὺς τῶν γυναικῶν τὸ στίφος,
230 ὅσας τὸ πικρὸν ἐμπεφόριστο σκάφος,
τὸν πόντον εὗρε (φεῦ πάθους) κοινὸν τάφον,
ἐκτὸς Ῥοδάνθης (ὢ θεῶν οἶκτος μέγας,
ὑφ' ὧν προμεμνήστευτο τῷ Δοσικλεῖ).
τεμαχίου γὰρ τῆς νεὼς δραξαμένη
235 κούφως ὑπερπέπλευκε τὴν τόσην ζάλην,
ὡς οἷα κέλλης ἐμβεβῶσα τῷ ξύλῳ.
Ἐπεὶ δὲ μακρὸν ὑπερεκπλεύσοι τόπον,
μικρὰν λαβούσης παῦλαν ἤδη τῆς ζάλης,
ἐντυγχάνει μὲν ἐμπορικαῖς ὁλκάσι,
240 τὴν ἀμφὶ Κύπρον εὐθύ που στειλαμέναις,
καὶ τὴν ἑαυτῆς λιπαρεῖ σωτηρίαν
ἐκ τῶν ἐν αὐταῖς ἐμπλεόντων ἐμπόρων.
ἀλλ' οἵ, δυσωπηθέντες αὐτῆς τὸν λόγον,
ἀνελκύουσιν ἐντὸς αὐτὴν αὐτίκα,
245 καὶ πνεύματος τυχόντες εὐφορωτέρου
τὴν νῆσον εἰσέπλευσαν ἡμέρας τρίτης.
καὶ τὰς παρ' αὐτῶν ἐμπορευθείσας ὕλας
(στολάς, λίθον, μάργαρον, εὐώδη ξύλα,
ὅσα πρὸς Ἰνδῶν καὶ πρὸς Ἀλεξανδρέων)
250 χρυσοῦ ταλάντων οὐ μικρῶν πεπρακότες,
τέλος διδοῦσι καὶ Κράτωνι τὴν κόρην,
τῷ τοῦ Κρατάνδρου δυστυχεῖ φυτοσπόρῳ,
ὤνιον εἰς μνῶν χρυσί⟨ν⟩ων τριακάδα.
Ἡ μὲν Ῥοδάνθη ταῦτα καὶ δούλην τύχην

Ναυάγιον Ῥοδάνθης καὶ
σωτηρία, καὶ εἰς
Κύπρον ἀπαγωγὴ καὶ
πρᾶσις

230b 6.498; Aesopi fab. 223 Hausrath ‖ 231 Ioann. Mauropi Carm. 36.8 | 231b 6.313 ‖ 233 cf. 3.73–75; 3.432–433; 6.395; 6.471–472; 8.529–530; 9.474–478 ‖ 234–236 cf. 7.38; 9.154–159; Nic. Eugen. 6.19–21; Achill. Tat. 5.9.1 ‖ 236 cf. Odyss. 5.371 et Eustath. pp. 1539.21; 1038.6; Plin. N.H. 34.19 ‖ 238 cf. 2 Maccab. 4.6; Apollod. Bibl. 1.7.2 ‖ 239 9.161 ‖ 245b 2.4; 4.493 ‖ 246b cf. 9.447 ‖ 251–253 1.160–161; 7.48–49; 8.336–337; 9.162–163. cf. Achill. Tat. 5.17.5; 8.16.7 ‖ 254b 1.453; 1.465; 7.5; 7.139; 7.197–198; 8.354; Nic. Eugen. 6.225

229 inscr. HL : ἔκπτωσις δροσίλλης εἰς θάλασσαν U (cf. ad 209) ‖ 231 τάφον HVU¹L : μόρον Uˢˢ ‖ 233 ὑφ' scripsi (cf. 3.73–75) : ἀφ' codd. ‖ 234 τεμμαχίου codd., corr. Hercher ‖ 243 αὐτῆς scripsi : αὐτὸν codd. ‖ 244 ἐντὸς UL : ἐκτὸς HV ‖ 249 πρὸς ἰνδῶν HV : πρὶν εἶδον UL ‖ 250 μικρῶν UL : μικροῦ HV ‖ 253 χρυσίνων Hercher (cf. 7.49; 8.336; 9.163) : χρυσίων HV : χρυσίου UL

255 ἔστεργε καὶ φῶς δοῦλον ἀντ' ἐλευθέρου·
ποία δὲ φωνὴ καὶ τίς ἀνθρώπου λόγος
εἰπεῖν τὸ πένθος ἀρκέσει Δοσικλέος;
ὡς γὰρ παρῆλθε τῆς θαλάσσης ὁ κλόνος,
τῶν πνευμάτων ἔωθεν ἐστορεσμένων,
260 αὐτὸς δὲ κύκλῳ τὰς βολὰς τῶν ὀμμάτων
θαμὰ προπέμπων καὶ πέριξ περιβλέπων
τὴν συμπλέουσαν οὐ κατεῖδεν ὁλκάδα,
τὸ ναυάγιον ἐνθυμηθεὶς εὐθέως·
'ὤμοι Ῥοδάνθη', μακρὸν οἰμώξας λέγει,   Θρῆνος Δοσικλέος ἐπὶ
265 'ὤμοι Ῥοδάνθη, κλῆσις ἠγαπημένη·   τῷ ναυαγίῳ Ῥοδάνθης
τοιοῦτό σοι τὸ τέρμα τῶν ἐμῶν πόθων;
τοιοῦτό σοι τὸ κέρδος ὧν ἔτλης πόνων;
θάλαμος ὑγρὸς καὶ κατάρρυτον λέχος,
ὑδαρὰ παστὰς καὶ θαλάσσιος γάμος,
270 καὶ πόντος οἶκος καὶ μετ' ἰχθύων βίος;
Οὐ γὰρ τὸ πικρὸν ἱλεώσω τῆς Τύχης,
δὶς αἰχμαλωτισθεῖσα παρὰ βαρβάρων,
πόδας δεθεῖσα, χεῖρας, αὐτὸν αὐχένα,
γῆς πατρικῆς ἄποικος, ἠρημωμένη,
275 φίλου τε πατρὸς καὶ φίλης μητρὸς ξένη.
οὐ ταῦτα τὴν ἄπληστον αὐτῆς γαστέρα
ἔπλησεν, οὐκ ἔδωκε τῷ λαιμῷ κόρον,
ἀλλὰ χανοῦσα λίχνον ἐξ ἀπληστίας
ὅλην ἀναιδῶς συγκατερρόφησέ σε,
280 τῶν δραμάτων ῥήξασα τὸν πολὺν τόμον.
κατέσχον ἡμᾶς ληστρικαὶ χεῖρες δύο,
ἐχθρὸς Βρυάξης, ἄλλος ἐχθρὸς Μιστύλος·
ἀλλ' ἐλπὶς ὑπέδραμεν, ἀλλ' ἔθαλψέ με

255 7. 28. cf. 6. 284 ‖ 256–257 cf. Iliad. 2. 488–490 ‖ 260b Odyss. 4. 150; Aeschyli fr. 242. 2 Radt; Luciani Amor. 3 s. f.; 15 s. f.; 46; Georg. Pis. Hexaem. 724 ‖ 264a 6. 54; 6. 265; 6. 291; 6. 479 | 264b 1. 482 ‖ 265b cf. 2. 352 ‖ 268 3. 447. cf. Achill. Tat. 1. 13. 5 ‖ 271 cf. ad 1. 453 ‖ 272 cf. 1. 37; 6. 147–148 ‖ 274a 6. 351; 6. 451; Soph. O. T. 1518 | 274b cf. Soph. Philoct. 228 et al.; Eurip. Andром. 805 ‖ 275 1.90; 6.352; 6.452 ‖ 276 3.446; 6.45 ‖ 278 5.317

258 κλόνος HVU (in mg.) L (cf. 7. 299) : κλύδων U (in textu) ‖ 264 inscr. HL : θρῆνος δοσικλέος εἰς ῥοδάνθην U ‖ 271 ἱλεώσω HV : ἱλεώσης UL ‖ 275 τε scripsi : δὲ codd. ‖ 277 λαιμῷ HV : λαγῷ UL

THEODORVS PRODROMVS

ἐλεύθερον φῶς ὀψὲ γοῦν δεδορκέναι,
285 τοῦ δουλικοῦ τεθέντος ἐκποδὼν ⟨κ⟩νέφους·
νῦν δ' ἀλλ' ὁ πικρὸς ἐχθρός, ἡ σκαιὰ φύσις,
ἡ βάρβαρος θάλασσα, τὸ σκληρὸν γένος,
καινῇ φυλακῇ δυσμενῶς ἔκλεισέ σε,
καιναῖς τε δεσμῶν πλεκτάναις ἔδησέ σε,
290 ἐξ ὧν λυθῆναι πᾶσα δυσελπιστία.
Ὤμοι Ῥοδάνθη, ποῦ τὸ τῆς ἥβης ἔαρ,
ἡ κυπάριττος τῆς καλῆς ἡλικίας,
τὸ τῆς παρειᾶς καὶ τὸ τοῦ χείλους ῥόδον,
ὁ τῶν πλοκάμων κιττός (ἡ ξένη χάρις),
295 ὁ τὴν κορυφὴν ὡς πλατάνιστον πλέκων;
ποῦ σοι τὰ κρίνα τῶν καλῶν φιλημάτων,
τοῦ σώματος τὰ μύρτα, σαρκὸς ἡ χλόη,
τὸ τῶν βλεφάρων ἄνθος; ὤμοι, παρθένε,
μαραίνεται τὸ μῆλον, ἡ ῥοιὰ φθίνει,
300 φυλλορροεῖ τὰ δένδρα, πίπτει τὰ κρίνα·
εἰς γῆν ὁ καρπός, ἡ χάρις παρερρύη,
τοῦ φθινοπώρου προφθάσαντος τὸν χρόνον.
ὤμοι, τὸ σὸν δὲ σῶμα δεῖπνος ἰχθύων,
ἡ σὴ δὲ σὰρξ τράπεζα τῶν ἐναλίων.
305 ὡς ζηλότυπος ἡ φύσις τῶν ἀνέμων·
Ζέφυρος Ὑάκινθον ἀποκτιννύει
καὶ τὴν Ῥοδάνθην ἄρτι βασκήνας Νότος.
Ἔμελλες, ὡς ἔοικεν, αἰσχρὲ Γωβρύα,
θανὼν συνελθεῖν τῇ Ῥοδάνθῃ πρὸς γάμον,
310 ἧς ζῶν τυχεῖν ἔσπευδες, ἀλλ' ἐπεσχέθης,

284a Nic. Eugen. 4. 90; 8. 206; Eurip. Hec. 367–368 ‖ 291b cf. 1. 221; AG 7. 599. 2; 7. 601. 1 ‖ 292 2. 209; 7. 226; Nic. Eugen. 3. 315 ‖ 293 cf. nomen Ῥοδάνθη et Achill. Tat. 1. 4. 3; 1. 19. 1; Nic. Eugen. 1. 124; 4. 128; 6. 356; E. Rohde, Der griech. Roman² 164 n. 3 ‖ 294a Nic. Eugen. 4. 130 ‖ 295 cf. Nic. Eugen. 1. 324; 2. 298; 7. 231; Achill. Tat. 1. 15. 2–3; Eustath. Macrembol. 4. 21. 3. cf. E. Rohde 168 n. 2 ‖ 299a cf. Achill. Tat. 1. 8. 9; Nic. Eugen. 6. 74 ‖ 301b cf. Prodromi Catomyom. 279; Ioann. Geom. Carm. 2. 56; Archil. fr. 196 A. 18 West; Theocr. 7. 121 ‖ 303 7. 377–378 ‖ 306 Luciani Deor. dial. 16 (14). 2; Nonni Dionys. 10. 253–255 et al. ‖ 307b cf. 6. 208 ‖ 309 3. 389; 3. 466; 3. 506

285 τεθέντος UL : τιθέντος HV | κνέφους scripsi : νέφους codd. ‖ 289 τε scripsi : δὲ codd. ‖ 297 τοῦ] ποῦ Gaulmin, Hercher | μύρτα HV : μύρα UL ‖ 302 φθινοπώρου Hilberg (14) : μετοπώρου codd. | χρόνον HVL : χόρτον U ‖ 304 ἡ σὴ HV : ὅση UL

ταῖς συμφοραῖς μου προσγελώσης τῆς Τύχης.
οἷς γὰρ θανάτου κοινὸν ἔσχετε τρόπον,
οἷς κοινὸν εἰλήχειτε θανόντες τάφον,
κοινάς τε κεκλήρωσθε τὰς νυμφοστόλους,
315   τὴν πνιγμονήν, τὸ κῦμα, τὰς Νηρηίδας,
εὐδαιμονεῖς κἀνταῦθα, λῃστὰ Γωβρύα·
ἀλλ' οὐ κρατήσεις τῶν ἐρώτων εἰς τέλος,
ἐμοῦ φθάνοντος τὴν Ῥοδάνθην ὡς τάχος·
γνώσῃ δὲ μᾶλλον οἷον ἀκραιφνὴς πόθος,
320   καὶ ζηλοτύπου καρδίας ἰσχὺν μάθοις.

Σὺ μέν, Ῥοδάνθη παρθένε, χρυσῆ κόρη,
ὀφθαλμὲ καὶ φῶς καὶ πνοὴ Δοσικλέος,
θαμὰ συνείλκου ταῖς ῥοπαῖς τῶν κυμάτων,
τῶν ἀνέμων δὲ ταῖς πνοαῖς ἀνεπνέου,
325   εἰς ὕψος αἰθέριον ἀνασπωμένη,
κατηγμένη δὲ μέχρις αὐτοῦ πυθμένος·
328   ἐκεῖθεν ἔνθεν ῥᾳδίως στρωφωμένη,
327   ὡς ἂν τὸ πνεῦμα καὶ τὸ κῦμα συμφέρῃ.
329   καί που Δοσικλῆν εἷλκες ὑπὸ τὸ στόμα,
330   τὸν δυσμενῆ καλοῦσα πρὸς σωτηρίαν,
καὶ τῶν παλαιῶν ἀνεμίμνησκες λόγων
καὶ τὰς ἐνόρκους ἐξεφώνεις ἐγγύας,
εἰ μὴ τὸ κῦμα σὸν κατέφραττε στόμα.

Ἐγὼ δ' ὁ πικρός (ποῦ γὰρ ἂν εἶχον βλέπειν
335   τοιοῦτον, ὦ Ζεῦ καὶ θεοὶ πάντες, πάθος;
τίς γὰρ προέγνω καὶ προεῖπε τὰς τύχας;
ἢ τίς προειπὼν εἶχεν ἀληθὴς δοκεῖν;

311b 7.23; 8.264. cf. Luciani Asin. 47 s.f.; Choric. Brumal. 6 ‖ 313 6.231 ‖ 319b Heliod. 1.2 s.f. ‖ 320a 8.448; 9.35 ‖ 321b 8.290 ‖ 326b cf. 6.213 ‖ 329 1.125; 2.301 ‖ 332 cf. ad 1.479 ‖ 335 cf. 2.488; 7.141; 8.116–117

312 κοινὸν ἔσχετε HV (ἔχετε) : κοινὸν ἔσχε τὸν U, τὸν κοινὸν ἔσχε L ‖ 314 κοινὰς HV: κοινῇ UL | τε scripsi : δὲ codd. ‖ 315 τὰς νηρηίδας HV : καὶ τὰς ναρκίδας UL ‖ 316 λῃστὰ HV : τάλας U : ἀλλ' εὐδαιμονεῖς γὰρ κἀνταῦθα γωβρύα L ‖ 319 ἀκραιφνὴς πόθος HV : ἀκραιφνὲς πάθος UL ‖ 321 σὺ μὲν UL : σύ με HV ‖ 323 συνείλκου HVU²L : προσείλκου U¹ ‖ 324 ἀνεπνέου scripsi : ἀντεπνέου codd. ‖ 328 versui 327 praeposui | στρωφωμένη HV : στρεφομένη UL ‖ 327 συμφέρῃ V : συμφέροι H : σοι φέρῃ U² : σοι φέρει U¹L ‖ 329 εἷλκες] εἶχες Huet ‖ 332 τὰς VUL : τοὺς H ‖ 335 πάθος UL, Gaulmin : πόθος HV

ψυχὴ γὰρ ἀνδρὸς γνησιώτερον πόθον
ἔχουσα πρός τι πρᾶγμα καὶ σφοδρὰν σχέσιν
340 εἴωθε τοὺς λέγοντας ὃν θέλει λόγον
δοκεῖν ἀληθεῖς, τοὺς δ' ἅπαν τοὐναντίον
ἐχθρούς, ἀπεχθεῖς, δυσμενεῖς, ψευδογράφους)
σιγῶν ἐκείμην (τῆς μεγαλοψυχίας)
οὐδὲ πρὸς αὐτοὺς τοὺς λόγους ἠρυθρίων,
345 ἀφεὶς δὲ παλαίειν σε τῇ ζάλῃ μόνην
δείλαιος ἡσύχαζον ἐν τῇ φορτίδι,
ὡς εἰ δι' ἄλλον, οὐχὶ τὸν Δοσικλέα,
ἔστεργες οὓς ἔστεργες ἀτλήτους πόνους.
Ὦ τερπνότης, ὦ κάλλος, ὦ θεῶν χάρις,
350 ἐγὼ φονεὺς σός, οὐ φονεὺς σὸς ὁ κλύδων.
τί γὰρ φίλης γῆς καὶ φίλης κατοικίας
καὶ συγγενοῦς αἵματος ἐξέκλεψά σε;
τί δ' εἰς ξένην γῆν καὶ ξένην ἀποικίαν
καὶ λῃστρικὴν δύσνοιαν ἐξέπεμψά σε;
355 οὐ γὰρ συνῄδειν τὰς κακοσχόλους τύχας;
οὐ γὰρ συνῄδειν ὡς ὁδίταις μὲν λόχοι
καὶ λῃστρικὴ χείρ, τοῖς πλέουσι δὲ κλύδων
καὶ πειρατικὸς ἀντεπεμβαίνει στόλος;
τί γοῦν συνειδὼς τὰς τροπὰς τῶν ἐν βίῳ
360 ἐπὶ ξένην γῆν δυσμενῶς ἤνεγκά σε,
τῶν συγγενικῶν ἀγκαλῶν ἀνασπάσας;
Ἔθαλψαν ἡμᾶς οὐκ ἀγεννεῖς ἐλπίδες
τὴν ἐξ Ἀβύδου πρὸς Ῥόδον στειλαμένους,
γάμους καραδοκοῦντας ἐν τόποις νόθοις,
365 κοίτας ὀνειρώττοντας ἐν χώραις ξέναις
καὶ λέκτρα καὶ γάμητρα φασματουμένους·
ηὔφρανεν ἐλπισθεῖσα γαστὴρ ἐγκύμων,
ἔτερψε καλὰ προσδοκώμενα βρέφη·

342b cf. Thomae Mag. p. 224 Ritschl ‖ 347 3.423; 8.354 ‖ 349b cf. ad 3.8 ‖ 351 6.452; 7.77 ‖ 352 6.361 ‖ 353 6.360 ‖ 355b cf. ad 1.331 ‖ 357a 8.266; 9.281 ‖ 358a cf. Prodromi Carm. hist. 11.116 ‖ 367b 6.126

348 οὓς **HV** : ὡς **UL** ‖ 353 ἀποικίαν **HU** (in mg.) **L** : κατοικίαν **VU** (in textu), cf. 351 ‖ 356 λόχοι **HV** : λόγχοι **UL** ‖ 364-366 om. **UL** ‖ 364 γάμους καραδοκοῦντας **H** (ut vid.) : γάμοις καραδοκοῦντες **V** ‖ 368 ἔτερψε **UL** : ἔτρεψε **H** : ἔτερψα **V**

ἐπήσσομεν μέλλουσαν ἁβρὰν παστάδα,
370 ἐπλάττομεν μηδ' ὄντα καρπὸν ὀσφύος,
ψευδῆ τρυφὴν τρυφῶντες· οὐ γὰρ εἰς τέλος
ἐλθεῖν ἀφῆκεν ὁ φθόνος τὰς ἐλπίδας.
τὴν γὰρ θάλατταν ἔσχες ἀντὶ παστάδων,
τῶν κυμάτων τὸν βόμβον ἀντὶ τυμπάνων,
375 τῶν ἀστραπῶν τὸ φέγγος ἀντὶ λαμπάδων,
τὸν τῶν ὑγρῶν κοίρανον ἀντὶ νυμφίου·
νύμφη δὲ σὺ καὶ δεῖπνον (ὦ πικροῦ γάμου),
τροφὴ τεθεῖσα τοῖς τροφῇ τεθειμένοις.
Καλῶς ἀπηλαύσατε τοῦ θυγατρίου,
380 μῆτερ Ῥοδάνθης καὶ πάτερ, Φρύνη, Στράτων;
καλὴν συνε⟨κ⟩πήξασθε γάμου παστάδα,
καλὸν συνεπλέξασθε τῇ κόρῃ στέφος,
λαμπρὰν ὑπεξήψατε τὴν δᾳδουχίαν,
τοιοῦτον ἀπώνασθε τῶν φυλαγμάτων;
385 εἶδες τελευτὴν τῶν θεοκλυτημάτων,
ὧν εἰς θεοὺς ἔπεμψας, ἄθλιε Στράτων;
ἑώρακας τὴν παῖδα πρὸς μέσοις γάμοις
καὶ τῆς θυγατρὸς τὴν στεφάνην ἠσπάσω
(ὃ πρῶτον εὔχους φιλοτέκνοις πατράσιν);
390 ἑώρακας καὶ παῖδα τῆς παιδός, Φρύνη,
καὶ τοῦ γένους λείψανον ἔσχες ἐν βίῳ;
ὦ φροῦδα πάντα καὶ κενὸς μόνος λόγος·
χανὼν ὁ πόντος ἐκροφᾷ τὰς ἐλπίδας.
Οὕτως ἀληθεῖς οἱ θεόρρητοι λόγοι,
395 τό θ' Ἑρμαϊκὸν οὐ διέψευσται στόμα,
εἰπὸν Ῥοδάνθης καὶ Δοσικλέος γάμον;
τοιγὰρ τίνος λαλοῦντος εἰσακουστέον,

---

369 6.381; 7.172; Nic. Eugen. 6.552; Const. Manass. Amor. fr.100.1 Mazal ‖ 370b cf.
ad 1.359 ‖ 373 7.63 ‖ 376 cf. AG 6.70.1 ‖ 377 6.303 ‖ 381 cf. ad 6.369 ‖ 382 cf. 9.202 ‖
383 1.218; 3.251; Nic. Eugen. 9.66 ‖ 392a Eurip. Androm. 1219; fr.734.3; Luciani De
mercede conductis 24 s. f. et al. ‖ 392b 6.456 ‖ 394–396 3.69–75

373 θάλατταν HVL (ob parechesin) : θάλασσαν U ‖ παστάδος Gaulmin, Hercher ‖
377 σὺ καὶ UL : καὶ σὺ HV ‖ 381 συνεκπήξασθε scripsi : συνεπήξασθε codd. : συνεπλέ-
ξασθε Hilberg (14) ‖ 384 τοιοῦτον Hilberg (15) : τοιούτων codd. ‖ 386 στράτων HV :
στράτον UL ‖ 389 εὔχους Hercher : εὐχὴ codd. ‖ 392 μόνος Gaulmin (523), cf. 456 : νό-
μος codd. ‖ 394 θεόρρητοι V : θεόρρυτοι HUL ‖ 395 θ' scripsi : δ' codd.

τίνος λαλιὰν ἀκριβῆ λογιστέον,
ἢ τέρμα δοῦναι τῷ λόγῳ πιστευτέον,
ἐπὰν θεοὶ ψεύδοιντο τὰς ὑποσχέσεις,
οἱ τῆς ἀληθοῦς ἐγγύης ἐπιστάται;
τίς δ' οὐκ ἂν ἐκτρέποιτο πρὸς ψευδεῖς λόγους,
ὡς ἐμφερὴς γίγνοιτο τοῖς ἀθανάτοις;
  Ὦ χάσμα πόντου καὶ θαλάσσης καρδία,
οὐκ αἰσθάνῃ μὴν οὐδαμῶς; ἐχρῆν δέ σε
κἂν γοῦν Ῥοδάνθης αἰσθάνεσθαι κειμένης
καὶ χρῆμα τηλικοῦτον, ὡς καλὸν λίαν,
μὴ τῷ σεαυτῆς πυθμένι ξυγχωννύναι.
εἶέν· σὺ μὲν τέθνηκας ἤδη, παρθένε,
τὸν σὸν Δοσικλῆν ἐκλιποῦσα τῷ βίῳ·
οὐ μὴν Δοσικλῆς ἐκλιπεῖν δύναιτό σε,
ἀλλ', εἴπερ αἰσθάνοιο κἀπὶ τοῖς κάτω,
συνναυαγοῦντα σὴν χάριν κἀμὲ βλέπε.'
  Ἔλεξε ταῦτα καὶ 'κορέσθητι, Φθόνε'
ἀνακραγὼν ὥρμησε κατὰ κυμάτων·
καὶ τάχ' ἂν ἀπώνατο τοῦ σφοδροῦ θράσους
θανὴν ἑτοίμην καὶ τελευτὴν ἀθρόαν,
εἰ μὴ Κρατάνδρῳ τῆς ῥοπῆς ἐπεσχέθη,
καὶ χερσὶν ἀντιστάντι καὶ πειθοῖ λόγων.
  'τί γάρ, Δοσίκλεις, ὑπ' ἀδήλοις ταῖς τύχαις
οὕτω προδήλως ἐκθανεῖν σπεύδεις;' ἔφη.
'ἢ πρὸς θεῶν ὑπόσχες οἷς λέγω λόγον.
  Εἰ τῆς Ῥοδάνθης τῷ βίῳ τηρουμένης
εἰς πόντον αὐτὸς ῥιψοκινδύνως πέσῃς,
ἔξεστιν αὖθις ἀναδῦναι τῶν κάτω
καὶ συμβιῶναι καὶ συνελθεῖν τῇ κόρῃ,
καὶ χάσμα τηλικοῦτον (ὦ θεοί, πόσον)
ὑπεκδραμόντα τὸν σκότον διαδρᾶναι,

Κρατάνδρου
παραμυθητικὴ ὁμιλία

400

405

410

415

420

425

402-403 cf. Ps.-Iustini Orat. ad Graecos 4 ‖ 404b cf. ad 3.457 ‖ 411-413 cf. Heliod. 2.1 et 2.4 ‖ 414b cf. 6.372; 8.370; 8.499 ‖ 418-419 cf. Heliod. 2.2 et 2.5

400 ἐπὰν HVL : ἐπεὶ U ‖ 405 μὴν scripsi : μὲν codd. ‖ 418 τῆς ῥοπῆς Gaulmin : τὴν ῥοπὴν codd. | ἐπεσχέθη VUL : ἐπεσχέθην H ‖ 420 inscr. HL : παραμυθία κρατάνδρου πρὸς δοσικλῆν U ‖ 421 οὕτω VUL : οὕτως H ‖ 424 πέσῃς HVL, Gaulmin : πέσοις U, Hercher

θεσμῶν νεκρικῶν ἐκποδὼν τεθειμένων·
430 οὐκ ἔστιν ἅπαξ ἐκλιπόντας τὸν βίον,
εἰς χοῦν πεσόντας, ἐμμιγέντας τοῖς κάτω,
λίμνην διαπλεύσαντας Ἀχερουσίαν,
Λήθης κοτύλην ἐκροφήσαντας μίαν
καὶ Κωκυτοῦ πιόντας ἢ Στυγὸς σκύφον
435 ἰδεῖν ὑπαυγάζουσαν αὖθις ἡμέραν.

Εἰ δ' ἄρα καὶ τέθνηκεν ἡ σὴ παρθένος
(κείσθω γὰρ οὕτω καὶ διδόσθω τῷ λόγῳ),
τί δὴ παρ' αὐτὸ τὴν τελευτὴν ἀσπάσῃ;
ἔκκοψον ἄκραν τῇ θανούσῃ τὴν κόμην,
440 σπεῖσον πικρὸν δάκρυον ἐκ βλεφαρίδων,
ῥῆξον τὸ χιτώνιον, οἴμωξον μέγα,
ῥῖψον σεαυτὸν κατὰ γῆς ἐπὶ στόμα,
θὲς εἰς κορυφήν, ἢν δοκῇ σοι, καὶ κόνιν·
ἀνδρὸς γὰρ οὐ δὴ ταῦτα, πλὴν φορητέα
445 ψυχῆς ἀλούσης ἐξ ἐρωτοληψίας.

Ταὐτὸν κἀγὼ πέπονθα ταύταις ταῖς πάθαις·
κόρης ἑάλων εὐγενοῦς καὶ παρθένου
(ἔχεις ἐγνωκὼς ἐξ ἐμοῦ Χρυσοχρόην)·
τέθνηκεν ἡ παῖς συνθρυβεῖσα τὴν κάραν·
450 ἔκλαυσα τὴν θανοῦσαν ὡς ἔχρην κλάειν,
ἀπεξενώθην συγγενοῦς συναυλίας,
φίλων, φίλης γῆς, μητροπατρῴου γένους·
οὐ μὴν θανάτῳ τὴν κόρην ἠμειψάμην.
εἰ μὲν γὰρ ἦν αἴσθησις ἐν τεθνηκόσιν,
455 ἢ γνῶσις ὧν πράττοιμεν ἡμεῖς ἐν βίῳ,
ἢ νοῦς ἀμυδρὸς ἢ ψιλὸς μόνος λόγος,
συγγνωστὸς ἂν ἦς ἐ⟨κ⟩θανὼν ὑπὲρ φίλης·

431a cf. Ps. 22.16; Suda s.v. 419 χοῦς θανάτου ‖ 432 Eurip. Alcest. 443; fr. 868 et al. ‖
433 9. 60 ‖ 435 Luciani Verae hist. 2. 47; Polyaeni 1. 39. 1; 7. 8. 2; 8. 3. 2 ‖ 439-443
1. 207–210; 3. 85 et al. ‖ 440 2. 477; 4. 302; 9. 178 ‖ 445b cf. Nic. Eugen. 4. 253; 6. 623 ‖
447 1. 164 ‖ 449 1. 195–196 ‖ 451a 1. 140; 1. 409 | 451b cf. Aristot. Polit. H 16 p. 1335 a 38;
Nic. Eugen. 5. 337 ‖ 452 6. 351–352; 7. 77 ‖ 456b 6. 392

433 λήθης UL : λήθη HV ‖ 440 πικρὸν Le Bas : μικρὸν codd. ‖ 443 ἂν Hercher ‖
444 οὐ δὴ scripsi : οὐδὲ codd. ‖ 457 ἧς HUL (cf. 464 σοι) : ἤ V | ἐκθανὼν Hercher (cf.
421) : ὁ θανὼν codd. | φίλης UL : φίλου HV

ἐπεὶ δ' ἀναισθητοῦσιν οἱ πεπτωκότες
καὶ πανταπάντως ἀγνοοῦσι τὸν βίον,
460　λύπην, νόσον, δάκρυον, οἰμωγήν, πόνον,
σπονδάς, ἀπαρχάς, βουθυτημάτων κρέα,
θρήνους ἀδελφῶν, μητέρων οἰκτροὺς γόους,
φόνους ἐραστῶν, τὰς θαλάσσας, τὰ ξίφη,
ποῖον τὸ κέρδος τοῦ φόνου γίγνοιτό σοι;
465　Μεμπτὸς μὲν οὖν σὺ τοῦ μικροψύχου θράσους,
κἂν δῶμεν ὡς τέθνηκεν ἡ σὴ παρθένος·
ἐγὼ δ' ἄρα πρόμαντίς εἰμί σοι, ξένε,
τοῦ ζῆν Ῥοδάνθην καὶ βιοῦν, καλῶς μὲν οὔ
(πῶς γὰρ ἀποζευχθεῖσα τοῦ Δοσικλέος;),
470　ζῆν δ' οὖν ὅμως ἔνδακρυν, ὡς οἶμαι, βίον.
Ἑρμῆς γὰρ οὐ ψεύσοιτο τὰς ὑποσχέσεις,
θεὸς πεφυκὼς καὶ θεῶν ὑπηρέτης.'
　　Τοιοῦτον εἰπὼν ὁ Κράτανδρος τὸν λόγον,
καταστελεῖν ἔδοξε τὸν Δοσικλέα,
475　ἀλλ' ἠγνόησεν ἀκοαῖς κωφαῖς λέγων·
ἀρξάμενος γὰρ τῆς τραγῳδίας πάλιν,
ὡς μηδενὸς λέγοντος ἠκουτισμένος,
ἥρμοττε ταῦτα τοῖς προτεθρηνημένοις·
'ὤμοι Ῥοδάνθη, τίς σε συγκρύπτει τόπος;　　　Θρῆνος Δοσικλέος
480　ὡς εὐτυχὴς ἐκεῖνος', εἶπε, 'παρθένε.
ἐντὸς παρ' αὐτὸν σὺ μένεις τὸν πυθμένα,
ἢ πόντος ἐλθὼν νεκρὰν ἐξέβρασέ σε
καὶ σῶμα γυμνὸν ἐκτὸς ἐξέρριψέ σε,
καί τις παρελθὼν ἢ κατὰ ψάμμον μέσην,
485　ἢ πρὸς τὸ χεῖλος τῆς θαλάσσης ἐμπλέων
ἀσυγκάλυπτον, ὦ θεοί, δέδορκέ σε;
Ἰχθῦς διεῖλον καὶ διεσπάσαντό σε,

462b 1. 211; Soph. Aiac. 629 ‖ 467 cf. Heliod. 2. 2 ‖ 469 9. 41 ‖ 470 Nic. Eugen. 3. 44 ‖ 471 3. 73–75; 9. 478 ‖ 472b AG 11. 176. 1 ‖ 475b cf. Apostol. 10. 36 κωφῷ ὁμιλεῖς; Ev. Matth. 13. 13 et al. ‖ 477b 2. 193 ‖ 479a 6. 54; 6. 264–265; 6. 291 ‖ 481 6. 326 ‖ 483 6. 494 ‖ 484–485 cf. Gen. 22. 17; Exod. 14. 30; Ep. ad Hebr. 11. 12 ‖ 486a 4. 391

459 πάντα πάντως codd., corr. Hercher ‖ 465 οὖν om. UL ‖ 474 καταστελεῖν U, Gaulmin : καταστέλειν HL : καταστέλλειν V ‖ 475 ἠγνόησεν HV : ἠγνόει μὲν UL ‖ 479 inscr. H : ἕτερος θρῆνος δοσικλέος πρὸς δροσίλλαν U : om. VL ‖ 480 εἶπε Hercher : εἰπὲ codd. ‖ 483 γυμνὸν HVL (cf. 494) : νεκρὸν U

ἢ κῦμα τοῖς κάχληξιν ἐξέθρυψέ σε
καὶ ταῖς ὑφάλοις τῶν πετρῶν ἤραξέ σε;
490 πνέεις τι μικρὸν καὶ παρασπαίρεις ἔτι,
ἢ κῆτος ἀρτίπνικτον ἐρρόφησέ σε;
ὡς δεινὰ μὲν τὰ πάντα καὶ δεινῶν πέρα·
γένοιτο δ' ἂν ἡ θλῖψις εὐφορωτέρα,
εἰ μὴ πρὸς ἀκταῖς σῶμα γυμνὸν ἐρρίφης.'
495 Τῷ μὲν Δοσικλεῖ τηλικοῦτος ὁ κλύδων,
ὡς καὶ μικροῦ λείποντος εἰς πόντον πόνων
ἡ φορτὶς αὐτῷ τῶν φρενῶν ἐνερρίφη·
ὃ δ' ἐντὸς αὐτὸν ἐμπεφόρτιστο σκάφος
εἰς Πίσσαν αὐτὴν ἑνδεκαταῖον φθάνει,
500 πολλοῖς παλαῖσαν ἀγρίοις κλυδωνίοις.
ἐκβάντες οὖν ἅπαντες ἐκ τῆς ὁλκάδος
ὁμοῦ Δοσικλεῖ καὶ Κρατάνδρῳ τοῖς φίλοις
φρουραῖς ἐνεβλήθησαν ἐζοφωμέναις,
ἕως Βρυάξης εἰσελάσας τὴν πόλιν
505 ψήφους ἐπ' αὐτοῖς τὰς δοκούσας θεσπίσοι.

TOΥ ΑΥΤΟΥ
ΤΩΝ ΚΑΤΑ ΡΟΔΑΝΘΗΝ ΚΑΙ ΔΟΣΙΚΛΕΑ
ΒΙΒΛΙΟΝ ΕΒΔΟΜΟΝ

Τῷ μὲν Κρατάνδρῳ, πρὸς δὲ τῷ Δοσικλέι
πάλιν φυλακαί, πάλιν αἰχμαλωσίαι,
κλοιοὶ σιδηροῖ καὶ σφυρήλατοι πέδαι,

489 AG 11.390.6; Luciani De mercede cond. 2 et al. ‖ 490b Amphilochi ad Seleucum 144 (PG 37, 1586 A) ‖ 491b cf. 7.45 ‖ 492 cf. 7.350; 7.504 ‖ 493b cf. 6.245 ‖ 494 6.483; 6.486 ‖ 498b 6.230 ‖ 502 1.72 ‖ 503 3.420; 7.281
2-3 Const. Manass. Amor. fr.68.2-3 Mazal; Xenoph. Ephes. 3.8.6 ‖ 3a 1.34; Nic. Eugen. Hypoth. 6; Deuteron. 28.48 | 3b Aeschyli Pers. 747

488 ἐξέθρυψέ V², Gaulmin : ἐξέθρεψέ HV¹ : ἐξέθραψέ UL ‖ 489 ἤραξέ Hercher : ἤραξέ HUL : ἔρραξέ V ‖ 491 ἀρτίπνικτον scripsi (cf. 8.479) : ἀντίπνικτον codd. : ἀντίνηκτον Hercher ‖ 495 τηλικοῦτος HVL : τοιοῦτος ἦν U ‖ 496 ὡς UL : εἰ HV | πόνων scripsi : πόνου codd. ‖ 497 φορτὶς HUL : φροντὶς V
1 usque ad 8.27 om. V (finis f.27ᵛ) | δὲ Hercher (cf. 8.438) : γε codd.

καὶ πρός γε τούτοις ἐλπίδων κενῶν φόβοι.
τί δ' ἡ Ῥοδάνθη; κἂν ἔγνω δούλην τύχην,
κἂν οἶδε τὸν Κράτωνα δεσπότην νέον,
οὐ τὸν πρὶν ἠγνόησε δεσπότην Ἔρον·
κἂν ἐκ Τύχης δέσποιναν ἔγνω τὴν Στάλην,
οὐ τὴν παλαιὰν Ἀφροδίτην ἠγνόει·
κἂν πλεῖστον ἑσμὸν εὗρε συνδούλων νέων,
σύνδουλον ἠπίστατο τὸν Δοσικλέα·
οὗ καὶ συχνῶς ᾤμωζε τὴν ἀπουσίαν,
σεμνῶς ὑποκλαίουσα τὴν θρηνῳδίαν,
μή πως φανεῖσα τοῖς νεαροῖς δεσπόταις
πολλοὺς καθ' αὑτῆς ἀντεπάξοι κονδύλους.

Ῥιπτουμένη γοῦν κατὰ γῆς νυκτῶν μέσων,   Θρῆνος Ῥοδάνθης ἐπὶ
'ὤμοι Δοσίκλεις', δυσπαθῶς ἐκεκράγει,   Δοσικλεῖ
'ἄνερ Δοσίκλεις ἄχρι γοῦν φωνῆς μόνης,
τίς γῆ σε, τίς θάλασσα, τίς βυθὸς φέρει;
τίς ναῦς, τίς ὁλκάς, τίς φυλακή, τίς σκότος;
τίς βάρβαρος χείρ, τίς μισάνθρωπος βία;
τίς δόξα, ποῖα λέκτρα, τίς καινὸς βίος;
τίς οἶκος, οἷα σκῆπτρα, τίς Τύχης γέλως;
τίς ὄλβος, οἷα μνῆστρα, τίς πόθος νέος;
τίς παστάς, οἷος γάμος, οἵα παρθένος;
τίς τῶν ἐνόρκων ἐγγυῶν ἀμνηστία;
ζῇς μοι, Δοσίκλεις, καὶ πνέεις τὸν ἀέρα;
δοῦλον βλέπεις φῶς, ἡμέραν ἐλευθέραν;
δεσμοῖς κατάγχῃ, τὰς ἁλύσεις ἐξέδυς;
παρὰ Βρυάξῃ σατραπεύεις δεσπότῃ;
βάρβαρον ἄλλον δεσπότην εὗρες νέον;

4b Simonid. fr. 542. 22–23 Page; Aeschyli Pers. 804 ǁ 5b 1.453; 1.465; 6.254; 7.139; 7.197–198; 8.354; Nic. Eugen. 6.225 ǁ 7b cf. ad 2.421 et Comic. anon. fr. 169 Kock; Eurip. Hippol. 538; fr. 136.1; Nic. Eugen. 2.227–228; 3.147; 4.412; 6.367 ǁ 8b 1.161 ǁ 15 cf. 7.127 ǁ 16b 7.175 ǁ 17a 7.52; 76; 142. cf. 6.264 ǁ 18 7.115; Georg. Pis. c. Severum 562 ǁ 21a 1.95; 3.105 ǁ 23b 6.311; 8.264 ǁ 26 3.479; 6.332; 7.90; 7.112 ǁ 27a 7.44 ǀ 27b 7.59 ǁ 28a 6.255 ǀ 28b 6.284; 7.302

4 κενῶν UL : καινῶν H : κενοὶ Huet ǁ 6 οἶδε scripsi : εἶδε codd. ǁ 12 ᾤμωζε UL : ᾤμωξε H ǁ 13 ὑποκλέπτουσα coni. Gaulmin (524) ǁ 15 κατ' αὐτῆς Hercher ǀ κονδύλους H : κινδύνους UL ǁ 16 inscr. HUL ǁ 17 ὤμοι Hercher : οἴμοι codd. ǁ 21 βία H : βίος UL (cf. 22) ǁ 22 om. U ǁ 25 γάμος HU : om. L ǁ 29 κατάγχῃ H : κατάσχῃ UL ǁ 30 παρὰ βρυάξῃ ... δεσπότῃ H : περὶ βρυάξην ... δεσπότην UL ǁ 31 εὗρες HL : ἔσχες U

εἰς Πίσσαν οἰκεῖς, εἰς θάλασσαν ἐμπλέεις;
κλύδων, γαλήνη· κῦμα, λειότης πλόου;
ἀντεμφυσήσεις ἀνέμων, ἡσυχίαι;
35   χρηστή, σαπρὰ ναῦς· ὑγιές, σαθρὸν σκάφος;
    Εἶδες Ῥοδάνθην εἰς βυθὸν κατηγμένην;
οὐκ εἶδες, ἐμπεσόντος ἐν μέσῳ νέφους;
ἑώρακας τὸ ξύλον, ὡς ἔσωσέ με;
ἑώρακας τὸν πόντον, ὡς ἀπῆγχέ με;
40   ἑώρακας τὸ σκάφος, ὡς ἤγειρέ με;
οὐκ εἶδες οὐδέν, οὐδὲ ναῦν οὐδὲ ξύλον;
ἔκλαυσας, οὐκ ἔκλαυσας; ἄλγος, δάκρυον;
οὐκ ἄλγος, οὐ δάκρυον, οὐ βραχὺς πόνος;
ζῇς μοι, Δοσίκλεις, καὶ Ῥοδάνθην δακρύεις;
45   οὐ ζῇς, Δοσίκλεις, οὐ Ῥοδάνθην δακρύεις;
ὁ πόντος, οὐχ ὁ πόντος, ἐρρόφησέ σε;
ἡ χέρσος, οὐχ ἡ χέρσος, ἐβρόχθισέ σε;
ἤκουσας ὡς εἰς Κύπρον ἐξέδοντό με,
εἰς χρυσίνων μνῶν καὶ μόνην τριακάδα;
50   ἤκουσας ὡς εὕρηκα δέσποιναν Στάλην;
οὐ Κύπρον, οὔ τι νῆσον, οὐ μνᾶς, οὐ Στάλην;
    Ὤμοι Δοσίκλεις, ταῦτα μὲν πολὺς λόγος
καὶ ῥητὰ μωρὰ καρδίας πλανωμένης·
σὺ δ᾽ ἀλλ᾽ ἴσως ἰδών με πρὸς βυθῷ μέσῳ
55   καὶ τὴν ἔνυγρον πικρὰν ἐλπίσας τύχην,
σαυτὸν προαπέπνιξας αὐτὸς αὐτόχειρ;
καὶ σοῦ τυχὸν θανόντος (ὤμοι νυμφίε)
ἐμοῦ Ῥοδάνθης τῆς ταλαιπώρου χάριν,
ἐγὼ βλέπω φῶς καὶ πνέω τὸν ἀέρα,
60   μὴ φῶς ἐρυθριῶσα, μὴ τὸν ἀέρα,
ὃν πνεῖν ἀφῆκας, ὃ βλέπειν ἡμῶν χάριν;
ὁρῶ δὲ πόντον, πόντον οὐκ αἰδουμένη,
ὃν ἔσχες (αἰαῖ) καὶ τάφον καὶ παστάδα;

36 3.445 ‖ 38 6.234; 9.154 ‖ 40 6.244 ‖ 44a 7.27 ‖ 45b cf. 6.491 ‖ 48–49 6.251–253;
8.336–337; 9.162–163 ‖ 52b 7.210; Eurip. Med. 1139 et al. ‖ 53b Ep. ad Hebr. 3.10; Ps.
94.10 ‖ 55 cf. ad 1.453 ‖ 56 cf. 6.415 ‖ 58 cf. 6.350 ‖ 63 6.373

47 ἐβρόχθισέ Hercher : ἐβρόχθησέ codd. ‖ 49 χρυσίνων H (cf. 6.253; 8.336; 9.163) :
χρυσίου UL ‖ 51 οὔ τι scripsi : οὐδὲ codd. ‖ 53 μωρὰ HL : πολλὰ U ‖ 56 προαπέπνιξας
U : προεξέπνιξας HL ‖ 61 ὃ UL : ὂν H ‖ 63 αἰαῖ Hercher : αἲ αἲ codd.

πατῶ δὲ γῆς τὴν ῥάχιν ἐκτὸς αἰσχύνης,
65   ἣν οὐ πατεῖς σύ (φεῦ θεοί) τίνος χάριν;
ἐμοῦ χάριν· καὶ ζῶσαν οὐ πιμπρᾶτέ με;
δίκη λιπόντος τὸν βίον Δοσικλέος
βιοῖ Ῥοδάνθη καὶ βιοῦσα λανθάνει;
ποῦ τῶν χαλαζῶν τὰ λιθοβολήματα,
70   ποῦ πλῆθος ὄμβρων, ἀστραπῶν μακραὶ φλόγες,
κτύπημα βροντῆς, ὑετός, πυρὸς ⟨γ⟩νάθοι;
ἥλιος εἰς γῆν, οὐρανὸς ῥαγεὶς μέσον,
γῆς χάσμα καινόν, ἀνέμων πνοὴ ξένη,
θάλασσα μέχρις οὐρανοῦ προηγμένη,
75   ἀνατροπὴ τοῦ παντός, ἀλλαγὴ βίου;
       Ὤμοι Δοσίκλεις, ὡς ἐμοῦ θάρρει χάριν·
τί γὰρ φίλην γῆν, μητροπατρῷον πέδον,
τὸν φύντα, τὴν τεκοῦσαν, ἀδελφοὺς φίλους,
ἡλικιώτην ὁρμαθὸν συμπαρθένων,
80   χρυσοῦ βάρος, μάργαρον, ἄργυρον, λίθους,
τὸ μεῖζον εἰπεῖν, τὴν ἐλευθέραν τύχην
ἀφῆκα καὶ προῆλθον εἰς γέλων βίου,
καὶ σὺν Δοσικλεῖ πλάνον ἀντηλλαξάμην,
καὶ δεσμὸν ἀντέστερξα τῆς εὐζωίας;
85   καὶ νῦν τὸ δοῦλον οὐ προδώσω τῆς τύχης,
καὶ ταῦθ' ὑπὲρ σοῦ, φεῦ, ὑπὲρ Δοσικλέος,
φεῦ, ὑπὲρ οὗ τοσοῦτον εἱλόμην πόνον;
οὐχὶ προδώσω καὶ πνοὴν καὶ καρδίαν,
σοῦ χάριν, ὅς μοι καὶ πνοὴ καὶ καρδία;
90   Οὐ ψεύσομαί σοι τὰς ἐνόρκους ἐγγύας

64a cf. Pind. Pyth. 4. 26 et 228–229; Eurip. I. T. 46 et 161; Georg. Pis. Bell. Avar. 437 ‖ 69-71 cf. 3. 481–486; Prodromi Carm. hist. 59. 52–56 ‖ 69 Iosue 10. 11 ‖ 71b Aeschyli Choeph. 325; Prom. 368 ‖ 72a cf. Archil. fr. 122. 3–4 West; Herod. 5. 92 a 1; Eurip. fr. 687. 2–3; Verg. Aen. 12. 205; Ev. Lucae 23. 45 | 72b cf. Ter. Heaut. 719; Sen. Med. 401 et al. ‖ 73a cf. Ev. Matth. 27. 51 ‖ 76b cf. 7. 109 ‖ 77a 6. 351; 6. 452 | 77b 6. 452 ‖ 78 6. 352 ‖ 79 cf. 3. 414; 7. 117 ‖ 80a 3. 371; 4. 510; 5. 39; 7. 308; 7. 423; Nic. Eugen. 8. 121 ‖ 81b 8. 135; 9. 19 ‖ 85b cf. ad 1. 453; 6. 254 ‖ 88–89 cf. 6. 413 ‖ 90b 3. 479; 6. 332

67 δίκῃ scripsi : δίκη codd. : διχῇ Hercher ‖ 71 γνάθοι Hercher : νόθοι codd. ‖ 75 τοῦ scripsi : τε codd. ‖ 79 συμπαρθένων H : συμπαρθένον UL ‖ 82 γέλων H : τέλος UL ‖ 83 σὺν δοσικλεῖ H : δοσικλεῖ γε U, δοσικλεῖ L | πλάνον Hercher : πλάνην codd. ‖ 89 ὅς μοι H : ὁρᾷς UL

(κἂν οἱ θεοὶ ψεύδοιντο τὰς ὑποσχέσεις),
εἰ σοῦ θανόντος ὑπολειφθῶ τῷ βίῳ·
οὐ γὰρ σκιαὶ γένοιντο χωρὶς σωμάτων,
οὐδ' ἡ Ῥοδάνθη τοῦ Δοσικλέος δίχα.
95   ἢ τίς δέοιτ' ἂν ὁλκάδων καὶ δικτύων
ἀποψυγείσης τῆς θαλάσσης εἰς τέλος·
(εἰ μὴ θαλασσώσειε τῆς γῆς τὸ πλάτος
καὶ θαυματουργῶν ἁλιεύοι καὶ πλέοι,
ζωγροῖ δὲ καινὴν ἄγραν ἄλλων ἰχθύων,
100 *ξηρόν τε πόντον ἀνθ' ὑγροῦ τέμνειν ἔχοι.)*
τίνες δὲ καὶ πρίαιντο βοῦν ἀροτρέα,
ἢ γηπονικὸν ὄργανον κτήσαιντό τι,
μὴ γῆς ὑπούσης, ἣν γεωργῆσαι δέοι·
(εἰ μὴ γεωργεῖν τὴν ὑγρὰν βούλοιτό τις,
105 *ἢ σπέρμα καρποῦ χωννύειν ἐν ἀέρι.)*
τίνες δ' ἀναπνεύσαιεν ἀέρος δίχα,
καὶ πῶς Ῥοδάνθη καὶ τίνα ζήσοι βίον
μὴ συμβιοῦντος τοῦ φίλου Δοσικλέος;
    Θάρρει, Δοσίκλεις, τῶν ἐμῶν λέκτρων πέρι·
110 συνειπόμην σοι κἂν ξενώσει κἂν πλάνῃ,
συνέψομαί σοι κἂν βυθῷ κἂν πυθμένι.
οὐ ψεύσομαι τὸν ὅρκον, οὐ τὴν ἐγγύην·
οὐ λυμανῶ τὸ φίλτρον, οὐ τὴν ἀγάπην·
οὐχ ὑβριῶ τὰ δῶρα τῶν φιλημάτων·
115 οὐκ αἰσχυνῶ τὸν ἄχρι τοῦ χείλους γάμον
ἢ γοῦν τὸ μέχρι τῆς περιπλοκῆς λέχος.
θαρρεῖτε, πληθὺς παρθένων συμπαρθένων,

---

91 6.400 ‖ **93** cf. Plauti Cas. 92 et saepius ‖ **96** cf. Suda s.v. 3661 ἀποψύχειν· ξηραίνειν; Eustath. ad Iliad. p.866.17; Prop. 2.32.49 ‖ **99** cf. Archil. fr.122.7–9 West; Herod. 5.92 a 1; AG 5.19.5–6; Verg. Buc. 1.60; 3.76; Prop. 2.3.5–6 ‖ **101b** cf. 4.289 ‖ **104** Theogn. 1–6; Diogen. 7.67 πόντον σπείρειν; Zenob. 3.55 εἰς ὕδωρ σπείρειν ‖ **105** Zenob. 1.99; Ovid. Trist. 1.8.3 ‖ **109** cf. 7.76 ‖ **112** cf. 3.479; 6.332; 7.26; 7.90 ‖ **114** cf. 3.64; 3.66; 3.76 ‖ **115b** cf. 3.76–77 ‖ **117** cf. 7.79

92 εἰ scripsi : καὶ codd. ‖ **95** καὶ scripsi : ἢ codd. ‖ **98** ἁλιεύοι καὶ πλέοι, **99** ζωγροῖ et **100** ἔχοι Hercher : ἁλιεύει καὶ πλέει ... ζωγρεῖ ... ἔχει codd. ‖ **100** τε scripsi : δὲ codd. ‖ **106** ἀναπνεύσαιεν Hercher : ἀναπαύσαιεν **H** : ἀναπνεύσειαν **UL** (-σειεν) ‖ **107** καὶ¹ scripsi : ἢ codd. ‖ **109** θάρρει et **117** θαρρεῖτε Hercher : θάρσει et θαρσεῖτε codd. ‖ **110** συνειπόμην **UL** : συνηπτόμην **H**

113

THEODORVS PRODROMVS

aἷς εἰς ἐραστάς, εἰς ἐρωμένους νέους,
aἷς ἐξ ἐραστῶν, ἐξ ἐρωμένων πόθος·
120 οὐ γὰρ μισηθήσεσθε πρὸς τῶν φιλτάτων,
πλαστῶς φιλεῖν γυναῖκας ὑπωπτευκότων·
καλὸν γὰρ ὑπόδειγμα ταῖς ἐρωμέναις
δέδωκα νῦν. ζηλοῦτε, ναὶ ζηλοῦτέ με.
Σὺ μέν, Δοσίκλεις, εἰσιὼν τὴν φορτίδα
125 (ἣν δυστυχῶς εἰσῆλθες, ἣν Μοιρῶν φθόνῳ),
ἐπεὶ συνελθεῖν καὶ Ῥοδάνθην ἠξίους,
πολλοὺς δι' αὐτὴν ὑπεδέξω κονδύλους,
κατὰ προσώπου τῷ παλαμναίῳ τυπείς.
ὦ χεὶρ ἐκείνη, δυσμενὴς χεὶρ θηρίου,
130 χεὶρ ἀγρίου δράκοντος, οὐ συνεστάλης,
ἥψω δὲ τολμήσασα; ναὶ ψυχρὸν τὸ πῦρ,
ναὶ τῶν θεῶν οὐκ οἶδε κόπτειν ἡ σπάθη·
ὑπὲρ καπνοῦ τὰ τόξα τῶν Ἐριννύων,
ὑπνοῦσιν οἱ Τιτᾶντες, ὦ θεία κρίσις.
135 ἡμῖν δὲ καθεύδουσιν οὐδένα χρόνον,
ἀεὶ δὲ γρηγοροῦντες οἱ κακόσχολοι
ὀξύτερον βλέπουσιν αὐτοῦ Λυγκέως.
Σὺ μὲν πέπονθας τοῦτο καὶ τούτου πλέον·
ἐγὼ δὲ τὴν δούλειον ἐν Κύπρῳ τύχην
140 τῆς σὺν Δοσικλεῖ προκρινῶ συνοικίας;
μὴ τοῦτο, μὴ Ζεῦ, μὴ θεῶν γερουσία.
ὤμοι Δοσίκλεις, ὦ καλὸν θέαμά μοι,
εἰ μὲν προεξέπνευσας ἤδη τὸν βίον,

122-123 cf. ev. Ioann. 13.15; Eurip. Alc. 150–151 ‖ 125b cf. 1.215; 6.95; 6.223; 6.414; 7.317; 8.370; 8.499; 9.149 ‖ 126 cf. 6.178–181 ‖ 127 cf. 7.15 ‖ 128 cf. 6.184 ‖ 129 cf. 6.187 ‖ 131b cf. 3.482; 4 Maccab. 11.26; Lucret. 3.623 ‖ 134a cf. 3.125; Hes. Opera 45; Eustath. in Iliad. pp. 540.22; 750.40; Ioann. Tzetz. in Hes. Oper. 45 (p. 62.15 Gaisford) ‖ 134b 1.354; Prodromi Carm. hist. 45.30; Georg. Pis. Exp. Pers. 3.254; Bell. Avar. 431; Hexaem. 828; cf. Soph. Aiac. 1034; Eurip. I. T. 1456 ‖ 137 Aristoph. Plut. 210; fr. 260; Macar. 6.41; Paroem. app. 3.71; Suda s.v. Λ 775 et al. ‖ 138b cf. 9.1; 9.270 ‖ 139 cf. ad 7.5 ‖ 141 2.488; 4.246; 5.82; 8.117; Nic. Eugen. 8.24 ‖ 142b 1.283; 4.329 ‖ 143 cf. 1.269; 4.301; Prodromi Carm. hist. 39.135

118 ἐρωμένους HL : ποθουμένους U (invito v. 119) ‖ 119 πόθος H : πάθος UL ‖ 131 ναὶ Hercher et 132 ναὶ scripsi (cf. 9.48–49) : καὶ … καὶ codd. ‖ 137 λυγγέως codd., corr. Gaulmin

114

ἐνναυαγήσας τῆς Ῥοδάνθης τοῖς γάμοις,
τοιαῦτα τἀμά, καὶ θανοῦσά σε φθάνω·
ὁπωστιοῦν γὰρ ἐγχρονίζειν τῷ βίῳ
ὁ τῶν ἐρώτων οὐκ ἐπιτρέπει νόμος.
      Εἰ δ' ἄρα μὴ σύ, τίς γένωμαι, τί δράσω;
δούλη μέν εἰμι, δεσπότης δέ μοι Κράτων
καὶ τῆς ἐμῆς ἐκεῖνος ἐγκρατὴς τύχης.
κἄν που φυγοῦσα κρυφίως τὸν δεσπότην
πάντῃ περιδράμοιμι μαστεύουσά σε,
ἐκεῖνος αὐτὸς πρῶτά μοι φόβον φέρει,
μὴ προφθάσας φεύγουσαν εὕρῃ καὶ λάβῃ,
καὶ τοῦ σκοποῦ μὲν ἀστοχήσω παντάπαν,
κέρδος δὲ τὰς μάστιγας ἀντικερδάνω.
ἔπειτα ποίαν ἐξερευνήσω πόλιν;
ποίαν δὲ γῆν φθάσασα καὶ ποῖον τόπον
εὕρω Δοσικλῆν; ἀγνοῶ ποῖ μὲν δράμω,
ποῖ δὲ δραμοῦσα τῆς φίλης τύχω θέας.'
      Τοιαῦτα πολλὰ δακρυούσης τῆς κόρης
ἄλλος μὲν οὐδείς (οὐ Κράτων, οὐχὶ Στάλη)
ἐπηκροᾶτο τῆς πικρᾶς τραγῳδίας
(τὴν ἀκοὴν γὰρ εἶχον ἠσφαλισμένην,
ὕπνου καταφραγνύντος αὐτῆς τὰς θύρας)·
οὐ μὴν Μύριλλαν, τὴν Στάλης θυγατέρα,
ὁ τῆς Ῥοδάνθης ἔσχε λανθάνειν γόος,
ὅλης δὲ νυκτὸς γρηγοροῦσιν ὠτίοις
ἤκουεν ἀγρυπνοῦσα τῶν λαλουμένων.
      Καὶ καινὸν οὐδέν· παρθένου γὰρ καρδίαν
ἔρως ὑπελθὼν καὶ γάμου φαντασία
καὶ νυμφικῶν ἔννοια παστοπηγίων,
πολλαῖς μερίμναις ἐμμερίζει τὴν κόρην,
πολλοῖς λογισμοῖς ἐκδιδοῖ τὴν ἀθλίαν,

144a cf. Greg. Nyss. Vitam Mosis 12 (PG 44, 304 A) ‖ 163b cf. 1.211; 1.271; 9.178 ‖
164–165 cf. Achill. Tat. 6.10.6; Plat. Sympos. 218 b 6; Athen. 4, 169 A ‖ 172b Prodromi
Carm. hist. 13.29; Nic. Eugen. 6.552; Const. Manass. Chron. 4332; 6450 et al.

145 θανοῦσά H : θαρροῦντά UL ‖ 153 μοι] μὲν Gaulmin, Hercher ‖ 158 φθάσασα
UL : φθάσαντα H ‖ 162 οὐχὶ H : οὐχ ἡ UL ‖ 164 γὰρ UL : μὲν H ‖ 165 αὐτῆς UL : αὐ-
τοῖς H ‖ 166 μυρίλλαν hic et ubique codd. | τῆς Gaulmin, Hercher

175 ὑφ' ὧν διασπασθεῖσα καὶ νυκτῶν μέσων
ἄυπνος ἀνέστηκεν ὡς τῆς ἡμέρας.
κἄν πού τι μικρὸν ἀνεθῇ τῆς φροντίδος,
καὶ βραχὺς ὕπνος τὴν ταλαίπωρον λάβῃ,
ἡ ταὐτοπαθὴς ἀγρυπνοῦσα παρθένος
180 τὸν ὕπνον ἐξέωσε τῆς κοιμωμένης,
εἰποῦσα, δακρύσασα, κωκυσαμένη,
καὶ τὴν ζάλην ἤγειρεν ἡμερωμένην,
καὶ τὴν πυρὰν ἀνῆψεν ἐσποδισμένην.
Οἷόν τι καὶ Μύριλλαν εἰσπέσοι πάθος·
185 ὡς γὰρ ἐρωτιῶσα καλὴ παρθένος
ἐρωτιώσης ἠκροᾶτο παρθένου,
ὡς οἷά τινι κεντρίῳ κεντουμένη
ἀνίσταται τὸ τάχος ἀπὸ τῆς κλίνης,
εἰς τὴν δακρυρροοῦσαν ἔρχεται κόρην,
190 πυνθάνεται τὸ πένθος, ἐξ οὗ δακρύει,
καὶ τίς Δοσικλῆς καὶ πόθεν καὶ πῶς θάνοι·
ὄμνυσιν ἦ μὴν ἐν μυχῷ ψυχῆς μέσῳ
πάντας φυλάξειν οὓς ἀπαγγέλλοι λόγους.
τοῦτον Μυρίλλας ἀξιούσης τὸν λόγον,
195 μύχιον οἰμώξασα κἀκ ψυχῆς μέσης
ἔφη Ῥοδάνθη προσκλάουσα τῷ λόγῳ·
Δέσποινά μοι, Μύριλλα (ναὶ γὰρ ἐκ Τύχης
δούλη Ῥοδάνθη καὶ Μύριλλα κυρία)·
δούλην μὲν οὖσαν τὰς ἐμὰς λέγειν τύχας,
200 καὶ ταῦτα πρὸς δέσποιναν, ὡς πολὺ θράσος·
ἐπεὶ δὲ καὶ κέλευσμα δεσποτῶν πάλιν
ποιεῖν ἀνάγκη τοῖς ὑπηρετουμένοις,
οὐκ ἂν θελήσω τὰς ἐμὰς κρύψαι τύχας.
σὺ δ' ἀλλὰ φυλάξαιο, μή τι δακρύσῃς·
205 οὐ γὰρ θεμιτόν, οὐ θεοῖς δεδογμένον
δέσποιναν οὖσαν δουλικοὺς κλάειν πόνους.

175b 7.16 ‖ 187 cf. 2.303 ‖ 188 2.95; 3.298; 6.4 ‖ 192b 2.474; 7.195 ‖ 195a Luciani Dial. mort. 16 (6). 4; Gall. 10 ‖ 197–198 cf. ad 7.5

176 ὡς UL : εἰς H | τῆς scripsi : τὰς codd. ‖ 181 εἰποῦσα UL : ..οῦσα H : non sanum, exspectes ἀλγοῦσα vel sim. ‖ 193 ἀπαγγέλλοι Gaulmin, Hercher : ἀπαγγείλοι codd. ‖ 194 μυρίλλας H : μυρίλλης UL ‖ 196 προσκλάουσα H : προσκλαίουσα UL

γένη μὲν ἢ πατρίδας ἢ φυτοσπόρους
ἢ χρυσὸν ἁδρὸν ἢ μεγίστας ἑστίας
ἢ τἄλλα τῆς χθὲς ἢ πρὸς εὐετηρίας
210   περιττὸν ἀκοῦσαί σε καὶ πολὺς λόγος·
τῶν θλίψεων δὲ τὰς κορυφαίας μάθε
καὶ πρόσ⟨σ⟩χες, εἴ που μὴ δεόντως δακρύω.
Συμπατριώτης εὐγενὴς νεανίας,   *Ἔκφρασις Δοσικλέος*
κλῆσιν Δοσικλῆς, εὐπρεπὴς τὴν ἰδέαν,
215   ἄρτι χνοῶσαν ἀνατέλλων τὴν γένυν
καὶ τὸ πρόσωπον εὐφυῶς περιστέφων
πρώτοις ἰούλοις τοῖς ἐπιγναθιδίοις,
τρίχας προΐσχων, ὦ θεοί, καλὰς ἰδεῖν
(οἷον τὸ βοστρυχῶδες)· ἡ δὲ ξανθότης –
220   τεράστιον τὸ κάλλος· ἡ δ' ὅλη χρόα –
ὑπὲρ λόγον τὸ θάμβος· ἡ δὲ λευκότης –
ἡλίκον εἰς ἔκπληξιν· ἡ δ' ἐρυθρότης –
ἀμήχανον τὸ χρῆμα. τί χρή μοι λέγειν
κόρης, παρειᾶς, ὀφρύος, χείλους πέρι,
225   τῆς τετραγώνου, τῆς κεκανονισμένης,
τῆς κυπαρίττῳ ξυγγενοῦς ἡλικίας,
ὤμων ἐκείνων καὶ σφυρῶν, χειρῶν, πόδων;
καλὴ μὲν ἡ χείρ, ἀλλὰ πολλῷ καλλίων
ὅταν ἐνήργει φυσικῶς κινουμένη
230   (ἐρυθριῶ μὲν τὴν ἐνέργειαν λέγειν,
ἐρῶ δ' ὅμως, Μύριλλα, καὶ τί γὰρ πάθω;),
ἐμοῦ τραχήλου γνησίως ἠρτημένη.
καλὸν τὸ χεῖλος, ἀλλὰ μὴν καὶ τὸ στόμα·
ὅταν δὲ καὶ κινοῖντο καὶ φθέγγοιντό τι
235   καλοῦντα καὶ γελῶντα καὶ φιλοῦντά με,

210a 9.177 | **210b** 7.52 || **214b** cf. 8.108; Nic. Eugen. 1.261; 6.272 || **215** 4.384; Luciani Bacch. 2; Apoll. Rhod. 2.43; 2.779 et al. || **216–217** 2.130; Theocr. 15.85 et al. || **219a** cf. 2.132; Philostr. Vit. soph. 2. 5. 1 || **221a** Christ. pat. 62; 512; 2580; Pind. Ol. 1.28b || **225b** 2.249 || **226** 2.209; 6.292; Nic. Eugen. 1.142; 3.315 || **230–231** 7.502–503 || **231b** cf. ad 1.514

207 inscr. **L**: ῥοδάνθης ὁμιλία πρὸς μυρίλλαν περὶ τῶν καθ' αὑτήν : **U** διήγησις δροσίλλης πρὸς μυρίλλαν δέσποιναν ἑαυτῆς περὶ τῶν καθ' αὑτήν || **212** πρόσχες codd., correxi || **213** inscr. **HU** : om. **L** || **216** περιστέφων **H** : περιστρέφων **UL** || **229** ἐνεργῇ Hercher

ἰαταταὶ τὸ κάλλος αὐτοῖς ἡλίκον.
τί μοι τὰ πολλὰ καὶ τί μοι μακρὸς λόγος;
θεοῦ τις ἦν ἄντικρυς ἡ πᾶσα πλάσις.

Ἐκεῖνος οὗτος ἀγνοῶ ποίοις λόγοις
240 ἁλοὺς ἐμοῦ, δέσποινα, τῆς τρισαθλίας
Ἔρον μὲν οὐ κέκληκεν εἰς συνεργίαν
(ἤρκει γὰρ ἀντ᾽ Ἔρωτος ἐμβλέψας μόνον),
φίλους δέ τινας συγκυνηγέτας νέους·
καὶ ξυλλαβών με καὶ βαλὼν ἐν φορτίδι
245 φυγὰς καταπέπλευκεν ἄχρις εἰς Ῥόδον.
ἐνταῦθα ληστρικός τις εἰσπεσὼν στόλος,
οὗ βασιλεὺς Μιστύλος, ὑφ᾽ ὃν Γωβρύας,
κατέσχεν ἡμᾶς καὶ βαλὼν ἐν ὁλκάδι
εἰς τὴν ἑαυτοῦ ξυμμετῆρε πατρίδα,
250 καὶ δεσμὸς ἡμῖν καὶ φυλακὴ καὶ σκότος.
ἐν οἷς προεισκέκλειστο καὶ νεανίας
κλῆσιν Κράτανδρος, Κύπρον αὐχῶν πατρίδα,
πατρὸς Κράτωνος καὶ Στάλης μητρὸς τέκνον,
ὡς αὐτὸς ἡμῖν ἐν διηγήσει λέγει·
255 μίαν πεπλουτήκαμεν ἐν κακοῖς χάριν,
χρηστὸν συναιχμάλωτον ἐξευρηκότες.᾽

Εἶπε Κράτανδρον τῆς Ῥοδάνθης τὸ στόμα,
καὶ τὴν Μύριλλαν ἔσχε καινή τις νόσος·
βεβλημένη γὰρ ὡς τυφῶνι τῷ λόγῳ
260 καὶ μακρὸν ἠχήσασα καὶ παχὺν γόον,
ὡς βοῦς τυπεὶς βουπλῆγι συγκινουμένη
καὶ τοῖς μελαγχολῶσιν ἐξεικασμένη
(φιλεῖ γὰρ ἀνύποπτος εἰσπεσὼν λόγος,
κἂν ᾖ τὸ κρεῖττον ἢ τὸ χεῖρον μηνύῃ,
265 ψυχὰς μεθύσκειν καὶ φρένας παρατρέπειν),

236a 5. 271 ‖ 237 1. 126; 8. 457; Ioann. Mauropi Carm. 105. 27 ‖ 238 cf. ad 1. 40–41 ‖
240a cf. 1. 164; 2. 142; 2. 409; 6. 447 | 240b cf. 3. 108 ‖ 243 cf. 2. 400–401; 2. 415 ‖ 244–245
cf. 2. 449–454 ‖ 246 cf. 1. 23; 3. 105 ‖ 247 cf. 1. 62; 1. 76; 3. 110–112 ‖ 248–249 cf.
1. 72–75 ‖ 250 3. 119–120; 3. 244; 9. 282 ‖ 251 cf. 1. 134 ‖ 252 cf. 1. 136 ‖ 253–254 cf.
1. 160–161 ‖ 255 cf. 3. 169; 3. 354; 3. 517 ‖ 256 cf. 1. 140; 1. 143–145; 8. 248 ‖ 258b 9. 64 ‖
260b cf. Hermogen. De ideis 1. 6 (p. 248. 23 Rabe) ‖ 261 cf. Odyss. 4. 535; 11. 411 ‖ 263 cf.
3. 495

241 εἰς H : ἢ UL ‖ 244 φορτίδι HL : φροντίδι U ‖ 245 καταπέπλευκεν UL : κατεπέ-
πλευκεν H ‖ 247 ὃν H : οὗ UL ‖ 260 γόον Hercher (cf. 259 et 3. 530) : λόγον codd.

ἄνεισι τῆς γῆς, ἔρχεται πρὸς τὴν Στάλην,
'ζῇ, μῆτερ, ὁ Κράτανδρος εἰς δεῦρο χρόνου,
ζῇ, μῆτερ, ὁ Κράτανδρος' ἐμβοωμένη·
'τῆς δουλίδος πύθεσθε ταύτης τῆς νέας,
270   πύθεσθε καὶ μάθητε τοῦ παιδὸς πέρι'.
    Πρὸς ταῦτα κοινὴ ταραχή, κοινὸς θρόος,
ἀλαλαγὴ σύμμικτος ὄμβροις δακρύων.
πάντες Ῥοδάνθην ἠξίουν ἦ μὴν λέγειν
ὅποι Κράτανδρος καὶ τίνα ζῇ τὸν βίον.
275   'νῦν οὖν ὅποι γένοιτο καὶ τίνος βίου'
ἔφη Ῥοδάνθη, 'μηδὲ πυνθάνεσθέ μου.
ἀφ' οὗ γὰρ οἱ σώσαντες ἐξέδοντό με,
Κύπρον παροικῶ καὶ τὰ μακρὰν οὐ βλέπω·
ἃ δ' οἶδα προστάσσουσι δεσπόταις λέγω.
280   Μιστύλος αὐτὸν εἶχεν ἐγκεκλεισμένον
φρουρᾷ σκοτεινῇ καὶ ζοφώδει χωρίῳ.
μικρὸς παρῆλθε καὶ βραχὺς μέσον χρόνος,
καί τις Βρυάξης ἀντιβὰς τῷ Μιστύλῳ
μάχην συνεκρότησεν ἐξ ἐναντίας
285   καὶ πᾶν κατεστρέψατο τούτου τὸ κράτος.
    Ἐνταῦθα καὶ Κράτανδρον εἷλεν Ἀρτάπης,
ὑπὸ Βρυάξῃ δεσπότῃ τεταγμένος,
καὶ πλεῖστον ἄλλον ἑσμὸν αἰχμαλωσίας
κἀμὲ ξὺν αὐτοῖς καί τινας συμπαρθένους·
290   καὶ τῶν μὲν ἀνδρῶν ὁλκάδα πλήσας μίαν
καὶ τῶν γυναικῶν ὁλκάδα πάλιν μίαν,
εἰς Πίσσαν ἐξώρμησε, τὴν φίλην πόλιν.
τῶν οὖν δυοῖν, ὧν εἶπον, ὁλκάδων μία,

Ῥοδάνθης ἀπαγγελία
περὶ Κρατάνδρου πρὸς
τὸν πατέρα αὐτοῦ

---

271 cf. 6.139; 8.415 ‖ 272b Nic. Eugen. 6.40; 7.42; 9.75; 9.234; Nonni Dionys.
16.345; 32.297 ‖ 277 cf. 6.251–253; 7.48–49; 9.162–163 ‖ 281 6.503; 7.250; Const.
Manass. Amor. fr.68.3 Mazal ‖ 283-285 cf. 6.65–68 ‖ 284 cf. 5.249 ‖ 286 cf. 6.170 ‖
290-291 6.174–176 ‖ 292 5.43; 6.499; 7.32; 7.301; 7.310 ‖ 293-296 cf. 6.225–232

270 μάθητε H : μάθοιτε L : μάθετε U : μάθεσθε Gaulmin, Hercher ‖ 275 νῦν οὖν H :
νῦν et in fine versus τίνος δὲ βίου UL : τανῦν Hercher ‖ 280 inscr. HL : διήγησις δρο-
σίλλης πρὸς τοὺς ἑαυτοῦ δεσπότας περὶ κρατάνδρου U ‖ 282 καὶ βραχὺς codd. (cf. 4.82;
8.3; 8.284) : καὶ μικρὸς Gaulmin, ναὶ μικρὸς Le Bas, Hercher ‖ 286 ἀρτάπης H :
ἀτάρπης UL ‖ 289 ξὺν H : σὺν UL | συμπαρθένους H : ξυμ- UL ‖ 293 δυοῖν H : δυεῖν
UL

119

ἡ κἀμὲ πιστευθεῖσα, δέσποτα Κράτων,
295   ῥαγεῖσα καὶ θρυβεῖσα πρὸς βυθῷ μέσῳ
πάντων ἀφεῖλε τὴν πνοὴν ἐμοῦ δίχα.
ἡ δ' ἀτέρα σέσωστο (κἂν μὲν εἰς τέλος,
οὐκ οἶδα, πλὴν ἐλπίδες)· εὐθὺς γὰρ τότε
κατεστορέσθη τῆς θαλάσσης ὁ κλόνος.
300   καὶ νῦν, δοκῶ, Κράτανδρος οὑμὸς δεσπότης
εἰς Πίσσαν ἐλθὼν ἢ κέκλεισται καὶ πάλιν,
ἢ γοῦν δέδορκεν ἡμέραν ἐλευθέραν,
ὡς ἂν Βρυάξης ὁ κρατήσας θεσπίσοι.'
Τούτοις Ῥοδάνθη συμπεραίνει τὸν λόγον·
305   ὁ δ' ἄρα Κράτων 'χαῖρέ μοι, τέκνον', φράσας
ἀπῆλθεν εἰς τοὔπισθεν ἅμα τῇ Στάλῃ,
καὶ δόξαν ἀμφοῖν μειδιώσης ἡμέρας,
χρυσίον ἄρας τοῦ βάρους οὐ μετρίου
καὶ Κυπρίαν ναῦν εἰσιὼν χρηστῇ τύχῃ
310   εἰς Πίσσαν ἐξώρμησε τοῦ παιδὸς χάριν.
ὦ σπλάγχνα πατρός, ὦ τεκόντος καρδία,
ὡς κρεῖττον οὐδὲν πατρικῆς εὐστοργίας.
Ὁ μὲν Κράτων (πατὴρ γάρ) οὕτω τοῦ πλόου
κατεφρόνησε τοῦ φίλου παιδὸς χάριν·
315   τί δὲ Κράτανδρος καὶ Δοσικλῆς οἱ ξένοι;
ἆρ' ἵλεων ἐνεῖδεν αὐτοῖς ἡ Τύχη,
καὶ καθυφῆκεν ὁ Φθόνος τῶν μαστίγων;
οὐκ ἔστιν εἰπεῖν, ἀλλ' ὁ βάσκανος μίτος
πολλὰς ἐπεκλώσατο κακῶν ἰδέας.
320   ὁ γὰρ Βρυάξης εἰσελάσας τὴν πόλιν
καὶ μικρὸν ἠρεμαῖον ἀνύσας χρόνον
(ὅπως ἀνακτήσαιτο καὶ τὸ σαρκίον,

301a 5.43; 6.499 | 301b cf. 6.503 || 302 6.284; 7.28 || 303 6.505 || 308 4.510 || 309b 8.139;
8.335; Nic. Eugen. 8.309 || 310a 7.292 || 311a 9.278 || 314b 7.310 || 316 cf. 5.81 ||
318a 3.208; 4.484; Nic. Eugen. 8.61 | 318b Nic. Eugen. 3.350; Lycophr. Alex. 584;
Epigr. 324.5 Kaibel et al. || 320 6.504 || 322 cf. Polyb. 3.60.7; 3.87.3

294 κράτων H : κράτον UL || 296 πάντων H : πολλὰς UL || 297 ἀτέρα H : ἑτέρα UL ||
300 οὑμὸς H : ἐμὸς UL || 303 θεσπίσοι HL, Gaulmin : θεσπίσῃ U, Hercher || 304 τούτους
et τοὺς λόγους Hercher (conl. 2.52) | συμπεραίνει UL : συμπερήνει H (ἡ in ras.) ||
312 πατρὶ τῆς Gaulmin, Hercher || 316 ἐνεῖδεν H : γὰρ εἶδεν L, εἶδεν U || 317 μαστίγων
H : μεγίστων UL || 320 ὁ Le Bas : ὡς codd.

ἤδη πονηρῶς ἐκ μακρῶν ἔχον πόνων),
θεοῖς θύειν ἔμελλε τοῖς ἐγχωρίοις,
325   θύειν δὲ καὶ τὸ κρεῖττον ὧν σύλων λάβοι
(ταῖς γὰρ ἀπαρχαῖς τοὺς θεοὺς τιμητέον)·
οὐδὲν δὲ κρεῖττον εἶχε τοῦ Δοσικλέος
καὶ τοῦ Κρατάνδρου, τῆς καλῆς συζυγίας.
(ὦ κάλλος αἰσχρόν, ὦ θεῶν κακὴ χάρις·
330   μὴ γὰρ καλοὶ γένοιντό τινες ἐν βίῳ,
ἂν εἰ κατασφάττοιντο τοῦ κάλλους χάριν).
    Ἐπείπερ οὕτω ταῦτα καὶ νόμος βίας
(ἄθεσμα θεσμὰ δυσμενοῦς τυραννίδος),
καὶ πᾶς ἐπεζύγωτο τοῦ λοιποῦ χρόνος
335   (τὴν γὰρ πυρὰν ἀνῆψαν οἱ νεωκόροι),
ἤγοντο μὲν λυθέντες οἱ νεανίαι,
εἱστήκεσαν δὲ τοῦ νεὼ πρὸς ταῖς θύραις,
καθ' ὃν Βρυάξης ὑπεριζήσοι τόπον,
δυοῖν ἑαυτοὺς ἐμμερίσαντες πάθαις.
340   ὁ μὲν γάρ, ὁ Κράτανδρος, εἰς γῆν κυπτάσας
πρόδηλος ἦν τὸ πρᾶγμα δυσφόρως φέρων,
ὠχριακῶς τὴν ὄψιν, αὐχένα κλίνας,
τὸ βλέμμα πικρός, τὰ σκέλη τρομαλέος,
ὡς καὶ Βρυάξην ταῦτα πρὸς πάντας φάναι·
345   'εἰς τοῦτον, ἄνδρες, οὐ δεόμεθα σπάθης·
ἑαυτὸν αὐτὸς ἀνελεῖ πρὸ τοῦ ξίφους.'
ὁ δ' ἄλλος ἱλαρός τις εἰς τὴν ἰδέαν
καὶ φαιδρὸς εἰς πρόσωπον εἱστήκει μέσος,
ὡς εἰς ἑορτὴν εἰσιὼν εἰς τὸν φόνον,
350   καλὸν νομίζων καὶ καλοῦ παντὸς πέρα,
εἰ τῇ Ῥοδάνθῃ τὸν βίον συνεκλίπῃ·

324–326 Heliod. 9.1 ‖ 326 7.444; 8.119 ‖ 328b 1.446 ‖ 329b 3.8; 3.127; 6.349; 7.506; 8.390; 8.506 ‖ 331 7.458; 7.494 ‖ 333a cf. Aeschyli Agam. 1142; Soph. Aiacis 665; Cratini fr.19 Demiań. ‖ 334 cf. Apollod. Onirocrit. 1.4; Pollucis Onom. 1.4 ‖ 339 3.400; 7.462 ‖ 340b 3.282; 7.521 ‖ 341b cf. ad 3.193 ‖ 342b 1.494; 7.471; Nic. Eugen. 6.161 ‖ 343a Georg. Pis. In sanctam resurr. 94 | 343b cf. Eurip. H.F. 231; Troad. 1328 ‖ 345–346 cf. 1.28; 3.123; 5.386–388; 7.519 ‖ 347–348 cf. Soph. El. 1297; Luciani Amor. 52; Saturn. 16; Heliod. 10.7 ‖ 350 cf. 6.492; 7.504

325 σύλων H : σκύλων UL ‖ 339 δυοίν HL : δυσὶν U | πάθαις Le Bas : σπάθαις codd. ‖ 347 εἰς H : ἐς UL ‖ 351 συνεκλίπῃ H, Gaulmin : συνεκλίποι UL, Hercher

ἐλπὶς γὰρ αὐτὸν δυστυχὴς ἐβουκόλει
ὡς κἂν τάφοις ἔρωτές εἰσι καὶ γάμοι
(οὕτω τυφλόν τι χρῆμα καὶ μωρὸν πόθος).

355 Ταῦτα Βρυάξης καὶ τὰ τοιαῦτα βλέπων,
ἄμφω κεκληκὼς εἰς ἑαυτὸν τοὺς νέους
καὶ τοῖς ὑπ' αὐτὸν μηνύσας σιγὴν ἔφη·
'ὅπως μὲν αἰχμάλωτος ὑμῖν ἡ τύχη
(οἵπερ ποτ' ἂν εἴητε κἀξ οἵου γένους),
360 οὐ χρὴ διδάσκειν γνόντας ἐκ τῶν πραγμάτων·
οὐδ' ὡς ἐφεῖται πάντα δρᾶν τοῖς δεσπόταις,
οὐδ' ὡς τὸ κρατοῦν τοῖς κρατουμένοις νόμος,
τῇ φυσικῇ πεισθέντας ἀκολουθίᾳ.
εἰ γὰρ μιᾷ τὰ πάντα συνέζη τύχῃ,
365 καὶ δοῦλος οὐδείς, ἀλλὰ πᾶς ἐλεύθερος,
οὐκ ἦν κανών, οὐ μέτρον, οὐ στάθμη βίου,
οὐ ξυνταγὴ ξύμπαντος, οὐκ εὐταξία,
τὸ πᾶν δὲ κατέστραπτο καὶ παρεφθάρη.
ἐπεὶ δὲ πάντα φυσικὸς τάττει λόγος,
370 δούλους ἀνάγκη τυγχάνειν καὶ δεσπότας.
Ἢ πῶς ἂν οἰκίζοιντο πάντως αἱ πόλεις,
ἂν ἀνδρὸς οὐ γίγνοιτο προσδεὴς ἀνήρ;
ἢ γὰρ ἀνὴρ θούριος εἰς μέσην μάχην
οὐκ ἐνδεὴς φαίνοιτο χαλινορράφου;
375 οὐ τοῦ μεταλλεύοντος ὁ σφυρηλάτης;
οὐ λαμβάνοντος πᾶς διδούς, οὐ λαμβάνων
ἅπας διδόντος; οὐ τὸ κράνος ὁπλίτου,
οὐ τοῦ κράνους τοὔμπαλιν ἀνὴρ ὁπλίτης;
οὐ πάντα παντὸς ἐνδεᾶ φαμὲν τάχα;

352 Luciani Podagra 29; Alciphr. Ep. 3. 5 ‖ 353 cf. Soph. Antig. 1240–1241; Schol. in Lycophr. Alex. 174 et al. ‖ 357 8. 130 ‖ 358 cf. ad 7. 5 ‖ 360 cf. 7. 395–396 ‖ 366b Eurip. Ion. 1514; Diog. Laert. 9. 12 ‖ 369 4. 184; 5. 37; 5. 257; 8. 482 ‖ 370 cf. Aristot. Polit. A 1 p. 1252 a 34; A 4 p. 1254 a 13 ss.; Γ 4 p. 1278 b 33 et al. ‖ 371–372 cf. Plat. Reip. 2, 369 b 5 ‖ 372 7. 379 ‖ 373a AG 6. 126. 2; Suda s. v. Θ 420 | 373b 4. 166; 4. 297; 5. 370; 5. 398 ‖ 374b Prodromi Carm. hist. 6. 86 ‖ 375b cf. Prodromi Carm. hist. 39. 71 ‖ 376–377 cf. Plat. Reip. 2, 369 c 6

367 εὐταξία U : ἀταξία HL ‖ 371 πάντως Huet : παντὸς codd. ‖ 373 ἥ U : ἢ HL ‖ 377 διδόντος Hercher : διδοῦντος codd. ‖ 379 παντὸς scripsi (cf. 372) : πάντων H : πάντως UL | τάχα HU²L : ἔχειν U¹

380　　τί γὰρ ξίφους λείποντος ἀνὴρ γεννάδας,
　　　　ἢ τί ξίφος λείποντος ἀνδρὸς γεννάδου;
　　　　ἐπεὶ πρόδηλα ταῦτα (τίς γὰρ ἀγνοεῖ,
　　　　ἂν κόσμον οἰκῇ καὶ σὺν ἀνθρώποις μένῃ;),
　　　　ἐξῆν με πειθαρχοῦντα δεσποτῶν νόμοις,
385　　ὁποῖον ἂν τὸ δόξαν, εἰς πέρας φέρειν.
　　　　Ἀλλ' οὐ Βρυάξου τοῦτο· μὴ γὰρ ἀκρίτως
　　　　ἀνθρωπίνου κρέατος ἡ σπάθη φάγοι.
　　　　ἔξεστι μὲν γάρ, ἀλλὰ κἂν ἔξεστί μοι,
　　　　νόμους προτιμῶ καὶ τὰ θεσμὰ τῆς Δίκης.
390　　ἔχει μὲν οὕτω ταῦτα, καὶ καλῶς λέγω·
　　　　εἰ γὰρ κακῶς, ἀλλά τις ἐξέλεγχέ με.
　　　　ἐπεὶ δ' ἐρωτᾶν καὶ βραχεῖς θέλω λόγους,
　　　　εἷς γοῦν ἀπ' ἀμφοῖν τὰς ἀποκρίσεις δότω.
　　　　εἶχον μὲν οὖν θρησκείαν αἰτεῖν καὶ γένος,
395　　ἀλλ' οὐκ ἀπαιτῶ, τῇ στολῇ καὶ τῷ λόγῳ
　　　　τούτων ἁπάντων ἐντυχὼν διδασκάλοις·
　　　　οὐδ' εἰ θεοὺς σέβεσθε, καὶ τούτους τίνας,
　　　　ἄλλην δ' ἐρωτῶ πεῦσιν, ἣν πειρῶ λύειν
　　　　ὁστισποτοῦν βούλοι⟨τ⟩ο τῶν δυοῖν νέων.'
400　　　　'Καλὸν σέβειν τὸ θεῖον, ἢ τίς σοι λόγος;'　　　　*Διάλεξις Βρυάξου καὶ*
　　　　'καλόν' Δοσικλῆς εὐσταλῶς ἀπεκρίθη.　　　　　*Δοσικλέος*
　　　　'χαίροις ἄν', ἦ δ' ὅς, 'ὡς καλῶς ἀπεκρίνω.
　　　　τί δ'; οὐ τὸ θύειν καὶ σέβειν ταὐτὸν λέγεις;'
　　　　'καὶ πῶς γὰρ οὐκ ἂν ταὐτόν;' ἀνταπεκρίθη.
405　　'εὖ σοι, Δοσίκλεις, τοῦ τάχους' ἦ δ' ὃς πάλιν·
　　　　'οὐ γὰρ σχολαίας τὰς ἀποκρίσεις δίδως.
　　　　τί δ'; οὐ τὸν εὐρὺν καὶ παχὺν θύσοις βόα,
　　　　εἰ βουθυτεῖν βούλοιο;' 'ναὶ πάντως' ἔφη.
　　　　'τί δ'; οὐ τὸ κρεῖττον τῶν μελικράτων χέοις

380b 6. 8; Nic. Eugen. 5. 358 ‖ **384–385** 7. 361–362 ‖ **387b** cf. ad 2. 258 ‖ **389b** cf. 8. 461;
Plat. Phaedr. 248 c 2 ‖ **391** cf. 7. 416 ‖ **395–396** 7. 360 ‖ **403** cf. Plat. Euthyphr. 14 c 4; Athe-
nag. Legat. 13. 1; Clem. Strom. 7. 32. 7

380 τί **HL** : τὶς **U** ‖ **381** γεννάδου **H²U** : γεννάδα **H¹L** ‖ **382** post ταῦτα addunt πάντα
UL ‖ **383** ξὺν **HL** : μετ' **U** ‖ **391** εἰ μὲν (ss. γὰρ) **H** : εἰ γὰρ καὶ **U¹L**, εἰ γὰρ **U²** ‖
393 δότω **HU** : λόγῳ **L** ‖ **397** εἰ scripsi : ὡς codd. ‖ **399** βούλοιτο Gaulmin, Hercher :
βούλοιο codd. | δυοῖν **H** : δυεῖν **UL** ‖ **400** inscr. **HUL** ‖ **407** θύσοις Le Bas : θύσεις
codd. : θύσῃς Gaulmin ‖ **409** χέοις **HL** : χέεις **U**

123

καὶ τῶν θυσιῶν' εἶπε 'τὸ κρέας ῥάνοις;'
'καὶ τοῦτο πάντως' ἦ δ' ὅς· 'ἀσφαλῶς λέγεις·
ἦ γὰρ τὸ κρεῖττον ἄξιον τῶν κρειττόνων.'
    'Τί δ'; οὐκ ἐρῶσι τῶν καλῶν' ἔφη 'θεοί;'
'ἐρῶσιν' ἦ δ' ὅς· 'πῶς γὰρ οὐχ οὕτως ἔχοι;'
'τί δ'; οὐ καλὸν τὸ κάλλος, ἢ σὺ πῶς λέγεις;'
ἔφη Βρυάξης· 'εἰ γὰρ οὐχ οὕτως, φάθι.'
'καὶ τοῦτο' φησίν· 'ἄλλο λοιπὸν πυνθάνου.'
'τῆς δ' οὖν δυσειδοῦς οὐκ ἐρῶσιν ἰδέας·
κακὸν γάρ;' ἦ δ' ὅς. 'οὐ γὰρ οὖν' ἀπεκρίθη.
'κἄν τις μικρὸν βοῦν βουθυτῶν' ἔφη 'θύῃ,
πάντως ἀπεχθάνοιντο τῷ τεθυκότι;'
'οὐ γὰρ ἂν ἄλλως', ἦ δ' ὅς, 'ὡς δὲ φής, ἔχοι.'
'τί δ'; ἂν μυρίον εὐτυχῶν χρυσοῦ βάρος
ἔπειτα μέντοι σκεῦος ὀστράκου φέρω,
ἆρ'' εἶπεν 'ἀγάσαιντο καὶ δέξαιντό με;'
'οὐκ', ἦ δ' ὅς, 'εἰ μὴ μᾶλλον ὀργίζοιντό σοι.'
    'Εἰ δ' ἄρα, μὴ βοῦν προσφέρων θεοῖς' ἔφη
'ἀνθρωποθυτῶ, χωλὸν οὖν θυσιάσω,
τυφλόν, κορύζης ἔμπλεων, γηραλέον,
σαπροσκελῆ, τρέμοντα, κυρτὸν τὴν ῥάχιν,
λημῶντα, τοὺς ὀδόντας ἐξωρυγμένον,
ποδαγριῶντα καὶ φαλακρὸν τὴν κάραν,
πολύτριχον γένειον ἐξηρτημένον,
καὶ τοῦτο λευκὸν καὶ κινάβρας ἐκπνέον;
τίνος δ' ἂν αὐτῶν οἱ θεοὶ πρόσοιτό γε;'
'οὐ δή τινός ποτ' οὖν γε· πῶς γάρ;' ἀντέφη.
'τί δ'; ἀλλὰ νεκρὸν εἶπε 'θυσιαστέον;'
'γελοῖον εἶπες', ἦ δ' ὅς, 'εἰ νεκρὸν θύειν.'

411b 7.441 ‖ **423b** cf. ad 3.371 ‖ **429-431** cf. Luciani Dial. mortuor. 16 (6). 2; Iupp. tragoed. 15 ‖ **434b** Luciani Bis accus. 10; Dial. mar. 1.5; Dial. meretr. 7.3; Pollucis Onom. 2.77

410 ῥάνοις HU²L : ῥάνης U¹, def. Hercher ‖ **414** ἔχοι H (cf. 422) : ἔχει UL ‖ **416** οὕτως H : οὕτω UL ‖ **421** ἀπεχθάνοιντο U, Huet : -οιτο HL ‖ **422** ἔχοι H : ἔχει UL ‖ **423** ἐντυχὼν Gaulmin, Hercher ‖ **427** προσφέρων H : -φέρω UL ‖ **428** ἀνθρωποθυτῶ H : -τῶν UL | οὖν scripsi : ἂν codd. ‖ **434** κιναύρας codd., corr. Hercher ‖ **435** αὐτῶν HU¹ : αὐτὸν U²L | γε scripsi : με codd. ‖ **436** γε scripsi : σε codd. ‖ **438** εἶπες Le Bas : εἶπεν codd. | εἰ H : om. UL | θύειν scripsi : θύεις codd.

'τί γοῦν' ἔφη 'τὸ λεῖπον ἢ καλοὺς νέους
440 καὶ τοὺς ἐν ἀκμῇ τοῦ χρόνου θεοῖς θύειν;'
'δοκεῖ, βασιλεῦ', εἶπεν, 'ἀσφαλῶς ἔχειν.'
'τί δὴ τὸ συμπέρασμα τῶν λόγων;' ἔφη.
'ὑμᾶς τυθῆναι τοῖς τροπαιούχοις θεοῖς,
τὰ πρωτόλεια τῶν ἐμῶν συλημάτων.'
445 'καὶ θῦσον', ἦ δ' ὅς, 'ἢν δοκῇ καλὸν θύειν.'
     Τούτων ἀκούων ὁ Βρυάξης τῶν λόγων
καὶ τὸν Δοσικλῆν ἐντρανέστερον βλέπων,
ὀφρύν τε κατέσπασε τὴν ἐπηρμένην
καὶ τὴν ἀπηνῆ κατεκλάσθη καρδίαν.
450 τῷ σατράπῃ γοῦν ἐνστραφεὶς Ἀρταξάνῃ,
'ὦ μοι κράτιστε σατραπῶν πάντων', ἔφη,
'τοσοῦτος οἶκτος τοῦδε τοῦ νεανίου
εἰς τὴν ἐμὴν εἰσῆλθεν ἄρτι καρδίαν,
ὡς μέχρις αὐτῶν συγκινεῖν με δακρύων·
455 οἷος γὰρ ὢν εἰς ὥραν, εἰς ἡλικίαν,
εἰς ἦθος, εἰς φρόνησιν, εἰς ἀποκρίσεις,
οἰχήσεται δείλαιος ἄρτι τοῦ βίου,
τῆς εὐπρεπείας τύμβον ἀντικερδάνας.
ἐγὼ μὲν ἂν μεθῆκα τὸν νεανίαν
460 καὶ τῆς παρούσης συμφορᾶς ἐρρυσάμην,
εἰ μὴ θεοῖς ἔδοξεν εἰς παροινίαν.
καὶ νῦν δυοῖν ἕστηκα παθῶν ἐν μέσῳ·
οἶκτός με τούτου καὶ θεῶν ἔχει φόβος.
οὐκ οἶδα ποίῳ χαριοῦμαι τὸ πλέον,
465 οὐκ οἶδα ποῖ ῥέψαιμι καὶ πρὸς ὃ δράμω.
ὡς οἷα παιδὸς κήδομαι Δοσικλέος·
ἀλλὰ πτοοῦμαι τοὺς θεοὺς ὡς δεσπότας.'
     Τοσαῦτα φήσας αὖθις ἀντανεστράφη·
'καὶ σοὶ δ' ἄρα, Κράτανδρε, τίς τούτων λόγος;'
470 ἔφη· 'τί δ' εἰς μέγιστον ἐμπεσὼν φόβον

---

442 cf. 7. 507 ‖ 443b 8. 383; Prodromi Carm. hist. 30. 47; Pollucis Onom. 1. 24 ‖ 444 cf. 7. 326 et Lex. Hesych. Photii ‖ 446 3. 374; 3. 399; 5. 73; 5. 511; 7. 516 ‖ 447b 4. 227; 4. 336; 4. 359; Georg. Pis. Hexaem. 173 ‖ 448 8. 2; Luciani Vit. auct. 7 s. f.; Alciphr. Ep. 1. 26. 2; 3. 3. 2; Aristot. Hist. anim. A 9 p. 491 b 17 ‖ 458 7. 331; 7. 494 ‖ 462 3. 400; 7. 339

445 καί] ναί Hercher | ἂν Hercher ‖ 454 συγκινεῖν U : συγκλινεῖν H L ‖ 462 δυοῖν H : δυεῖν U L ‖ 465 ῥέψαιμι H : ῥίψαιμι U L

πέφρικας, ὠχρίακας, αὐχένα κλίνεις,
οὕτως ἀνάνδρως τὴν θανὴν ὑποτρέμεις;
οὐ γοῦν τὸ θάρσος τοῦ Δοσικλέος βλέπεις,
ὅπως διεσπούδακεν εἰς τὴν θυσίαν;
475 καλῶς φρονῶν· θεοῖς γὰρ ἐγγίζειν θέλει,
καὶ ζημιοῦσθαι τὸν μέσον δοκεῖ χρόνον.
εἰ γοῦν ἀπόχρη τῶν προλεχθέντων λόγων,
καὶ πλεῖον οὐδὲν οὐδὲ σὺ φράζειν ἔχεις,
μὴ ζημιῶμεν τὸν καλὸν Δοσικλέα
480 ὑπερτιθέντες τοὔργον· ἂν δέ τι πλέον
λέγειν ἔχῃς, πρόελθε καὶ θαρρῶν λέγε.᾽
'Καλοί, βασιλεῦ, οἱ Δοσικλέος λόγοι,   Ἀπόκρισις Κρατάνδρου
καλοί, βασιλεῦ᾽, ὁ Κράτανδρος ἀντέφη,   πρὸς Βρυάξην
'καὶ ξυνδοκοῦσι πάντες· ἓν δέ τι πλέον
485 τούτοις ἐπεντίθημι σοῦ δόντος λέγειν.
τὸ ταυροθυτεῖν, βασιλεῦ, θεοῖς φίλον,
τὸ μοσχοθυτεῖν καὶ βοῶν ὀπτὰ κρέα,
καὶ λιβανωτοῦ χόνδρος εἰς μέσην φλόγα·
ἀνθρωποθυσίας δὲ καὶ καινοὺς φόνους,
490 οἶμαι, θεοὶ μισοῦσιν. ἢ ποία πόλις,
ἣν ἰθύνουσιν εὐσεβεῖς νόμων λόγοι,
ἀνθρωποθυτεῖ καὶ θεοὺς οὕτω σέβει;
Εἰ δ᾽ οὖν ὁ καλός, βασιλεῦ, τὴν ἰδέαν
ἄξιός ἐστι τῆς θέας θανεῖν χάριν
495 καὶ θυσιασθεὶς τοῖς θεοῖς χάριν φέρειν,
τί δή ποτε προῆλθεν εἰς γῆν, εἰπέ μοι;
ὡς ἂν θανεῖται καὶ θεοὺς ἑστιάσῃ;
τί δ᾽ οἱ θεοὶ παρῆξαν αὐτὸν ἐν βίῳ;
ὡς ἂν τυθεὶς τράπεζαν αὐτοῖς ἀρτύσῃ;
500 τί δ᾽; ἀδικοῦντες οἱ καλοὶ τὴν ἰδέαν

---

471 7.342 ‖ 472b 1.451 ‖ 479 7.476 ‖ 486a cf. IG 7.2712.22 et al. ‖ 487a cf. μοσχο-
θύτης = victimarius Gloss.; Prodromi Carm. hist. 59.98 | 487b 8.57 et 64 ‖ 488a Luciani
Asin. 12; Iupp. trag. 15 s.f.; Saturn. 16 | 488b 1.379; 1.388 ‖ 489–490 cf. 8.55; Heliod.
10.9; 10.39 ‖ 493 2.133; 7.214; 7.500 ‖ 494 7.331; 7.458

473 γοῦν scripsi : γὰρ codd. ‖ 476 καὶ et δοκεῖ H : κἂν et δοκῇ UL, def. Hercher ‖
481 ἔχῃς HU : ἔχεις L ‖ 482 om. UL | inscr. HL : κρατάνδρου ἀπολογία πρὸς βρυά-
ξην U ‖ 489 καινοὺς HU²L¹ (cf. 507) : κενοὺς U¹L² ‖ 495 φέρειν H : φέρει UL, Gaul-
min, Hercher ‖ 497 θανεῖται καὶ scripsi : θανῆται καὶ codd. : θάνῃ καὶ ⟨τοὺς⟩ Le Bas,
Hercher

θεοῖς ἑτοιμάσουσι τὴν εὐωχίαν;
ἂν ὡς καλοὶ θνήσκωσιν (αἰδοῦμαι λέγειν·
ἐρῶ δ᾿ ὅμως, πλὴν εὐμενῶς ἄκουέ μου),
καλὸν βασιλεὺς καὶ καλοῦ παντὸς πέρα·
505 τί μὴ θυσιάζοιτο τοῖς ἀθανάτοις;
εἰ δ᾿ οἱ καλοὶ σφάττοιντο τῶν θεῶν χάριν,
τί δὴ τὸ συμπέρασμα τοῦ καινοῦ νόμου,
πάντων καθάπαξ τῶν καλῶν ὀλωλότων;
μόνους πατεῖν γῆν τοὺς κακοὺς καὶ ζῆν μόνους,
510 τὸ ζῆν λαβόντας εἰς ἀμοιβὴν κακίας,
512 αἰσχρὸν γενέσθαί τι πρόσωπον τοῦ βίου.
511 οὗ τίς γένοιτ᾿ ἂν ἀθλιώτερος νόμος;
513 ἐμοὶ μὲν οὕτω ξυνδοκεῖ καλῶς λέγειν·
σὺ δ᾿, ὦ βασιλεῦ, εἴτε δικαίως κρίνω
515 εἴτ᾿ οὖν ἀδίκως, ἀρρεπῶς, οἶδα, κρίνοις.'
Τούτων ἀκούσας ὁ Βρυάξης τῶν λόγων
μέγιστον οἶον ἀνακαγχάσας ἔφη·
'τεράστιε Ζεῦ, ὡς τεράστια βλέπω·
ὁ πεφρικὼς νῦν καὶ τελευτῶν ἐκ φόβου
520 εἰς οἶον οἶον ἐξεκυλίσθη θράσος.'
τοσοῦτον εἰπὼν καὶ χαμάζε κυπτάσας
σκοπεῖν ἐῴκει τῶν νεανιῶν πέρι.

ΤΟΥ ΑΥΤΟΥ
ΤΩΝ ΚΑΤΑ ΡΟΔΑΝΘΗΝ ΚΑΙ ΔΟΣΙΚΛΕΑ
ΒΙΒΛΙΟΝ ΟΓΔΟΟΝ

Τῷ μὲν Βρυάξῃ σκέψις ἦν τοῦ πρακτέου·
κατεσπακὼς γὰρ τὴν τάσιν τῶν ὀφρύων
καθῆστο σιγῶν οὐ βραχύν τινα χρόνον·

502-503 7.230–231 ‖ 504 6.492; 7.350 ‖ 507 cf. 7.442 ‖ 511 5.288 ‖ 512 cf. Aristot. Poet. 5 p.1449 a 36; Pollucis Onom. 2.47 ‖ 516 cf. ad 7.446 ‖ 517 Plat. Euthyd. 300 d 3; Luciani De luctu 19 s.f. ‖ 518a Luciani Timon. 41; Gall. 2; Dearum iud. 11; Aristid. Or. 45.65; IG 5.1.1154 ‖ 519 cf. ad 7.346 ‖ 520 cf. Nic. Eugen. 6.147 ‖ 521b 3.282; 7.340 2 cf. ad 7.448 ‖ 3 4.82; 8.284

501 ἑτοιμάσουσι scripsi : ἑτοιμάζουσι UL, evanidum in H ‖ 512 versui 511 praeposuit Hercher ‖ 512 τι scripsi : τὸ codd. ‖ 513 ξυνδοκεῖ HL : συν- U ‖ 515 κρίνοις scripsi : κρίνῃς H : κρίνεις UL, Gaulmin, Hercher

οὕτω δὲ τούτου συννοοῦντος ὃ δράσοι
5   ἀλαλαγὴ θρηνοῦντος ἀνδρὸς ἐν μέσῳ
ναὶ πάντας ἐξέπληξε τῷ καινῷ φόβῳ.
τὸ δ᾽ ἦν ὁ Κράτων· ὃς γὰρ εἰς Πίσσαν φθάσας,
τῆς νηὸς ἐκβὰς ἀναβαίνει τὴν πόλιν,
καὶ ξυντυχὼν γέροντί τινι βαρβάρῳ
10   ἔροιτο τὸν γέροντα Βρυάξου πέρι·
καὶ τὰς θυσίας ἐκμαθὼν καὶ τοὺς φόνους
πρόσεισιν εὐθὺς τῷ νεῷ κράζων μέγα
(δρύψας, ἀμύξας τοῦ προσώπου τὴν χάριν,
λευκὴν σπαράξας καὶ γεραιτέραν τρίχα),
15   καὶ τοῦ Βρυάξου τοῖν ποδοῖν εἰλημμένος
οἴκτιστον οἷον ἐτραγῴδει τὸν λόγον·
'Μὴ τοῦτο, μή, μέγιστε βασιλεῦ, δράσῃς·
μὴ τοῦτο, μὴ τὸν παῖδα τὸν γηροτρόφον
οὕτως ἀώρως ἐκτεμὼν ἐκ τοῦ βίου
20   γέροντι πατρὶ συντέμῃς τὰς ἐλπίδας.
μὴ τοῦτο, μὴ Κράτανδρον ἐκδῷς τῷ ξίφει·
μὴ τοῦτο, μὴ Κράτανδρον εἰς πυρὰν βάλῃς.
πολιὰ καὶ γῆράς σε δυσωπησάτω·
ῥυτὶς προσώπου καὶ βάσις τρομαλέα
25   ἐκ τοῦ θυμοῦ πρὸς οἶκτον ἀντικαμψάτω.
μάτην γὰρ ἀνύσαιμι τὸν πλοῦν τὸν τόσον,
εἰ Κύπρον ἀφεὶς ἐν κενοῖς ὧδε δράμω,
μάτην δὲ τῶν σῶν ἱερῶν ποδῶν θίγω,
ὡς ζῶν τὸ τέκνον ὄψομαι πατὴρ γέρων·
30   μὴ τοῦτο, θεῖε βασιλεῦ, μὴ πρὸς θεῶν.
Ἔχεις με· κἂν βούλοιο, τέμνε, πυρπόλει,
δίδου θεοῖς γέροντος ἀνθρώπου κρέας
(εἴπερ θεοὶ χαίρουσιν ἀνθρώπων φόνοις).

Κράτωνος εἰς Πίσσαν
ἐπιδημία καὶ ἱκ⟨ε⟩σία
πρὸς Βρυ⟨άξην⟩ περὶ
Κρατάν⟨δρου⟩

7 cf. 7. 310 ‖ 13 9. 172; Luciani De luctu 16 ‖ 14 9. 171 ‖ 15 3. 157; 3. 168; 8. 28; 8. 46;
9. 273 ‖ 18b cf. Eurip. Alcest. 668 ‖ 19a 1. 213; 3. 94 ‖ 20a 8. 29 et 133 ‖ 20b IG 14. 1362 ‖
24a Aristoph. Plut. 1051 ‖ 24b 7. 343; Eurip. Phoen. 304 ‖ 27b 8. 255; Prodromi Amic. ex-
sulans 196; Soph. Aiac. 971

4 δράσοι HU : δράσει L ‖ 6 ναὶ scripsi : καὶ codd. ‖ 7 inscr. H : παρουσία κράτωνος
πατρὸς κρατάνδρου U (ad 12) | τό HU : ·ὁ L : ὁ Gaulmin, Hercher | ὃς scripsi : ὡς
codd. ‖ 10 τὸν) γὰρ Gaulmin, Hercher ‖ 24 τρομαλέα HU (in mg.) L : γηραλέα U (in
textu) ‖ 29 ὡς scripsi : οὐ codd.

128

ἔχεις με· τοὺς ὀδόντας ἐξόρυττέ μου
(εἴ τις παραλείποιτο τῷ γήρᾳ τέως).
ἔχεις με· παττάλευε τὰς ἐμὰς κόρας
(εἰ μὴ πεπαττάλευκεν αὐτὰς ὁ χρόνος).
δότω πατὴρ δείλαιος ἀνθ' υἱοῦ δίκας·
γέροντα θυσίαζε, μὴ καλὸν νέον.
γέροντι μὲν γὰρ τοῦ ξίφους μικρὸς λόγος,
ὃς μικρὸν ἤδη καὶ ξίφους χωρὶς θάνοι·
νέῳ δὲ τοῦ ζῆν ἡ χάρις πρὸς τοῖς πρόσω.
δεινόν, νέου θνῄσκοντος ὡραιωμένου,
γέροντα σαπρὸν ἀγαπᾶν ἔτι πνέειν.
ἦ μήν, βασιλεῦ, οὐκ ἀναστῶ τῶν κάτω,
οὐ βασιλικοὺς παύσομαι φιλῶν πόδας,
οὐ τῶν στεναγμῶν τὸν πολὺν στήσω κτύπον,
οὐδ' ἂν ἐπίσχω τὴν ῥοὴν τῶν δακρύων,
εἰ μὴ τὸν υἱὸν ζῶντά μοι δώσεις ἔχειν.
Δὸς τοῖς θεοῖς τὸν οἶκτον ἀντὶ θυσίας·
καλὴ θεοῖς τράπεζα φιλανθρωπία,
καλὸς κρατὴρ ἄνθρωπος ἐκφυγὼν φόνον.
οὕτω θεοὶ δειπνοῦσι τὴν σωτηρίαν,
οὕτω θεῶν ἄριστον ἡ κοινὴ χάρις,
ἀλλ' οὐ κρέας βρότειον, οὐ πολὺς φόνος,
οὐχ αἷμα βλύζον, οὐ μεθυσθεῖσα σπάθη,
οὐ σάρκες ὀπταὶ καὶ μολυσμὸς ἀέρος.
εἰ μὲν γὰρ ἦν καὶ σῶμα τοῖς ἀθανάτοις
καὶ τῇ καθ' ἡμᾶς ἐμφερεστάτη πλάσις,
ἂν γλῶσσαν εἶχον, ἂν ὀδόντας, ἂν στόμα,
εἰ κοιλίας δοχεῖον, ἐντέρων θέσιν
καὶ τἆλλα πάντα τῆς ἐμῆς διαρτίας,

36 Nic. Chon. Hist. p. 724. 25 Bekker ὀφθαλμοὺς ἐπαττάλευσεν ‖ 39b cf. 7. 331; 7. 415; 7. 458; 7. 494 ‖ 40b cf. ad 4. 496 ‖ 41 cf. ad 1. 28 ‖ 43b Nic. Eugen. 2. 149 ‖ 47 8. 281 ‖ 48b cf. ad 1. 138 ‖ 50 Osee 6. 6; Ev. Matth. 9. 13; 12. 7 ἔλεος θέλω καὶ οὐ θυσίαν ‖ 54b Lycurgi in Leocrat. 139 ‖ 56b 2. 258; 2. 263–264; 6. 122; 7. 387 ‖ 57a 7. 487; 8. 64 | 57b cf. Ierem. 23. 15; 2 ep. ad Cor. 7. 1 ‖ 62b cf. ad 2. 248

35 παραλείποιτο HV : παραλίποιτο UL ‖ 40 γὰρ HV : om. MUL ‖ 41 ὃς HVU, Gaulmin : οἳ L : ὡς M, Hercher | θάνοι scripsi : θάνῃ codd. ‖ 45 μὴν VU : μὲν HL ‖ 54 οὕτω UL : οὕτως HV | ἄριστον scripsi : ἄριστος codd. | χάρις scripsi : χαρά codd. ‖ 58 καὶ] τὸ Gaulmin, Hercher ‖ 59 ἐμφερεστάτη Hercher : ἐμφανεστάτη codd.

ἔδως ἂν αὐτοῖς καὶ τραπέζας καὶ πότους
καὶ σάρκας ὀπτὰς καὶ μελικράτων σκύφους·
65 ἐπεὶ δ' ἄσαρκος ἡ θεῶν θεία φύσις,
οὐδ' ἂν φάγοι κρέατος, οὐδ' οἴνου πίοι.
ἦ μὴν παρωργίσειε τοὺς ἀθανάτους
ὁποῖος ὀπτήσειεν ἀνθρώπου κρέας.
Τί γάρ; κεραμεὺς ἂν κεράμιον πλάσῃ
70 κἄπειτα τοῦτο συντεθρυμμένον βλέπῃ,
οὐκ ἂν χαρῇ τὴν θρύψιν οὐδὲ καγχάσοι,
ὡς οὐδὲ τέκτων ἂν τριώροφα κτίσῃ
κἄπειτα συμπεσοῦσαν ἀθρῇ τὴν στέγην·
θεοὺς δὲ χαίρειν ἀξιοῖς ἐμῷ φόνῳ,
75 τοὺς τέκτονάς μου, τοὺς ἐμοὺς κεραμέας;
77 οὕτω γὰρ ἂν ἴσχυον εἶναι τεχνῖται
76 τεθρυμμένων μάλιστα τῶν κεραμίων,
78 καὶ τὰς ἀφορμὰς λαμβάνοιεν τοῦ βίου,
ἄλλου θρυβέντος ἄλλο πλάττοντες νέον;
80 ἀλλ' οὐ γελῶσι, πᾶν γε μὴν τοὐναντίον·
θεοὶ δ' ἐφ' ᾧ τερφθεῖεν ἀνθρώπου φόνῳ;
Δὸς παῖδα πατρί, βασιλεῦ νικηφόρε,
δὸς παῖδα πατρὶ πρεσβύτῃ νεανίαν,
ποίησον ἡβῆσαί με τὸν γηραλέον.
85 μακρόν, βασιλεῦ, καὶ πολὺν ἤδη χρόνον
τοῦ παιδὸς ἡ στέρησις ἐτρύχωσέ με·
μὴ νῦν ὀλεῖται δυστυχῶς ᾑρημένος·
μὴ νῦν, ὅταν ἤνοιξα βραχὺ τὰς κόρας
καὶ μικρὸν ἀντέβλεψα πρὸς φῶς ἡμέρας,
90 τότ' αὐτὸς αὐτὰς ἐξορύξῃς εἰς τέλος.'
Πρὸς ταῦτα θαυμάσαντα τὸν βασιλέα
ἐπῆλθεν εἰπεῖν τῷ γέροντι τοιάδε·

Ἀπολογία Βρυάξου πρὸς
Κράτων

64b 7. 409 ‖ 65 Hippol. Refut. 1. 19. 3; Diog. Laert. 3. 77; 5. 32; Corp. Hermet. 2. 4 et al. ‖ 67 cf. 7. 426 ‖ 72 cf. Gen. 6. 16 ‖ 75 cf. Ierem. 18. 6; Ep. ad Rom. 9. 21; Athanas. adv. Arian. 1. 24 et al. ‖ 78 Lys. 24. 24; Xenoph. Mem. 3. 12. 4 et al. ‖ 83 6. 128; 8. 99 ‖ 84b 1. 450; 1. 481 et al.

63 τράπεζαν Gaulmin, Hercher ‖ 67 μὴν UL : μὲν HV ‖ 70 βλέπῃ HU : βλέπει V : βλέποι L ‖ 77 versui 76 praeposui ‖ 78 λαμβάνοιεν HV : λαμβάνειν τὰς U, λαμβάνειν τε L ‖ 80 οὐ γελῶσι HV : ἐγγελῶσι UL ‖ 90 ἐξορύξῃς scripsi : ἐξορύξεις codd. ‖ 91 inscr. HUL

ἔφθασε μέν μοι μέχρι καρδίας, γέρον,
τὰ ῥεῖθρα τῶν σῶν δακρύων, νὴ τὴν Θέμιν·
95   οὐ γὰρ λίθου προῆλθον, οὐ πέτρας ἔφυν,
οὐ δρῦς με παρήνεγκεν εἰς φῶς, εἰς βίον,
ὡς ἂν ἀτέγκτως πρὸς τὸν ἐν λύπαις ἔχω
καὶ μὴ χαλώμην καὶ μαλαττοίμην πόνοις.
καὶ χρηστὸν υἱὸν πατρὶ δοῦναι πρεσβύτῃ
100   ἀπαλλαγέντα τῆς προκειμένης τύχης
θέλω (θεοὶ δὲ μάρτυρές μοι τοῦ λόγου)·
ἀλλὰ πτοοῦμαι μὴ Ποσειδῶν ποντίσοι,
Ἄρης δὲ πλήξῃ καὶ χαλαζώσῃ Κρόνος
καὶ Ζεὺς κεραυνόβλητον ἐργάσοιτό με.
105   καὶ ξυμφέρει Κράτανδρον ἐκθανεῖν μόνον
ἢ πάντας ἡμᾶς τῶν θεῶν χολουμένων.
ὁρᾷς τὸν ἐγγὺς τοῦ Κρατάνδρου, τὸν νέον,
τὸν εὐπρεπῆ τὴν ὄψιν, ὦ γηραλέε;
καλὸς μέν ἐστιν ἡλίκος, καὶ σὺ βλέπεις·
110   τυθήσεται δέ, καὶ τί γὰρ ποιεῖν ἔχω;
μελαγχολῶντος εἰς θεοὺς κροτεῖν μάχην·
μὴ γοῦν ἀπαίτει τῆς δυνάμεως πέρα.'
Τοσοῦτον εἰπὼν ἐξανέστη τοῦ θρόνου
καὶ πρὸς τὸ χεῖλος τοῦ πυρὸς πλησιάσας
115   καὶ χερσὶν ἀμφοῖν τοὺς νέους ἔχων ἔφη·
'ὦ πάμμεγα Ζεῦ, ὦ Διὸς πάτερ Κρόνε,
Ἄρες, Πόσειδον καὶ θεῶν γερουσία,
τούτους Βρυάξης θυσιάζει τοὺς νέους,
τούτους ἀπαρχὴν τῶν σύλων ὑμῖν φέρει.'
120   οὐ τὸν λόγον προῆξεν αὐτὸς εἰς πέρας,

---

93 cf. 7.453 ‖ 94 3.488. cf. ad 1.138 ‖ 95–96 cf. Odyss. 19.163; Plat. Apol. 34 d 4;
Reip. 8, 544 d 7; AG 10.55.2–3; Nic. Eugen. 4.244; Eust. Macrembol. Amor. 6.11.2;
Const. Manass. Amor. fr.17.2–3 Mazal et al. ‖ 97 cf. Philostr. Ep. 7.5 ‖ 101 3.359–360;
3.520; 8.349; 8.518; 9.74 ‖ 104 cf. AG 7.637 lemma; Suda s.v. Σ 56; Const. Manass.
Chron. 3051 ‖ 108a 7.214 ‖ 110b 9.92; 9.143 ‖ 111b cf. ad 5.7 et 5.172 ‖ 113b 8.407 ‖
116a cf. Eurip. Ion. 4 et 1606; Alc. 1136; fr. 1109.1; Nic. Eugen. 8.74 et saepius ‖
117b cf. ad 2.488 ‖ 118–119 7.324–326; 7.444; Heliod. 9.1

102 ποντίσοι HV : ποντίσῃ UL ‖ 104 ἐργάσοιτο HV : -οιντο UL ‖ 111 κροτεῖν H²V :
κρατεῖν H¹UL, Gaulmin ‖ 119 σύλων HV : σκύλων UL | ὑμῖν V², Gaulmin : ἡμῖν HV¹
UL

καὶ τὴν πυρὰν ἔδειξεν ἀπεσβεσμένην
καταρραγεὶς ἄνωθεν ὄμβρος ἀθρόος,
ὡς μηδὲ μικρὰν ὑπολειφθῆναι φλόγα
ἤ τι φλογὸς μόριον ἢ θρυαλλίδος.

125   Πρὸς ταῦτα πάντες οἱ Βρυάξου σατράπαι,
αὐτὸς Βρυάξης, Ἀρτάπης, Ἀρταξάνης,
ὁ λοιπὸς ὄχλος συμμιγῆ φωνὴν μίαν
ἔκραξαν· 'ἱλήκοιτε, δεσπόται θεοί,
ὡς ἐμφανῶς ἔδοσθε τὸ ζῆν τοῖς νέοις.'

130   ὁ δὲ Βρυάξης μηνύσας σιγὴν ἔφη·
'σώζοισθε, τέκνα, καὶ πνοὴν ἐλευθέραν
πνέοιτε καὶ βλέποιτε λαμπρὰν ἡμέραν.
ἔχεις τὸν υἱὸν ἐκ θεῶν, πάτερ γέρον·
ἔχεις, Δοσίκλεις, ἐκ Διὸς μὲν τὸν βίον,

135   ἐκ δὲ Βρυάξου τὴν ἐλευθέραν τύχην.
πρόσιτε λαμπρῶς τοῖς ἑαυτῶν πατράσιν·
ἴδοισαν ὑμᾶς αἱ φιλοῦσαι μητέρες,
φίλων ἀδελφῶν, συγγενῶν ὁμηγύρεις.
στείλασθε τὴν οἴκαδε χρησταῖς ἐλπίσι

140   καὶ τοῖς θεοῖς θύσατε τοῖς σωτηρίοις.'
Ταῦτα Βρυάξης φάμενος πρὸς τοὺς νέους
τὸν σύλλογον λέλυκεν αὐτῷ τῷ λόγῳ.
ὁ δὲ Κράτανδρος καὶ Δοσικλῆς καὶ Κράτων
τὴν Κυπρίαν ναῦν εἰσδεδυκότες μέσην,

145   εἰς Κύπρον ἐξώρμησαν εὐτυχεῖ τύχῃ,
καὶ τῷ πλοΐ προσ⟨σ⟩χόντες οὐ πολὺν χρόνον
τὴν νῆσον εἶδον τῇ θεῶν συνεργίᾳ.
Μαθοῦσα γοῦν Μύριλλα μέντοι καὶ Στάλη

(marginalia:) Κράτωνος καὶ
Κρατάνδρου καὶ
Δοσικλέος εἰς Κύπρον
ἄφιξι⟨ς⟩

121-124 cf. Xenoph. Ephes. 4.2.8–10; Parthenii Narrat. amat. 6 p.52.2–5 Martini; Acta Pauli et Theclae 22 ‖ 124b cf. Luciani Timon. 2 ‖ 127b cf. ad 1.201 ‖ 130b 7.357 ‖ 133b 8.20 et 29 ‖ 135b 7.81; 9.19 ‖ 138a 3.415 ‖ 138b cf. 9.471 ‖ 140 8.392 ‖ 142b cf. 2.192; 6.20; 6.56 ‖ 145a 7.292 et 310; 9.233 ‖ 145b cf. 7.309 ‖ 147b 5.206

122 ἀθρόος HV : ἀθρόως UL ‖ 123 μικρὰν HV : μικρὸν UL ‖ φλόγα HVU²L : χρόνον U¹ ‖ 124 θρυαλλίδος H : τί θρυαλλίδος V : τὶ θρυλλίδος UL ‖ 126 ἀρτάπης HV : ἀτάρπης UL ‖ 130 inscr. U: ἐλευθερία δοσικλέος καὶ κράτωνος ‖ 131 πνοὴν HVL : ζωὴν U ‖ 134 διὸς HVL, Gaulmin : θεῶν U, Hercher (cf. 133) ‖ 139 τὴν HU²V : ταῖς U¹L ‖ 143 inscr. HL : κράτωνος, κρατάνδρου καὶ δοσικλέος εἰς κύπρον ἀπόπλους U ‖ 146 προσχόντες codd., correxi

ὡς ἧκεν ὁ Κράτανδρος, ἧλθεν ὁ Κράτων,
150   ἀκτῆς ἐπ' αὐτῆς αὐτίκα προηγμέναι
οἷον τὸ γῆθος ἔσχον, ὡς πάνυ μέγα,
ὡς εἶδον ἄμφω γῆν πατοῦντας Κυπρίαν
ἀδελφόν, υἱόν, πατέρα, ξυνευνέτην
μήτηρ, ἀδελφή, θυγάτηρ, ξυνευνέτις.
155   πλησάμεναι γοῦν τοὺς ἐθισθέντας νόμους,
περιπλακεῖσαι, δακρύσασαι τὸν νέον,
ὥρμησαν εἰς τὸν οἶκον. ἥ γε μὴν πόλις
ἐπεὶ τὸ συμβὰν καὶ τελούμενον μάθοι,
ἐξῇεσαν ξύγκλυδες ἐκ τῶν δωμάτων
160   ἀνδρῶν, γυναικῶν ὄχλος, ἡβῶντες, νέοι,
γηρῶντες, οὐ γηρῶντες, εὐτυχής, πένης,
γραῶν ὅμιλος, παρθένων, οὐ παρθένων·
κοινὴν ἐποίουν χαρμονήν, κοινὸν κρότον,
κοινὸν θρίαμβον καὶ πανήγυριν μίαν
165   τὴν ἡδονὴν Κράτωνος, ὡς δὲ καὶ Στάλης.
πάντες προσεπλέξαντο τὸν νεανίαν,
πᾶσαι προσεπτύξαντο τὸν σεσωσμένον.
ἔκλαιον, ἤλγουν, ἐξεκάγχαζον μέγα,
κρατῆρα μικτὸν ἡδονῆς καὶ δακρύων
170   κιρνῶντες ἐξέπινον ἄχρις εἰς μέθην.
    Οὕτω Κράτανδρος εὑρεθεὶς εὗρε κλέος
καὶ τὴν ἑορτὴν ἔσχε πομπικωτάτην.
ἀπόστασις γὰρ καὶ μακρυσμὸς τοῦ φίλου
εἴωθε μᾶλλον τοὺς ποθοῦντας ἐκκάειν.
175   οὐδεὶς γὰρ ἐκφλέγοιτο πρὸς φίλου πόθον,
177   ἐπεὶ κατετρύφησε τῆς συνουσίας
176   συνών, θεωρῶν, συλλαλῶν καθ' ἡμέραν·
178   ἂν δ' ἐκ μέσου γένοιτο καὶ ῥυῇ χρόνος,
ἡ τῶν ποθούντων δαπανᾶται καρδία,
180   ὡς οἷα πεινάσασα τοὺς ποθουμένους·

---

156 cf. Luciani Philopseud. 27 ‖ 163b 7. 271; 8. 415 ‖ 169 cf. 2. 48; 2. 164–165; 9. 433 ‖
172b cf. 8. 186 ‖ 173b cf. Prodromi Carm. hist. 11. 83; Ioann. Mauropi Carm. 46. 55 et al.

151 τὸ HV : τε UL ‖ 156 δακρύσασαι HV : δακρύουσαι UL ‖ 159 ξύγκλυδες HV :
ξύγκληδες UL ‖ 169 μικτὸν HV : μικρὸν UL, Gaulmin ‖ 177 versui 176 praeposuit Her-
cher

κἂν ἡ Τύχη δῷ καὶ συναφθεῖεν πάλιν,
ὅλην ἀπλήστως ἐκροφᾷ τὴν ἀγάπην.
Οὕτως ἑορτὴν ἔσχε κοινὴν ἡ πόλις
τὴν εἰς ἑαυτὴν τοῦ νέου παρουσίαν.
185   οὐ μὴν ἀπεμνήστησε τοῦ Δοσικλέος
Κράτανδρος ἐλθὼν εἰς τόσον πομπῆς λόφον,
τοὺς δακτύλους δὲ ξυμβαλὼν τοῖς δακτύλοις
κοινωνὸν εἶχε τῆς χαρᾶς καὶ τοῦ κρότου.
ἀλλ' οὐ Δοσικλῆς, οὐ χαρὰν οὐδὲ κρότον
190   εἶχε ξὺν αὐτῷ, τὴν Ῥοδάνθην οὐ βλέπων.
Οὕτως ἐκείνων τῶν νέων τιμωμένων
ἔπαιζεν, ὡς εἴωθεν, ὁ δριμὺς Ἔρως,
πολλοὺς ὀιστοὺς τοῖς νέοις καὶ ταῖς νέαις
ἐκ τοῦ πυρώδους τανύων τοξαρίου.
195   ὁ πᾶς γὰρ ὄχλος τῶν προπομπῶν παρθένων
ὅλοις βλεφάροις τὸν Δοσικλέα βλέπων,
ἡλίκον εἰσδέδεκτο τῇ ψυχῇ βέλος
(ὁποῖα πάντως οἶδεν ἐκτείνειν Ἔρως,
φαρμακτά, πικρά, πυρπολοῦντα καρδίας).
200   ἡ μὲν γὰρ αἰδοῦς ἐκποδὼν τεθειμένης
ἤγγισεν, ἀντέβλεψεν ἀπλήστοις κόραις,
ὡς ἐγγύθεν βλέπουσα καθαρῶς φλέγοι ·
ἄλλη προσῆλθε, τοῦ χιτῶνος ἥψατο,
κἀκ τῆς ἁφῆς ἔλαβε δεύτερον βέλος ·
205   ἄλλη παροιστρηθεῖσα ταῖν δυοῖν πλέον
καὶ πάντας ἐκπτύσασα δεσμοὺς αἰσχύνης,
ὤχραν δὲ σεμνὴν ἐξάρασα τῆς χρόας,

187 cf. 4.357; 4.397 ‖ 192 cf. ad 2.427 ‖ 194 cf. ad 2.428 ‖ 199b 2.426 et 428; 8.194; 8.202; 8.223; Nic. Eugen. 2.123; 2.141; 3.117; 3.221; 4.395–396; 4.403; 5.24; Achill. Tat. 1.11.3; Eustath. Macrembol. 2.14.6 et al. ‖ 200 cf. 8.206 ‖ 201b Georg. Pis. Hexaem. 876; Prov. 27.20 ‖ 203b cf. 4.401; 8.408 ‖ 204b cf. 8.197 ‖ 207 cf. 4.94; Prodromi Amic. exsulans 4

181 συναφθεῖεν HVL : ξυν- MU ‖ 185 ἀπεμνήστησε scripsi : ἀπεμνήσατο HV, Gaulmin (et coni. Hilberg 15) : ἐπελήσατο UL, Hercher ‖ 189 οὐ¹ HV : ὁ UL ‖ 192 ἔπαιξεν Gaulmin, Hercher ‖ 194 τανύων UL : ταννύων HV ‖ 198 ἐκτείνειν HV, Gaulmin : ἐντείνειν UL, Hercher ‖ 199 καρδίας HV : καρδίαν UL, Gaulmin, Hercher ‖ 202 φλέγοι scripsi (cf. 204) : βλέποι codd. ‖ 204 ἁφῆς UL : ὑφῆς HV, Gaulmin ‖ 207 ὤχραν HUL : ὠχρὰν Gaulmin, Hercher : ἔχθραν V

προσῆλθεν, ἠσπάσατο τὸν νεανίαν,
καὶ πάντας ᾠίστευτο τῆς ψυχῆς τόπους.

210 Ἦν οὖν ἰδεῖν πάσχοντα καὶ Δοσικλέα,
ἐπεὶ Ῥοδάνθην εἰς ἀνάμνησιν λάβοι·
ταῖς παρθένοις γὰρ τὴν ἑαυτοῦ παρθένον
ἀνανοῶν ἔκλαιεν ἐν τῇ καρδίᾳ·
φιλούμενος μέμνητο τῶν φιλημάτων,
215 μεμνημένος δὲ κρυπτὸν ἔστενε στόνον.
τοιοῦτον ἔσχεν ἡ πανήγυρις τέλος.
αἱ μὲν προπομποὶ παρθένοι βεβλημέναι
εἰς τὰς ἑαυτῶν ἀντανῆλθον οἰκίας,
καὶ τοῦ πυρὸς φλέγοντος οὐδαμῇ δρόσος.
220 κἂν ἦν, ἀπεστρέφοντο ταύτην τὴν δρόσον·
ὅσον γὰρ ἐφλέγοντο τῷ λαμπαδίῳ,
τοσοῦτον ἠσπάζοντο τὴν χρυσῆν φλόγα·
ὅσον πεπυρπόληντο μέχρι καρδίας,
τόσον παρεῖχον τῷ πυρὶ πλείω ξύλα.
225 ὦ πῦρ δροσίζον, ὦ φλογίζουσα δρόσος.
    Τὸν δὲ Κράτανδρον, ἀλλὰ καὶ Δοσικλέα,
ἄμφω ξυνεισιόντας εἰς τὴν οἰκίαν,
τροφαῖς ἐδεξιοῦτο λαμπραῖς ἡ Στάλη.
καὶ πάντες οὖν ἥπτοντο τῶν προκειμένων
230 καὶ τοῦ κρατῆρος ἡδέως ἀπερρόφων,
πάντες δὲ παρήπτοντο καὶ γελασμάτων·
μόνος Δοσικλῆς ἐξ ἁπάντων ἠθύμει,
μόνος Δοσικλῆς ἐξ ἁπάντων ἠτρόφει,
οἷον φαγὼν τράπεζαν ἐκ τοῦ σαρκίου,
235 οἷα πιὼν κύπελλον ἐκ τῶν αἱμάτων.
ἐντεῦθεν ὠχριῶντα καὶ τετηγμένον
ἴσως ἐτεκμήρατο τοῦτον ὁ βλέπων·

211b cf. 1.513; 8.330 ‖ 218b 1.80 ‖ 222b cf. 2.418; 2.473; Aristaeneti Ep. 1.1.3; 2.21.25 Mazal et al. ‖ 223 8.199 ‖ 225 = Nic. Eugen. 2.382. cf. Prodromi Carm. hist. 54.206; Georg. Pis. Hexaem. 531 et 1793; Const. Manass. Amor. frr. 11 et 165.9 Mazal ‖ 229b 8.246; 8.286; 9.392 ‖ 234 8.238–239 ‖ 236b 1.124; 8.292

210 καὶ HVL : τὸν U, Gaulmin, Hercher ‖ 218 ἀντανῆλθον Le Bas, Hercher ‖ 223 πεπυρπόληντο HV : ἐπυρπόληντο UL ‖ 229 οὖν] ἂν Gaulmin, Hercher ‖ 232 om. UL ‖ 234 οἷον HVL : οἷα U ‖ 236–239 om. V

ἤ που ξένην τράπεζαν αἰσχρῶς ἀρτύων
τῆς σαρκὸς ἔσθει καὶ πίνει τῶν αἱμάτων,
240   κἀκ τῶν ἔσωθεν βρωμάτων πεπλησμένος
τῆς ἐκτὸς οὐ δέοιτο δειπνοφαγίας;
    Συνητρόφει δὲ καὶ Μύριλλα τῷ ξένῳ,
μόνας κόρας τρέφουσα τὰς ἐποπτρίας
ἐφ' οἷς ἐνητένιζον εἰς Δοσικλέα.
245   ὁρῶσα γοῦν ἐκεῖνον ἐν πένθει μέσῳ,
μηδὲν κατεσθίοντα τῶν προκειμένων
μηδ' ἐκροφῶντα κἂν μικρόν τι τοῦ σκύφου,
ἔμφροντις ἦν, θόρυβον εἶχε καὶ ζάλην,
κινοῦσα πάντα τῆς παροιμίας κάλων,
250   ἅπαν τε μηχάνημα μηχανωμένη,
πάντας τ' ἀνοχλίζουσα τοῦ λόγου λίθους,
ὡς ἂν Δοσικλῆς τῶν τεθέντων ἐκφάγοι.
τοιγὰρ προσεγγίσασα τῷ φυτοσπόρῳ
'οὐ τὸν ξένον δέδορκας, ὦ πάτερ', λέγει,
255   'ὡς εἰς τὸ δεῖπνον ἐν κενοῖς παριζάνει
καὶ τὸ πρόσωπον τῆς ἐφεστώσης τύχης
(ἡλίκον ἀνθοῦν τῆς χαρᾶς τῷ φυκίῳ)
πενθῶν ἀμαυροῖ, καὶ ταράττει τὸν πότον,
ἄσιτος οὕτως ἐνθακεύων τῷ θρόνῳ;'
260   Τούτους ὁ Κράτων τοὺς λόγους φθάσας λέγει·
'τί ταῦτα ποιεῖς, ὦ Δοσίκλεις, ὦ τέκνον;
τί ταῦτα ποιεῖς; οὐ καλὸν χαρᾶς μέσον
ἄγειν τὸ πένθος, οὐδαμῇ παρρησία.
ἄφες τὸ πενθεῖν μειδιώσης τῆς Τύχης·
265   αἰσχρὸν γὰρ εὖ παθόντα μὴ κροτεῖν μέγα,

243-244 Achill. Tat. 1.5.3; Heliod. 7.6 ‖ 249 cf. ad 3.228 ‖ 250 Plat. Reip. 5, 460 c 9; Eurip. I.T. 112; Xenoph. Anab. 4.5.16; Polyb. 1.18.11; 30.2.2; Heliod. 2.24 et al. ‖ 251 Zenob. 5.63; Macar. 7.4; Eurip. I.A. 1249 et al. ‖ 255b 8.27 ‖ 256b cf. Eurip. Or. 1024 ‖ 257 cf. Luciani Hist. conscrib. 8; Themist. Or. 27, 336 c; Nic. Eugen. 5.83 ‖ 259 Soph. El. 267; O.C. 1293 ‖ 260 9.56 ‖ 263a Luciani Timon. 22 ‖ 264b 6.311

238 ἤ που scripsi : ἐπεὶ codd. ‖ 239 πίνει H : πίνων UL ‖ 242 inscr. U: ἔρως μυρίλλας, ἀδελφῆς κρατάνδρου, πρὸς δοσικλέα ‖ 246 μηδὲν UL : μὴ νῦν HV ‖ 247 ἐκροφῶντα Hercher : ἐρροφῶντα UL : ἐκροφοῦντα HV | κἂν UL : καὶ HV ‖ 250 et 251 τε et τ' scripsi : δὲ et δ' codd. ‖ 251 ἀνοχλίζουσα H¹V² : ἐνοχλ- H²V¹UL ‖ 259 οὕτως H : οὗτος VUL | θρόνῳ HV : χρόνῳ UL ‖ 263 παρρησία VUL : παρρησίαν H

καὶ λῃστρικὴν φυγόντα χεῖρα βαρβάρων
ἄσιτον εἶναι, μὴ κρατῆρος ἐκπίνειν,
θεοῖς ἀχαριστοῦντα τοῖς εὐεργέταις.
ἐγὼ πατήρ σοι πατρὸς ἐστερημένῳ,
270 μήτηρ ἐκείνη μητρὸς ἀπεζευγμένῳ,
ἀδελφὸς οὗτος (ἂν ἀδελφὸν δακρύῃς),
ὅν σοι πρὸ⟨ς⟩ ἡμῶν ἀνέμιξαν αἱ τύχαι·
οὐδὲν τὸ λεῖπον εἰς χαράν σοι καὶ κρότον.'
     Πρὸς ταῦτα καὶ Κράτανδρος οἰμώξας ἔφη·
275 'οὐκ ἀγνοῶ μὲν τοὺς πόνους Δοσικλέος,
οὐκ ἀγνοῶ τὸ πένθος ἐξ οὗ δακρύεις·
αἰσθάνομαι δὲ τῆς ἀδελφικῆς τύχης,
ὡς βαρυδαίμων, ὡς ὀδυρμῶν ἀξία,
ὡς πᾶν ὑπερπέπαικε μέτρον δακρύων·
280 πλὴν ἀλλ' ἕως ποῦ λῆξιν ὁ θρῆνος λάβοι,
καὶ πηνίκα στῇ τῶν στεναγμῶν ὁ κτύπος;
οὐκ ἀνδρικῆς, βέλτιστε, ταῦτα καρδίας,
ἄληκτα πενθεῖν τοὺς κακῶς πεπονθότας.
ἔκλαυσας, ἠτρόφησας οὐ βραχὺν χρόνον·
285 ἅψαι μικρόν τι καὶ τροφῆς καὶ φιάλης.'
ἔλεξε καὶ μέρος τι τῶν προκειμένων
βίᾳ φαγεῖν ἔπεισε τὸν Δοσικλέα.
     Ὁ μὲν Δοσικλῆς ταῦτα· τὴν γὰρ παρθένον
ὁρῶν παρεστηκυῖαν ἐγγὺς ἠγνόει·
290 πῶς δ' οὐκ ἂν ἠγνόησε τὴν χρυσῆν κόρην,
σαπρόν τι χιτώνιον ἐνδεδυμένην,
τετηγμένην τὰς σάρκας, ἁπλῶς δουλίδα;
οὐ μὴν Ῥοδάνθη τὸν Δοσικλῆν ἠγνόει,
καὶ προσφῦναι μὲν καὶ φιλῆσαι τὸ στόμα
295 ἡλίκον οἷον ἠρέθιστο τῷ πόθῳ,

266 2.414; 6.357; 9.106; 9.281 ‖ 274 6.264 ‖ 278a cf. Eurip. Alc. 865; Troad. 112; Aristoph. Eccl. 1102; AG 7.313 ‖ 281b 8.47 ‖ 284b 4.82; 8.3; 8.146 ‖ 289 cf. Chariton. 8.1.2 et 7 ‖ 290b 6.321 ‖ 291 8.396; Heliod. 7.7 ‖ 292a 1.124; 8.236 ‖ 294b 2.62; 3.283; 9.363; 9.446

272 πρὸς scripsi : πρὸ codd. | ἀνέμιξαν scripsi : ἐνέμιξαν codd. : συνέμιξαν Hercher ‖ 279 πᾶν HV : om. UL | ὑπερπέπαικε HV : ὑπερπέπτωκε UL ‖ 280 λάβῃ Hercher ‖ 285 τρυφῆς Gaulmin, Hercher

εἵλκυστο δ' εἰς τοὔπισθεν αἰδοῖ καὶ φόβῳ.
τέως γε μὴν ἔπραττε τὰ πρὸς ἰσχύος,
ἀφ' ὧν ἑαυτὴν γνωριεῖ τῷ φιλτάτῳ·
ἔναντι παρίστατο τοῦ Δοσικλέος,
300   ὑπεστέναζεν, ἦρχέ που καὶ δακρύειν,
καὶ μέχρι καρπῶν ἐξεγύμνου τὰς χέρας,
ὡς ἂν διαγνῷ τὴν θέσιν τῶν δακτύλων.
οὕτως ἀπηῴρητο τοῦ νεανίου,
ὡς καὶ Ῥοδάνθη μὴ δοκεῖν πεφυκέναι,
305   εἰ μὴ Ῥοδάνθην αὐτὸς αὐτὴν ἐκμάθοι.
ἀνιστόρει γοῦν καὶ Δοσικλῆς τὴν κόρην
καὶ τῆς Ῥοδάνθης ἀνετύπου τὴν πλάσιν,
ὡς ἐμφερὴς φαίνοιτο τῇ δεικνυμένῃ·
τέως γε μὴν οὐκ εἶχε σαφῶς εἰδέναι.
310   καὶ ποῦ γὰρ ὑπώπτευκεν ὡς Κύπρον μέσην
οἰκεῖ Ῥοδάνθη, τῶν βυθῶν ἀνηγμένη
καὶ τῆς θαλάσσης ἐκφυγοῦσα τὸ στόμα;
Εἶχον μὲν οὕτω ταῦτα τοῖς νεανίαις·
ἐπεὶ δὲ καὶ τὸ δεῖπνον ἔλθοι πρὸς πέρας
315   καὶ τῆς περιττῆς λῆξις ὀψαρτυσίας,
'ὦ μῆτερ', ὁ Κράτανδρος εἶπε τῇ Στάλῃ,
'ἡμᾶς μὲν οὕτως ἡ θεῶν εὐσπλαγχνία
συνῆψεν, ὡς ὁρῶμεν, ἀλλήλοις πάλιν,
καὶ παῖδα μακρᾶς ἐκ πλάνης ῥυσαμένη
320   εἰς κόλπον ἐντέθεικε τοῖς φυτοσπόροις.
ναὶ ναὶ θεῶν πρόνοια, ναὶ θεῶν κράτος
(κἂν τοῖς ἐφεξῆς ἀντιλαμβάνοισθέ μου)·
ποίῳ δὲ μηνύσαντι τὰς ἐμὰς τύχας
μαθὼν ὁ πατήρ, ὡς τὸ Πισσαῖον πέδον
325   δοῦλος παροικῶ καὶ Βρυάξου δεσπότου,

296b 9.258 ‖ **297b** Eurip. Med. 538 ‖ **299-300** cf. Eustath. Macrembol. Amor. 9.5.3 ‖ **302** cf. 1.56 ‖ **303** cf. Eustath. Macrembol. 7.9.1 ‖ **306-309** cf. Achill. Tat. 5.17.7; Eustath. Macrembol. 9.5.3 ‖ **311b** cf. 7.36 ‖ **312** 3.454; 5.48; 5.240; 6.181; 6.219 ‖ **315** cf. Longi Daphn. 4.16.1 ‖ **317b** cf. Ioann. Malalae Chronogr. p.482.11 Dindorf; 1 ep. Clem. 14.3; Eurip. Rhes. 192 et al. ‖ **319** 3.416 ‖ **321a** 1.457; 2.455; 3.75; 9.156

298 ἀφ' Le Bas : ὑφ' codd. ‖ **300** δακρύων coni. Hercher ‖ **302** διαγνῷ **H²V** : ἀναγνῶ **H¹UL** ‖ **306** ἀνιστορεῖ Gaulmin, Hercher ‖ **318** ἀλλήλοις Gaulmin : ἀλλήλους codd. ‖ **320** ἐντέθεικε **HV** : ἀντέθηκε **UL** ‖ **321** ναὶ ναὶ Le Bas : καὶ ναὶ **HV** : καὶ νοῦς **UL**

ἐλθὼν τελευτῆς ἐκ μέσης ἔσωσέ με
καὶ τῆς τυράννου χειρὸς ἐρρύσατό με·'
'Ὡς εὖ γέ σοι γένοιτο, τέκνον, τοῦ λόγου,
ὡς εὖ γέ σοι γένοιτο', φησὶν ἡ Στάλη·
330 'τῶν γὰρ λαθόντων εἰς ἀνάμνησιν φέρεις,
ὡς τῆς χαρᾶς τὸ πλῆθος, ἡ μεγιστότης
τῶν πρὶν λαθέσθαι παντελῶς ἔπεισέ με.'
ἔλεξε ταῦτα καὶ Ῥοδάνθην εἰς μέσον
ἐλθεῖν ἐπιτρέψασα τῆς εὐωχίας
335 'ταύτην', ἔφη, 'Κράτανδρε, χρηστῇ τῇ τύχῃ
τριακάδος μνῶν χρυσίνων πριαμένη
πλείω παρ' αὐτῆς ἀντεδεξάμην χάριν,
τὸν παῖδά σε Κράτανδρον ἐξευραμένη.
αὕτη μὲν οὖν οὐ προῖκα μηνύσαιτό σε
340 (ἐλευθέρας γὰρ ἀντιτεύξεται τύχης),
ὅθεν δὲ καὶ πηνίκα γινώσκουσά σε
τὴν σὴν πρὸς ἡμᾶς ἀγγελοῖ σωτηρίαν,
ἰδοὺ πάρεστι, καὶ τὰ πάντα πυνθάνου.'
Ἡ γοῦν Ῥοδάνθη προφθάσασα τὸν λόγον
345 τήν τε Κρατάνδρου πεῦσιν ἁρπασαμένη
'ὦ δέσποτα Κράτανδρε' γενναίως ἔφη,
'ὦ δέσποτα Κράτανδρε (ναὶ γὰρ δεσπότης,
ὃς πρὶν συναιχμάλωτος ἐκ Τύχης ἔφυς)·
οὐκ ἄν (θεοὶ μάρτυρες) ὑπώπτευκά σε
350 οὕτω Ῥοδάνθην ἀγνοεῖν ἱσταμένην,
πλέον δὲ πολλῷ σοῦ γε τὸν Δοσικλέα.
ὃς ζωγραφεῖν ὤμνυτο τὴν ἐμὴν θέαν
μέσῳ πρὸς αὐτῷ καρδίας πινακίῳ·
δι' ὃν παροικῶ Κύπρον ἐν δούλῃ τύχῃ,
355 ἥν, αὐτὸς οἶδεν, ἐκλιποῦσα πατρίδα,

326 8.131 ‖ 330b 1.517 ‖ 331 9.418 ‖ 335b 7.309; 8.145 ‖ 336 6.253; 7.49; 9.163 ‖
340 7.81 ‖ 348 7.256 ‖ 349 cf. ad 8.101 ‖ 353 cf. 2 ep. ad Cor. 3.3; Prov. 3.3; 7.3 ‖
354-356 cf. 3.423–424; 6.347–348; Achill. Tat. 5.18.3–5; Eustath. Macrembol. 9.9 ‖
354b cf. ad 7.254

328 om. HV ‖ 336 χρυσίνων HUL : χρυσίων V ‖ 339 αὐτὴ Gaulmin, Hercher ‖ 341 δὲ
HL : om. VU ‖ 342 ἀγγελοῖ Le Bas, Hercher : ἀγγελεῖ codd. ‖ 348 ὃς U : ὁ HVL ‖
351 σοῦ γε UL : τί δὲ HV ‖ 355 ἐκλιποῦσα HVU²L : ἐκλιποῦσαν U¹, Gaulmin, Her-
cher

ἦν οἰκίαν, ὃν ὄλβον, οὓς φυτοσπόρους,
κἂν νῦν θεωρῶν ἀγνοεῖν πλάττοιτό με.
ἐπεὶ δὲ πυνθάνοιο, πῶς ἔγνωκά σε
καὶ γνοῦσα τοῖς τεκοῦσιν ἐξήγγειλά σε,
360   ἐρῶ τὸ πᾶν ἐντεῦθεν ἀπαρξαμένη...'
      Ἔφη Ῥοδάνθη, καὶ Δοσικλῆς αὐτίκα
ἀποστερηθεὶς τῆς πνοῆς καὶ τοῦ λόγου
ὡσεὶ νεκρὸς καθῆστο τὴν κάραν κλίνας·
καὶ τάχ' ἂν ἀπώνατο τῆς χαρᾶς μόρον,
365   εἰ μὴ Μύριλλα μύρα μυκτήρων μέσον
θεῖσα ξυνεζώωσε τὸν νεανίαν.
ἐπεὶ δ' ἀναστὰς τὴν πνοὴν πάλιν λάβοι,
'τί μοι, θεοί, τὸ φάσμα τοῦτο τὸ ξένον;
τίς ὁ πλατὺς ὄνειρος;' ἐξεκεκράγει.
370   'ἢ που Ῥοδάνθην εἰσορῶ; παίζεις, Φθόνε·
γελᾷς, Τύχη, γέλωτα μεστὸν δακρύων,
εἴδωλα δεικνύουσα τῆς ποθουμένης.
ζῇς μοι, Ῥοδάνθη, καὶ βλέπεις τὴν ἡμέραν;
ζῇς μοι, Ῥοδάνθη, ζῇς, ὁρᾷς, ἀναπνέεις;
375   οὐ φάσμα τοῦτο· ναί, θεοί, τρανῶς βλέπω·
ὕπαρ τὸ παρόν, οὐκ ὄνειρος ἡ θέα·
ὕπαρ, θεοὶ σωτῆρες, οὐ γὰρ ἀπάτη·
οὐκ ἀπάτη τὸ πρᾶγμα καὶ φαντασία·
οὐ φαντασία καὶ Τύχης ἄλλο δρᾶμα.
380   ὦ δεῦρο πρόσπτυξαί με, καλὴ παρθένε,
ὦ δεῦρο συμπλάκηθι τῷ σῷ νυμφίῳ.'
      Πρὸς ταῦτα καὶ Κράτανδρος ἀντεκεκράγει·
'φεῦ φεῦ, τί τοῦτο, τί, τροπαιοῦχοι θεοί;
βιοῖ Ῥοδάνθη, καὶ Δοσικλῆς δακρύει;
385   τί μοι κρατῆρος καὶ τρυφῆς; τί μοι πότου;

---

357 cf. 8.289; 8.309 ‖ 360b cf. 1.515 ‖ 363b 4.23 ‖ 364–366 cf. Eustath. Macrembol.
9.14.1–2 καὶ ἡ Ῥοδόπη... τὴν ψυχὴν ἀνεκτᾶτό μου τὰς ῥῖνας μυρίζουσα... ‖
368b 9.252; Eurip. I.T. 42 ‖ 370b 6.414; 8.499 ‖ 371a 8.493–494 ∣ 371b cf. Phot. et Suda
s. v. σαρδάζων· μετὰ πικρίας γελῶν ‖ 373–374 cf. 7.27; 7.59 ‖ 375b cf. 4.227; 4.336;
4.359; 7.447 ‖ 376 cf. Odyss. 19.547; 20.90 et al. ‖ 377 1.153; 8.512 ‖ 379b 6.180; 8.493;
Achill. Tat. 1.3.3; 6.3.1 ‖ 380 8.167; 9.84; 9.305 ‖ 381 cf. 3.274 ‖ 383b 7.443

361 inscr. U: ἀναγνωρισμὸς δοσικλέος καὶ ῥοδάνθης ‖ 372 εἴδωλα HV : εἴδωλον UL ‖
382–384 om. V

ὤμοι πάτερ καὶ μῆτερ, ὦ πάντες φίλοι,
τίς τῆς ἑορτῆς τῆς προλαβούσης χάρις;
ἄλλην ἑορτάζωμεν εὐχαριστέραν.
ὡς ἐντελὲς τὸ γῆθος, ἡ θυμηδία,
390   καὶ τῶν θεῶν ἡ χάρις ὡς πληρεστάτη.
σκιρτῶμεν οὖν, σκιρτῶμεν, ἄνδρες, ὁμμάδην,
θεοῖς θύωμεν σῶστρα τοῖς σωτηρίοις.
    Ἰδού, Δοσίκλεις, ἡ Ῥοδάνθη, μὴ κλάε·
ἰδού, Ῥοδάνθη, χαιρέτω τὰ δάκρυα,
395   εἰς μακρὰν ἐρρίφθωσαν οἱ συχνοὶ γόοι.
τὸν σαπρὸν ἐκδύθητι πέπλον, παρθένε,
καὶ τῆς Ῥοδάνθης ἀξίαν στολὴν λάβε.
ἐλθὲ ξὺν ἡμῖν, συσσιτοῦ τῷ φιλτάτῳ,
κάθιζε σαυτὴν πλησίον Δοσικλέος.
400   ἔχεις τὸν αὐτὸν ἄρτον ὑπουργουμένη,
ἀλλ᾿ οὐχ ὑπουργὸς τοῖς ἐφεστιωμένοις·
ἔχεις τὸν αὐτὸν οἶνον, εἰ πίνειν θέλεις.
μῆτερ, προκείσθω δευτέρα πανδαισία·
πανήγυριν στήσωμεν εὐκλεεστέραν,
405   χαρῶμεν, εὐφρανθῶμεν ἡδονὴν νέαν·
τὰ πρῶτα κακὰ τοῖς νέοις ὑπεκρύβη.᾿
    Τοσοῦτον εἰπὼν ἐξανέστη τοῦ θρόνου,
κἀκ τοῦ χιτῶνος τῆς κόρης εἰλημμένος
(ὃν ἐνδύναι δέδωκεν εὐθὺς ἡ Στάλη,
410   λευκόν, καθαρὸν καὶ Ῥοδάνθης ἄξιον),
ξύνεδρον αὐτὴν τῷ Δοσικλεῖ δεικνύει.
πρὸς ταῦτα ποῖον γῆθος, ἡδονὴ πόση.
τίς οὐκ ἐνετρύφησε τοῖς τελουμένοις;
τίς οὐ θεοῖς δέδωκεν εὐχαριστίαν;
415   κοινὴ τὰ πάντα χαρμονή, κοινὸς κρότος.

389a 8. 151; 8. 412 | 389b 2. 140; 9. 436 || 390 2. 219; 3. 8; 3. 127; 6. 349; 7. 329; 7. 506;
8. 506 || 391a Aristoph. Plut. 761 || 392 1. 459; 8. 140 || 396a 8. 291 || 403 cf. 2. 54; 8. 228 ||
404b cf. 8. 388 || 407 8. 113 || 408 cf. 8. 203 || 409–410 cf. Achill. Tat. 5. 17. 10 || 411 cf.
8. 398–399 || 413b 3. 203 || 414 cf. Polyb. 1. 36. 1; 2 ep. ad Cor. 9. 11; 14. 15; Apocal. 7. 12;
Theodos. Diac. Exp. Cretae 2. 32 et al. || 415 7. 271; 8. 163

388 ἑορτάζωμεν U : ἑορτάζοιμεν HV : ἑορτάζομεν L || 393 κλάε HV : κλαῖε UL ||
398–497 om. H || 405 χαρῶμεν VUL : χορῶμεν Gaulmin, Hercher || 414 οὐ θεοῖς Gaul-
min : οὐ θεᾶς V : θεοῖς οὐ UL

μόνη Μυρίλλα, τῇ θυγατρὶ τῆς Στάλης,
ἡ χαρμονὴ πρὸς πένθος ἀντανετράπη.
ἐπεὶ γάρ, οὓς ἔδοξεν, εὐτυχεῖς γάμους
καὶ τὸν προελπισθέντα καλὸν νυμφίον
420   (ἐρωτικῆς γὰρ ἐλπίδος χειρογράφῳ
αὐτὴ προηγγύησε τὸν Δοσικλέα),
ἐπεὶ τὰ λέκτρα ταῦτα, τοῦτον τὸν γάμον
ἥρπαστο καὶ κέκαρτο πᾶσαν ἐλπίδα,
τῆς δουλίδος τὰ φίλα κλεψάσης λέχη,
425   ἐδυσφόρει τὸ πάθος, οὐκ ἐκαρτέρει,
ἐζηλοτύπει τὴν πρὸ μικροῦ δουλίδα,
πικρῶς ἐπωφθάλμιζε τῷ κορασίῳ.
      Τούτοις μὲν οὖν ἔληξεν οὕτως ὁ κρότος,
ναὶ δῆτα καὶ τὸ δεῖπνον αὐτῷ τῷ κρότῳ·
430   οὐ μὴν ἔληξε καὶ Μυρίλλας ὁ φθόνος,
ἀεὶ δ' ἀπαξάπαντα τοῦ λοιποῦ χρόνον
κακορράφων ἔρραπτε λίνα δικτύων,
δι' ὧν ἀγρεῦσαι τὴν Ῥοδάνθην ἰσχύσοι.
ὡς οὖν ἅπας κέκλειστο τῷ φθόνῳ τρόπος
435   (τὰ πάντα γὰρ δραμοῦσα, πάντων ἠστόχει),
τέλος τί ποιεῖ, ποῖον ἀρτύει δόλον;
σκύφον ποτοῦ πίμπλησι δηλητηρίου,
καὶ τοῦ Κρατάνδρου, πρὸς δὲ καὶ Δοσικλέος
ὡς εἰς κυνηγέσιον ἐξωρμηκότων,
440   διδοῖ πιεῖν ἐκεῖνον ἐν δείπνῳ μέσῳ.
τοῦ δὲ κρατῆρος τοὔργον οὐ ταχὺς φόνος,

418 cf. 8.242–244; 9.310 ‖ 422 cf. 6.366 ‖ 426 cf. Heliod. 7.7 s.f.; 7.8; 8.7 ‖ 427 cf. Chariton. 1.7.1; Nic. Chon. De Man. Comn. 3 p.153.24 Bekker ‖ 432a cf. Iliad. 15.16; Odyss. 2.236; 12.26; Ps.-Apollinar. Laod. Metaphr. in Ps. 14.4 (PG 33, 1328 C); Synes. Ep. 148 (PG 66, 1548 A); Hesych. s.v. κακορραφεύς; Phot. et Suda s.v. 167 κακορραφίαι; Io. Tzetzae Chil. 8.925 (918) δολορράφος ‖ 437 cf. Achill. Tat. 4.9.1 et 4.15.4

416 μυρίλλα VUL, Gaulmin : Μυρίλλη Hercher ‖ 417 ἀντανετράπη UL : ἀντενετράπη V ‖ 418 γάρ UL : γοῦν V ‖ 419 προελπισθέντα V : προσ- UL ‖ 420 γὰρ ἐλπίδος V : ἐλπίδος γὰρ L : ἐλπίδος τῇ U ‖ 421 προηγγύησε V : προσ- UL ‖ 428 τούτοις VUL : οὕτω coni. Hercher (conl. 3.43; 4.1) | οὕτως scripsi : οὗτος VUL ‖ 430 μυρίλλας VUL, Gaulmin : Μυρίλλης Hercher ‖ 431 χρόνον UL : χρόνου V, Gaulmin, Hercher ‖ 432 inscr. U: ἐπιβουλὴ κακίστη μυρίλλας πρὸς τὴν δροσίλλαν ‖ 433 ἰσχύσοι UL : ἰσχύσει V ‖ 440 ἐκεῖνον V : ἐκείνην UL

οὐδὲ φρενῶν ἔκστασις, οὐδ' ἄλλη νόσος,
μόνη δὲ παντὸς πάρεσις τοῦ σαρκίου.
Τῆς γοῦν Ῥοδάνθης ἐκπιούσης τοῦ σκύφου
445   εὐθὺς παρηρθρώθησεν ἡ πᾶσα πλάσις,
ἡ πᾶσα σὰρξ παρεῖτο, καὶ νεκροῦ δίκην
ἔχρῃζε τοῦ κινοῦντος, οὐ κινουμένη.
ὢ ζηλοτύπου καρδίας καὶ βασκάνου·
449   ἐφ' ᾧ τυχεῖν ἔρωτος, ἐντυχεῖν γάμῳ,
451   ἐφ' ᾧ συνελθεῖν τῷ Δοσικλεῖ νυμφίῳ
450   (ὧν οὐ τυχεῖν ἔμελλεν ἐνδίκῳ κρίσει),
452   δέδωκε σαρκὸς πάρεσιν τῇ παρθένῳ.
οὐ χεὶρ ἐκεῖ πράττουσα καὶ κινουμένη,
οὐ δάκτυλοι ποιοῦντες οὐδὲν οὐδέπω,
455   οὐ ποῦς ἐκεῖ πρὸς οἶμον εὖ ἐσταλμένος,
οὐ γλῶσσα λάλος, οὐ κινούμενον στόμα.
τί μοι τὰ πολλὰ καὶ τὰ πρὸς μέρος λέγειν;
ἁπλῶς γὰρ εἰπεῖν καὶ συνεκτικῷ λόγῳ,
ἐνεργὸν οὐδὲν τῶν μελῶν τῇ παρθένῳ.
460   Ἡ μὲν Μύριλλα ταῦτα βασκάνῳ τρόπῳ·
τί δ' ἡ θεῶν χεὶρ καὶ τὰ δεσμὰ τῆς Δίκης;
οὐκ εὐθὺς ἀντέστραπτο τῇ πονηρίᾳ;
μέντοι· μισεῖ γὰρ τὴν κακότροπον φύσιν.
ὁ γοῦν Δοσικλῆς καὶ Κράτανδρος, ὡς ἔφην,
465   θηρῶντες ὡς θηρῷεν ἐν λόχμαις μέσαις,
ἄρκτον νοσοῦσαν εὗρον ἡμιπληξίαν,
τοῖς δεξιοῖς μὲν νεκράν, οὐ κινουμένην,

442a cf. Georg. Pis. Hexaem. 418; Plotini 5.3.7; Plut. Solon. 8.1 et al. ‖ 443 cf. Xenoph. Ephes. 3.5.11; 3.6.5; 3.7.4; Pauli Aegin. 3.18 ‖ 445 cf. Plat. Axiochi 367 b 5 ‖ 448a 6.320; 8.426; 9.35 ‖ 451b 2.281; 2.376; 2.384; 3.369 ‖ 450b cf. ad 1.259 ‖ 457 2.126; 7.237 ‖ 458b cf. Apollonii Dyscoli De adv. p. 141.21 Schneider ‖ 460b cf. 8.448 ‖ 461a 5.228; 9.150 ‖ 461b 5.228; 7.389. cf. Parmen. B 1.14; B 8.14 et 30–31; B 10.6 et al. ‖ 464–465 7.438–439; 8.498 ‖ 466–479 cf. V. Pecoraro, Jahrbuch der Österreichischen Byzantinistik 32 (1982) 307–319 ‖ 466a cf. St. Thompson, Motif-Index B 512 ‖ 466b cf. Pauli Aegin. 3.18

443 παντὸς V, Gaulmin (cf. 446) : πάντως UL, Hercher ‖ 445 παρηρθρώθησεν ULV (-σαν) : παραρθρώσειεν coni. Hercher ‖ 451 versui 450 praeposui ‖ 461 δεσμὰ VU¹L (cf. 5.228; 4.51) : θεσμὰ U², Hercher (LVII, cf. 7.389) ‖ 462 ἀντέστραπτο UL : ἀντέτραπτο V ‖ 464 γοῦν Le Bas, Hercher : γὰρ codd. ‖ 465 λόχμαις U : λόγχαις VL

εὐωνύμοις δὲ προσ⟨σ⟩εσυρμένην μόνοις.
ὡς δὲ προῆλθεν εἰς ποηφόρον τόπον,
470 ἀνεσπακυῖά ⟨γ'⟩ εὐπρεπεστάτην πόαν
(ἧς ῥίζα λευκή, φύλλον ἐμφερὲς ῥόδοις,
ῥόδοις ἐρυθροῖς, οὐχὶ λευκόχροις ῥόδοις,
χαμαιφυεῖς ἔχουσι καὶ πολλοὺς κλάδους,
ὥνπερ τὸ δέρμα φοινικοῦν τὴν ἰδέαν·
475 τρίχρους ἁπλῶς ἡ πᾶσα τῆς πόας χάρις),
ταύτην περιτρίψασα τῷ νεκρῷ μέλει
ἡ φυσικὴ τεχνῖτις (ἄρκτος, ἣν ἔφην)
τὸ νεκρὸν ἐζώωσεν ἅπαν σαρκίον
καὶ φυγὰς ἀρτίσωος ᾤχετο δρόμῳ.
480 ταύτην Δοσικλῆς τὴν ξένην ὁρῶν θέαν
καὶ θαυμάσας τὸ πρᾶγμα (πῶς γὰρ οὐκ ἔδει,
εἰ φυσικῷ τὰ ζῷα γινώσκει λόγῳ
ἃ καὶ μαθόντες ἀγνοοῦμεν πολλάκις;),
κύψας ἀνῆρε τὴν ἰάτειραν πόαν·
485 καὶ μὴ μελήσας μηδὲ πολλοστὸν χρόνον
ἅμα Κρατάνδρῳ πρὸς τὸν οἶκον ἐτράπη.
    Δοῦλος δὲ τούτους εἰσιόντας προφθάσας
οἰκτρῶν κατῆρχεν ἀθλίως μηνυμάτων,
τὴν πάρεσιν, φεῦ, μηνύων τῆς παρθένου.
490 οἴαν Δοσικλῆς ἔσχεν εὐθὺς καρδίαν,
οἴων ἀκούσας ἥψατο θρηνημάτων,
οὐκ ἔστι μὴ παθόντας εἰπεῖν, ὡς ἔχει.
'φεῦ, πάλιν ἀρχὴ δραμάτων ἄλλων, Τύχη,
πάλιν γέλως σοι καὶ Δοσικλέι πόνοι.

470-475 cf. Dioscorid. 2.175 βατράχιον· οἱ δὲ σέλινον ἄγριον καλοῦσι; Plin. N. H.
25.172-174 ‖ 476 cf. ad 8.504 ‖ 478 8.506 et 523 ‖ 481b 6.152 ‖ 482 4.184; 5.37; 5.257;
7.369 ‖ 493b 6.180; 7.379 ‖ 494a 8.371; Ioann. Cinnami Hist. 5.5 (p. 214.11 Meineke)

468 προσεσυρμένην codd., correxi ‖ 470 ἀνεσπακυῖά γ' scripsi : ἀνεσπακυῖαν V : ἀν-
εσπακυῖα UL | εὐπρεπεστάτην πόαν VUL, Gaulmin (cf. 475, 484, 503, 517, 521) :
ποίαν εὐπρεπεστάτην Hercher ‖ 472 solus V : om. ULH ‖ 473 ἔχουσι coni. Hercher :
ἔχουσα V, Gaulmin : ἔχουσαν UL ‖ 475 τρίχρους V² : τρίχους V¹ : τριχῶς UL ‖ 479 ἀρ-
τίσωος scripsi : ἀρτίσωμος VUL ‖ 484 ἀνῆρε UL : ἀνῆρκε V ‖ 488 ἀθλίως Boissonade :
ἀθλίων UL : ἀθλίοις V ‖ 493 ἄλλων UL : ἄλλη V ‖ 494 σοι UL : σὸς V | πόνοι VUL :
πόνος Gaulmin, Hercher

495 νοσεῖ Ῥοδάνθη πάρεσιν τοῦ σαρκίου
καὶ ζῶσα θνήσκει, μηδαμῇ κινουμένη·
νοσεῖ Ῥοδάνθη, καὶ Δοσικλῆς ἱππότης
καὶ πρὸς κυνηγέσια καὶ θήραν τρέχει.
χθὲς τὴν Ῥοδάνθην εἶδον, ὦ πικρὲ Φθόνε·
500 χθές, οὐ πρὸ καὶ πρότριτα, δυσμενὴς Τύχη.'
   Ἔλεξε ταῦτα καὶ προσελθὼν τῇ κόρῃ
καὶ τὸ προῆκον ἐξαποστάξας δάκρυ
τὸν κόλπον ἠρευνᾶτο τῆς πόας χάριν.
ὡς δ' εὗρεν, ἐξήγαγε, καὶ περιχρίσας,
505 τὴν σάρκα πᾶσαν τῆς παρειμένης κόρης
ἔρρωσεν, ἐζώωσεν (ὦ θεία χάρις).
ἡ μηδ' ὁπωσοῦν μηδαμῇ κινουμένη
ἀνήλατο, προσῆλθε τῷ ποθουμένῳ,
ἐπέσχε δακρύοντα τῆς θρηνῳδίας.
510   Ταύτην Δοσικλῆς ζῶσαν, ἑστῶσαν βλέπων,
λαλοῦσαν ὡς βούλοιτο καὶ κινουμένην,
'ἔγνων, θεοὶ σωτῆρες', ἐξεκεκράγει,
'ὡς τῶν ἐμῶν κήδεσθε καὶ τῶν τῆς κόρης.
ὑμῖν ἐμαυτὸν εἰς τὸ πᾶν ἐπιτρέπω·
515 ὑμῶν ἀναρτῶ τοῦ γάμου τὰς ἐλπίδας.
σοὶ δ', ἄρκτε, τίς γένοιτο παρ' ἡμῶν χάρις
εἰς ἀνταμοιβήν, ἧς ἔδως, χρυσῆς πόας;
ἦ μήν (θεοὶ δὲ μαρτυρούντων τῷ λόγῳ)
οὐκ ἄν ποτ' ἄρκτοις ἐντινάξαιμι σπάθην,
520 οὐδὲ ξίφος θήξαιμι τοῖς διδασκάλοις.'
   Τοσοῦτον εἰπὼν ἠσπάσατο τὴν πόαν
καὶ 'χαῖρε', φησί, 'γῆς θύγατερ ὀλβία,

495b 8.443 ‖ 496b 8.447; 8.507 ‖ 499b 6.414; 8.370 ‖ 500b 1.88; 9.147; Nic. Eugen.
1.213; 6.37; 8.175; 9.235 ‖ 504b cf. 8.476; Pauli Aeginetae 3.18.3 θεραπεία παρέσεως·
… (p. 163.15 Heiberg) λιπάσματά τε συγχριστὰ τοιαῦτα· … (20) εὐθετεῖ δὲ ἀκριβῶς
καὶ βατράχιος βοτάνη ἐνεψωμένη τῷ ἐλαίῳ ἐν ἡλίῳ ταριχευομένη; Achill. Tat.
4.10.4–5 ‖ 506b 2.219; 3.127 ‖ 507b 8.447; 8.496; 8.526 ‖ 509b 3.84; 7.13; 8.491;
9.178 ‖ 512 1.153; 8.377 ‖ 515a cf. 6.64; Luciani Timon. 36; Synes. Ep. 145 (PG 66,
1541 A) ‖ 518 cf. ad 8.101

498 θήραν **HUL** : θήρας **V**, Gaulmin ‖ 500 πρὸ Hercher : πρὸς codd. ‖ 501 inscr. **U**:
ὑγεία ῥοδάνθης ‖ 502 προῆκον Hercher : προσῆκον codd. ‖ 508 ἀνήλατο Hercher : ἀνήλ-
λατο codd. ‖ 515 ὑμῶν **HV** : ὑμῖν **UL** ‖ 519 ἐντινάξαιμι **UL** : ἐντινάξωμαι **HV**

ζωώτρια θνήσκοντος ἀνθρώπων γένους,
ψυχώτρια κλινέντος εἰς ἀψυχίαν,
525 ἄρθρων ἀνάρθρων καὶ μελῶν παρειμένων
συνδεσμέ, καὶ κίνησις οὐ κινουμένων.
οὕτω, θεοί, σώζοιτε τὸν Δοσικλέα,
οὕτω Ῥοδάνθης ἀντιλαμβάνου, Τύχη·
Ἑρμῆ Λόγιε, μνημόνευε τοῦ λόγου
530 καὶ τοὺς ὑποσχεθέντας ἐκτέλει γάμους.'

TOY AYTOY
ΤΩΝ ΚΑΤΑ ΡΟΔΑΝΘΗΝ ΚΑΙ ΔΟΣΙΚΛΕΑ
ΒΙΒΛΙΟΝ ΕΝΝΑΤΟΝ

Τοσοῦτον εἶπεν ἢ τυχόν τι καὶ πλέον
ὁ πάντα καλὸς τῆς Ῥοδάνθης νυμφίος,
λέγειν τὰ πλεῖστα τῆς χαρᾶς δωρουμένης,
ἧς συμμερισταὶ καὶ Κράτανδρος καὶ Κράτων
5 αὐτῇ Στάλη καὶ πᾶσι τοῖς τῆς οἰκίας.
μόνη Μύριλλα συντακεῖσα τῷ φθόνῳ,
καὶ μᾶλλον ὡς ἥμαρτε τῆς σκαιωρίας,
τὸ κοινὸν ἐντρύφημα, τὸν κοινὸν γέλων
οἰκεῖον εἶχε πένθος, οἰκεῖον δάκρυ.
10 Ἐπεὶ δὲ νὺξ προ⟨σ⟩ῆλθε φωτὸς ἐκστάσει
καὶ πάντες ἀφύπνωττον ἐν μέσαις κλίναις,
μόνη Ῥοδάνθη πρὸς μόνον Δοσικλέα
ἔφη· 'Δοσίκλεις, ἀγαθὴ μὲν ἡ Στάλη,
καλὸς δὲ καὶ Κράτανδρος, ὡς δὲ καὶ Κράτων,
15 σώζων, ξενίζων, ἐκ πλάνης ἐπιστρέφων·

524a Const. Manass. Chron. 145 et 4804 ‖ 529 cf. Luciani Gall. 2; Pseudol. 24; Apolog. 2; Aristid. Or. 2. 19 et 57; Orph. hymn. 28. 4; Iuliani Or. 4, 132 a; AG app. 3. 240. 6 Cougny; Anth. Plan. 321. 2 et al. ‖ 530 cf. 3. 69–75; 3. 432–433; 6. 394–396; 6. 471–472; 9. 474–478
1 7. 138; 9. 270 ‖ 6a 8. 232–233; 9. 12 ‖ 7b 2. 147; 9. 85 ‖ 11b 3. 29; 5. 269 ‖ 12 2. 449

524 κλιθέντος Hercher ‖ 529 λόγιε HV : λόγε δὲ L : λόγε U
4 συμμερισταὶ scripsi : συμμεριστὴς codd. ‖ 10 προσῆλθε coni. Hercher : προῆλθε codd. ‖ 11 ἀφύπνωττον Hilberg (15), cf. 4. 417 : ἐφύπνωττον codd. ‖ 12 inscr. U: ὁμιλία ῥοδάνθης πρὸς δοσικλέα

καὶ Ζεὺς Ξένιος ἀντιδώσοι τὴν χάριν
τῷμῷ ξενιστῇ τῇ τ᾿ ἐμῇ ξενιστρίᾳ,
ἀνθ᾿ ὧν Δοσικλεῖ προσλαλεῖν ἔδοντό μοι,
ἀνθ᾿ ὧν παρέσχον καὶ τύχην ἐλευθέραν.

20 ἡμῖν δὲ τὸ ξυνοῖσον ἐξευρητέον,
πάσαις τε βουλαῖς τοὺς πονηροὺς φευκτέον
καὶ τὴν ἑαυτῶν σκεπτέον σωτηρίαν
καὶ ποῦ λαθεῖν σχοίημεν εἰσηγητέον.
τέως γε μὴν τὴν Κύπρον ἐκπορευτέον

25 καὶ τῆς Μυρίλλας τάχος ἀποστατέον
καὶ παντάπασι τὸν φθόνον φυλακτέον,
εἰ μὴ θέλοιμεν ταῖς πρὶν ἐμπεσεῖν τύχαις·
οἷαι δ᾿ ἐκεῖναι καὶ πόσης τῆς πικρίας,
εὖ οἶσθα, πείρας πειραθεὶς διδασκάλου.

30 Ἢ γὰρ Μυρίλλας ὁ φθόνος λέληθέ σε;
οὐ τὴν δοθεῖσαν φιάλην τοῦ φαρμάκου,
ἐξ ἧς παρείθην τὴν ὅλην διαρτίαν,
ἔγνως, πόθεν κἀκ τίνος ἐστὶν αἰτίας;
οὐ τὸν καθ᾿ ἡμῶν ἔσχες εἰδέναι δόλον,

35 τὴν ζηλοτύπου καρδίας κακουργίαν;
ἢ καὶ μαθὼν ἔστερξας ἴσως τὸ δρᾶμα,
καὶ τῆς Ῥοδάνθης ὥσπερ ἐβδελυγμένης
εἵλου Μυρίλλας μᾶλλον εἶναι νυμφίος;
εἰ τοῦτο, συζεύχθητι τῇ ποθουμένῃ,

40 λάβῃ θάνατον ἡ Ῥοδάνθη νυμφίον·
οὐ γὰρ ἀποζυγεῖσα τοῦ Δοσικλέος
ἄνυμφος ἔσται, συμμιγῇ δὲ τῷ σκότῳ
καὶ τῶν Χάρωνος ἀπολαύσῃ παστάδων.

16a 3. 125; 9. 379 ‖ 19b 7. 81; 8. 340 ‖ 20-26 cf. 6. 397-399; 9. 376-380 ‖ 20 9. 52; 9. 96 ‖
27b 1. 129-130 ‖ 31 8. 437 et 444; 9. 70 ‖ 32 8. 443 et 445; 9. 71 ‖ 35 6. 320; 8. 448 ‖ 37b cf.
1. 330 ‖ 40 cf. 9. 43; Eurip. I. A. 461; I. T. 369; Or. 1109; Troad. 445; Soph. Ant. 654 et
816 ‖ 41 6. 469 ‖ 42a 1. 216; 2. 372

16 ἀντιδώσοι U : ἀντιδώσει HVL ‖ 17 τ᾿ H : om. VUL ‖ 20 ξυνοῖσον Hercher : συν-
codd. ‖ 21 τε scripsi : δὲ codd. ‖ 23 ποῦ scripsi : ποῖ codd. ‖ 25, 30, 38, 44 et 81 μυρίλλας
codd. : Μυρίλλης Hercher ‖ 27 ἐμπεσεῖν UL (cf. 1. 129-130) : ἐντυχεῖν HV ‖ 29 πειρα-
θεὶς VUL : πειρασθεὶς H ‖ 34 ἡμῶν Hercher : ἡμᾶς codd. | δόλον HV (cf. 44) : στό-
λον U : θόλον L ‖ 40 ῥοδάνθη UL, Gaulmin : μυρίλλα HV ‖ 43 ἀπολαύσῃ scripsi : ἀπο-
λαύσει codd.

Εἰ δ' ἄρα μὴ σὺ τῆς Μυρίλλας τὸν δόλον
45 ξύνοιδας, ἐκφύγωμεν ἐκ Κύπρου μέσης,
μή που κατακριθῶμεν αὐτοχειρίαν,
οὐκ ἐκφυγόντες ὃν προήδειμεν φόνον.
καλὸς Κράτανδρος, ναὶ καλός, καλὴ Στάλη,
ναὶ γὰρ καλή, μέντοι γε καλὸς ὁ Κράτων·
50 ἀλλ' οὐκ ἐμοὶ γοῦν καλλίων Δοσικλέος.
ἐμοὶ μὲν ὡς Μύριλλαν ἀποφευκτέον
δοκεῖ συνοῖσον· οἷς δὲ φευκτέον τρόποις
καὶ ποῖ φυγόντες τὴν καλύβην κτιστέον
(ναὶ γὰρ καλύβην, ὡς ἔδοξε τῇ Τύχῃ),
55 τῆς φροντίδος δέοιτο τοῦ Δοσικλέος.
Τούτους Δοσικλῆς τοὺς λόγους φθάσας ἔφη·
'ὡς μὲν καλὸς Κράτανδρος, ὡς καλὴ Στάλη,
ὡς πάντα χρηστός, ὡς ἀγαθὸς ὁ Κράτων,
τῷ σῷ λόγῳ ξύμφημι κἀγώ, παρθένε·
60 μὴ γὰρ τόσον πίοιμεν ἐκ Λήθης πόμα,
μηδ' ὕστερον πάθοιμεν ἀχαριστίαν,
ὡς ἐκλαθέσθαι τῶν ξενίων ἁλάτων.
ὡς δ' ἄρα καὶ Μύριλλαν εἰσέλθοι φθόνος
καὶ ζηλοτύπου μανίας καινὴ νόσος,
65 ἔγνων (ἐρῶν γὰρ τὰς ἐρώσας καρδίας
ῥᾷον διαγνῷ καὶ τί πάσχοιεν μάθῃ)·
ἃ δὴ πρὸς ἀρχῇ τῆς ἀβρᾶς εὐωχίας
πέπονθε καὶ δέδρακεν, οὐ λέληθέ με·
ὡς δὲ προήχθη πρὸς φθόνου τόσον πάχος,
70 ὡς καὶ Ῥοδάνθῃ φαρμάκων κιρνᾶν σκύφον,
ἐφ' ᾧ γένοιτ' ἂν πάρεσις τῷ σαρκίῳ,

45b 8.310 ‖ 46b cf. ad 4.234 ‖ 48–49 9.13–14 et 57–58 ‖ 51 cf. 9.25 ‖ 53–54 cf. Hesych.
καλύβη· σκηνή, παστάς ‖ 56 8.260 ‖ 57–58 9.48–49 ‖ 60 6.433. cf. Plat. Reip. 10, 621 a 2;
c 1; Luciani Timon. 54; De luctu 5; Dial. mort. 13.6; 28.2; Pausan. 9.39.8 et al. ‖
62b cf. 2.51; 2.92; Nic. Eugen. 6.240 ‖ 64a cf. 6.320; 8.448; 9.35 ‖ 64b 7.258 ‖ 68 cf.
8.242–252 ‖ 70 cf. 8.437 et 440; 9.31 ‖ 71 cf. 8.443

45 ἐκφύγωμεν HV : φύγωμεν UL ‖ 47 προήδειμεν HV : προΐδοιμεν UL ‖ 48 ναὶ κα-
λός HV : νοῦς πατὴρ καλός L : καλὸς πατήρ U ‖ 49 κράτων U (in mg.), Gaulmin :
στράτων codd. ‖ 58 κράτων U, Gaulmin : στράτων HVL ‖ 61 ἀχαριστίαν scripsi : ἀχαρι-
στίας codd. ‖ 67 δὴ scripsi : δὲ codd. ‖ ἀρχῇ HV : αὐτῆς UL ‖ 68 λέληθέ με HV :
λελήσμεθα UL ‖ 70 σκύφον scripsi (cf. 8.437) : σκύφους HV : σκύφος UL ‖ 71 ᾧ Her-
cher : ὧν codd.

ὅπως ἐπ' αὐτὴν ἀντικάμψω τὸν πόθον
ἰοῦ Ῥοδάνθης τῶν μελῶν παρειμένης,
οὐπώποθ' ὑπώπτευκα (μάρτυς ἡ Δίκη).
75 καὶ ποῦ γὰρ ἂν ἤλπιστο τῷ Δοσικλέι
οὕτω Μύριλλαν τῶν φρενῶν ἀφεστάναι,
ὡς προσδοκῆσαι τὸν Δοσικλῆν ἑλκύσαι,
εἰ τῇ Ῥοδάνθῃ παρεθείσῃ προσβλέποι,
ὃς τηνικαῦτ' ἂν καὶ σπάθην ἐσπασμένος
80 μέσων κατ' αὐτῶν ἐγκάτων ἐπηξάμην;
οὐ γοῦν προήδειν τῆς Μυρίλλας τὸν δόλον·
οὐχὶ προήδειν, οὐ μὰ τοῦτο τὸ στόμα,
οὐ μὰ τὸ χεῖλος τοῦτο· (καὶ λέγων ἅμα
ἄμφω προσεπτύξατο καὶ συνεπλάκη).
85 Ἐπεὶ δὲ νῦν ἔγνωκα τὴν σκαιωρίαν,
σοὶ τῇ Ῥοδάνθῃ ξυντυχὼν διδασκάλῳ,
ἐρήσομαί σε, σὺ δ' ἀποκρίθητί μοι.
εἰ Κύπρον ἁπλῶς ἐκφυγεῖν ἐπιτρέπεις,
ὡς ἂν ψιλὴν θέλησιν εἰς πέρας φέρῃς
90 καὶ τὸν Δοσικλῆν ἀκριβέστερον μάθῃς
(εἰ μέχρι καὶ νῦν ἀγνοεῖς αὐτὸν τέως),
ἐφέψομαί σοι· καὶ τί γὰρ ποιεῖν ἔχω;
εἰ δ' ἄρα βουλῇ καὶ σκοπῷ τὸ πᾶν δίδως,
βουλεύσομαι· θεὸς δὲ τὴν βουλὴν βλέποι.
95 καὶ σὺ δὲ συμβούλευε, συμπερισκόπει,
μή που λαθόν με τὸ ξυνοῖσον ἐκφύγῃ·
κοινὴ γὰρ ἀμφοῖν ἐστιν ἡ σωτηρία.
Πρῶτον μὲν οὖν δέοιτο βουλῆς καὶ λόγου,
ποῖ καὶ τράπωμεν Κύπρον ἐκπεφευγότες
100 (τὰς γὰρ σύνεγγυς ἠγνοήσαμεν πόλεις),
τίνας δὲ καὶ σχοίημεν ὡς ποδηγέτας,

---

73 cf. 8.445–446; 9.32 ‖ **74b** cf. ad 8.101 ‖ **76b** Soph. Philoct. 865; Eurip. Or. 1021;
Bacch. 944. cf. 2.218; 3.497; 4.426; 5.79; 8.442 ‖ **79b** 6.91 ‖ **80** 3.458; 6.103–104 ‖
83–84 cf. 9.173–174 ‖ **85b** 9.7 ‖ **86** cf. 9.29 ‖ **89a** cf. 4.158 ‖ **89b** 7.385 ‖ **90b** 5.136 ‖
91a 3.419 ‖ **92b** 8.110; 9.143 ‖ **93a** 9.131; 9.254 ‖ **94b** 5.81

73 ἰοῦ HVL : ἰδοῦ V | τῶν μελῶν HV (cf. 8.459 et 525) : ἀμελῶν UL ‖ 79 τηνικαῦτ'
ἂν scripsi : τηνικαῦταν L : τηνικαῦτα HVU ‖ 96 ἐκφύγῃ HV² : ἐκφύγοι V¹UL ‖ 99 ποῖ
Hercher : ποῦ codd.

ἄν που τυχὸν θέλοιμεν ἐξαποδρᾶναι
(οὐδεὶς γὰρ ἡμῖν γνησιαίτατος φίλος).
ἔπειτα κἂν φύγοιμεν εἰς ἄλλην πόλιν,
105   τίς ἐγγυᾶται καὶ θεοὺς ὄμνυσί μοι,
μὴ χεῖρα λῃστοῦ μηδὲ βάρβαρον στόλον
μηδὲ Βρυάξην δυσμενῆ βασιλέα
ἐλθόντα συνδῆσαί με δεσμοῖς ἀλύτοις
καὶ δοῦλον ἐκπέμψαί με πρὸς τὴν πατρίδα;
110   κἂν που θυσιάζειν με τοῖς θεοῖς θέλῃ,
τίς τοῦ πυρὸς ῥύσαιτο δεύτερος Κράτων
καὶ τοῖς ἑαυτοῦ προσκαθιδρύσας δόμοις
δοίη Ῥοδάνθης τῷ προσώπῳ προσβλέπειν;
114   Ἐμοὶ μὲν οὖν ἡ Κύπρος ἀσφαλεστέρα
116   (ἣν εἶδον, ἣν διῆλθον, ἧς ἐπειράθην)
115   ὑπέρ γε πᾶσαν ἀγνοουμένην πόλιν,
117   ἕως θεοὶ δείξαιεν, ἔνθα στρεπτέον.
καὶ συμφέρει Μύριλλαν ἐγκοτεῖν μόνην,
μίαν γυναῖκα, μὴ στρατοὺς ⟨δ᾽⟩ ἀνδρῶν ὅλους,
120   λῃστῶν διωκτῶν, ἁρπάγων ἀλαστόρων,
ὠμῶν φονευτῶν, αἱμοχαρῶν βαρβάρων.
εἴ μ᾽ ἄρα μή σοι ξυνδοκεῖ καλῶς κρίνειν,
σκοπήσομεν γοῦν ἐς νέωτα τὸν λόγον.
νῦν δὲ φράσον, πῶς καὶ πόθεν καὶ πηνίκα
125   καὶ τίς ποτε πρὸς Κύπρον εἰσήνεγκέ σε.᾽
Ἐχρῆν, Δοσίκλεις᾽, ἀντέλεξεν ἡ κόρη,
ʽμὴ πυνθάνεσθαι τὰς προλαβούσας τύχας,
σκοπεῖν δὲ μᾶλλον τῶν παρεστώτων πέρι,
ὡς εὖ ἀνυσθῇ καὶ πέρας χρηστὸν λάβῃ·

106a 2.414; 6.357; 8.266; 9.281 | 106b 1.417 ‖ 108b Odyss. 8.274–275; Aeschyli Prom. 155 ‖ 110 cf. 8.115–119 ‖ 111 cf. 8.133–135 ‖ 120a Prodromi Carm. hist. 7.11; 25.11; Babrii Fab. 128.14; 1 ep. ad Timoth. 1.13 ‖ 121a cf. 1.38; 6.183 | 121b 1.99; 3.114; Orac. Sibyll. 3.36; Schol. in Lycophr. Alex. 185; Niceph. Greg. Hist. 12.12 (p. 613.16 ed. Bonn.); 14.4 (p. 705.12) et al. ‖ 126b 3.519 ‖ 128b 9.140 ‖ 129b 2.364; 9.132; 9.141; Polyb. 5.31.2

106 μήτε Gaulmin, Hercher ‖ 110 κἂν που θυσιάζειν με scripsi (cf. 6.87; 7.151 et 177) : κἂν καὶ θυσιάζειν με codd. : κἂν θυσιάζειν τίς με Gaulmin, Hercher ‖ 112 προσ-HV : προ- UL ‖ 116 versui 115 praeposui ‖ 119 δ᾽ addidi ‖ 122 εἴ μ᾽ scripsi : εἰ δ᾽ codd. ‖ 123 σκοπήσωμεν codd., corr. Le Bas ‖ 129 λάβῃ Le Bas : λάβοι codd.

130   αἱ μὲν γὰρ εὗρον, οἷον ἂν εὗρον, τέλος,
       τὰ δὲ σκοποῦ δέοιτο καὶ ξυμβουλίας,
       ὡς ἂν τελευτὴν αἰσίαν λαβεῖν ἔχοι.
       καὶ τὰς μὲν ἠνύσαμεν (οἴῳ τῷ δρόμῳ;
       κακῷ μὲν εἰπεῖν, εὐλαβοῦμαι τὸν λόγον,
135   καλῷ δὲ πάλιν, οὐκ ἀληθεύειν ἔχω),
       ἠνύσαμεν δ' οὖν, ὡς δέδωκεν ἡ Τύχη·
       τὰ δ' ἐλπίδων σταθμῶσι πλάστιγγες δύο,
       ἡ μὲν πονηρῶν (ἃς ἀποτρέποις, Τύχη),
       ἡ δ' οὐ πονηρῶν (αἷς θεοὶ δοῖεν τέλος).
140   καλὸν μὲν οὖν ἦν τῶν ἐνεστώτων πέρι
       σκοπεῖν, ὅπως ἂν δεξιὸν πέρας λάβῃ·
       ἐπεὶ δὲ τὴν φθάσασαν ἐκζητεῖς τύχην,
       λέγειν ἀνάγκη (καὶ τί γὰρ ποιεῖν ἔχω
       ἐπιτρέποντος τοῦ φίλου Δοσικλέος;).
145   Οἷον μὲν ἦν τὸ κῦμα καὶ τίς ἡ ζάλη,
       ὅταν ἐπιστεύθησαν ἡμᾶς τὰ σκάφη
       εἰς Πίσσαν ἐκπλέοντα δυσμενεῖ τύχῃ,
       οὐ χρὴ μαθεῖν παθόντα καὶ μαθόντά σε·
       τὰ δ' ἔνθεν οὐδὲν ἢ Φθόνος κακὰ πλέκων
150   καὶ χεὶρ θεῶν λύουσα τὰς πλοκαμίδας.
       ἡ ναῦς γάρ, ἣν εἰσῆλθον, εὐθὺς ἐρράγη,
       ὁ φόρτος ἅπας τῷ βυθῷ προσερρίφη,
       ἐγὼ δὲ τῷ κλύδωνι συμμεθειλκόμην,
       μικρῷ παριζήσασα προσβάδην ξύλῳ,
155   ἐφ' ᾧ τρόμῳ μέν, ὑπερέπλεον δ' ὅμως...'
       'θεῶν λέγεις πρόνοιαν, ὡς ἔσῳζέ σε'
       τεμὼν Δοσικλῆς τὴν διήγησιν λέγει,

---

131 9. 93; 9. 254 ‖ **132** 6. 21; 9. 129; 9. 141 ‖ **135** cf. 4. 484 ‖ **137** cf. Iliad. 8. 69–71;
19. 223–224; 22. 209–213; Aeschyli Pers. 346 ‖ **139b** 5. 178; 5. 291 ‖ **140-141** 9. 128–129 ‖
143-144 1. 514 ‖ **143b** 8. 110; 9. 92 ‖ **144b** 7. 108 ‖ **145** cf. 6. 211–213 ‖ **146-147** cf. 6. 192 et
207 ‖ **147b** 1. 88; 8. 500 et al. ‖ **148b** cf. Aeschyli Agam. 177–178; 250; Herod. 1. 207. 1;
Soph. O. T. 402; Hes. Op. 218 et saepius ‖ **149b** cf. Aristoph. Vesp. 644–645; Aeschyli
Choeph. 220 et al. ‖ **150a** 5. 228; 8. 461 ‖ **150b** cf. Oppiani Hal. 2. 125; Cyneg. 3. 179 ‖
151-152 cf. 6. 228 ‖ **154** cf. 6. 236; 7. 38 ‖ **155b** cf. 6. 235 ‖ **156a** 2. 455

137-138 om. **L** ‖ **137** πλάστιγγες **U**, Gaulmin : μάστιγες **HV** ‖ **145** inscr. **U**: ἀπαγγελία
ῥοδάνθης πρὸς δοσικλέα, ὡς ἐσώθη ἐκ θαλάσσης ‖ **149** ἔνθεν **UL** : ἔνδον **HV** ‖
155 τρόμῳ **HV** : τρέμω **UL**

'ὑπὲρ κορυφῆς ἀ⟨σ⟩φαλῶς ἱπταμένη
καὶ τῷ ξύλῳ διδοῦσα χειραγωγίαν.'
160 'Μικρὸν προῆλθον' εἶπεν ἡ κόρη πάλιν
'καὶ πληθὺς εὐθὺς ἐμπόρων σώσασά με
ὤνιον ἀντέδο⟨ν⟩το τῆς σωτηρίας
εἰς χρυσίνων μνῶν καὶ μόνην τριακάδα...'
'κερδαλέον τὸ χρῆμα, σεμνὴ παρθένε',
165 ἔφη Δοσικλῆς· 'εὐτύχησας τὴν πρᾶσιν,
εἰ τρὶς δέκα μνῶν ἐπρίω ζωὴν ὅλην·
καὶ τίς γένοιτ' ἂν ἀγοραστὴς βελτίων
τοῦ χρυσίῳ τὸν βίον ὠνησαμένου;'
'Ὡς δ' ἐν βαθείαις νυξὶν ἐθρήνησά σε',
170 ἔφη Ῥοδάνθη πάλιν, 'ὡς ἔκλαυσά σε,
ὡς τῆς κεφαλῆς ἐσπάραξα τὴν κόμην,
ὡς τὸ πρόσωπον ἐξεδρύφθην πολλάκις,
ὡς τὰς παρειάς' (καὶ λεγούσης τῆς κόρης
κύψας Δοσικλῆς ἠσπάσατο τοὺς τόπους)
175 'ἐμῶν ἐκοκκίνησα βαφαῖς αἱμάτων,
ὡς πικρόν, ὡς μέγιστον ὠλόλυξά σε,
λέγειν περιττόν· ἓν δὲ γινώσκοις μόνον,
ὡς δάκρυ τοὐμόν, ἡ πικρὰ θρηνῳδία,
τοῦ Κύπρον οἰκεῖν τὸν Δοσικλῆν αἰτία.'
180 Οἱ μέν (νέοι γὰρ καὶ πόθων ὑπηρέται)
τὴν νύκτα πᾶσαν ἐν λόγοις κατηνάλουν·
Μοῖραι δ' ἐπεκλώθοντο τῷ χρυσῷ λίνῳ
πλάνης τελευτὴν καὶ συναφὴν τῶν νέων.

160a at cf. 6. 237 ‖ 160–161 cf. 6. 239–242 ‖ 162–163 cf. 6. 251–253; 7. 48–49 ‖ 164b 2. 77; 9. 245 ‖ 169 cf. 7. 13 et 16 ‖ 171 8. 14; Eurip. I.A. 1458; Androm. 1209; Christoph. Mityl. Carm. 77. 106 Kurtz et al. ‖ 172–173 8. 13; Odyss. 2. 153; Eurip. El. 150; Hec. 655; Apoll. Rhod. 3. 672; Xenoph. Cyrop. 3. 1. 13 et al. ‖ 173–174 cf. 9. 83–84 ‖ 175 cf. 4. 474; Theodos. Diac. Exp. Cretae 1. 173 ‖ 177a 7. 210 ‖ 178b 3. 84; 7. 13; 7. 163; 8. 509 ‖ 180b cf. Achill. Tat. 1. 7. 2–3; 5. 25. 6 et al. ‖ 182 cf. 7. 319 ‖ 183b 2. 282; 3. 452

158 ἀσφαλῶς scripsi : ἀφανῶς codd. ‖ 160 προῆλθον HV : προῆλθεν UL ‖ 162 ἀντέδοντο Hercher : ἀντέδοτο codd. ‖ 163 χρυσίνων H (cf. 6. 253; 7. 49; 8. 336) : χρυσίων VUL ‖ 165 εὐτύχησας H : εὐτυχήσας VUL : ηὐτύχησας Hercher ‖ 166 ζωὴν VUL, Gaulmin : ζῷον H ‖ 169 δ' ἐν HV : δὲ UL ‖ 175 ἐκοκκίνησα HVU : -νωσα L, def. G. Dindorf ‖ 177 γινώσκοις H : γινώσκεις VUL ‖ 179 τοῦ κύπρον οἰκεῖν τὸν HV : τοῦ μὴ κύπρον οἰκεῖν UL

ὁ γὰρ Λύσιππος, πρὸς δὲ τούτῳ καὶ Στράτων,
185 οἱ τῶν ἐραστῶν εὐγενεῖς φυτοσπόροι,
τοὺς παῖδας ἁρπαγέντες ἐκ κόλπων μέσων
(ὁ μὲν Δοσικλῆν, καὶ Ῥοδάνθην ὁ Στράτων),
ἐπεὶ μακρὰν ἔρευναν ἐξηνυκότες
(εἰς χέρσον, εἰς θάλασσαν, εἰς τὰ κυκλόθεν)
190 οὐκ ἔσχον εὑρεῖν οὐδαμοῦ τοὺς φυγάδας,
τέλος διεγνώκεισαν ἐλθεῖν Δελφόσε,
ὡς τοῦ θεοῦ πύθοιντο τῶν παίδων πέρι.
ἤροντο γοῦν ἐλθόντες εἰς τὴν Πυθίαν,
καὶ μὴ βραδύνας μηδὲ μικρὸν ὁ τρίπους
195 ἀνεῖλε τοῖς γέρουσι ταῦτα πατράσι·
    'Τίπτε, δύω γενέτα, πολυηράτοιό τε μόσχου   Χρησμός
πόρτιός θ' ἀπαλῆς σκολιὰς δίζεσθε κελεύθους;
χέρσῳ ὑφ' ἁλικλύστῳ, ζωοτρόφον ποτὶ νᾶσον,
ἣν λάχε Κυπρογένεια, Πόθου γενέτειρ' Ἀφροδίτη
200 (ἠὲ παρασχομένη τόδε ⟨τ⟩οὔνομα ἠὲ λαβοῦσα),
δερκόμενοι βιόωντας λεύσετε. ἀλλ' ἐπὶ πάτρης
στέψαθ' ὑπὸ στεφάνοισι τροπαιοφόρου Κυθερείης·
τοὺς γὰρ Ἔρως τε Πόθος τε καὶ Ἀφρογένεια Κυθήρη
δμήσατο θειοδέτοιο ἀλυκτοπέδῃσι σιδάρου.'
205 Ἡ μὲν Πυθία ταῦτα τοῖς γηραλέοις·
τὸ δ' ἄρα χρησμῴδημα λοξὸν τυγχάνον

186b 2.351 ‖ 196-204 cf. Xenoph. Ephes. 1.6.2; Heliod. Aethiop. 2.26; 2.35 ‖
196-197 i. e. Dosiclis et Rhodanthes ‖ 197b cf. Dionysii Perieg. 62 σκολιὰς ἐνέποιτε κε-
λεύθους; Pind. Pyth. 2.85; Nicandri Ther. 267 et 478 et al. ‖ 198a cf. Soph. Aiac. 1219;
AG 9.657.2 ‖ 199a cf. Aristoph. Lys. 551 et al. | 199b AG 5.87.5; 10.21.2 ‖ 202b AG
5.294.24 ‖ 203b Nic. Eugen. 3.264 et al. ‖ 204b cf. Hesiodi Theog. 521; Apoll. Rhod.
2.1249; AG 5.229.6

184 inscr. U: ἔνθα παρεγένοντο οἱ πατέρες τῶν νέων εἰς δελφοὺς ‖ 186 ἁρπαγέντες
scripsi : ἁρπασθέντες Hercher ‖ 190 τοὺς UL, Gaulmin : τὰς HV ‖
196 inscr. UL : om. HV | δύω H : δύο UL : δία V | πολυηράτοιό HV : πολυκράτοιό
UL : πολυκεράτοιό coni. Gaulmin (550) ‖ 197 πόρτιός θ' HV : πτόρθιος δ' U, πόρθιος
δ' L | 198 ζωοτρόφον Hercher : ζωητρόφον HV : ζωηφόρον UL | νᾶσον H : νεῦσον V :
ναῦσον UL ‖ 200 τοὔνομα Gaulmin (550) : οὔνομα codd., Hercher ‖ 201 λεύσετε scripsi
(cf. 220) : ἐλεύσετε V, Huet : ἐλεύσσετε HUL : ἒ λεύσσετε coni. Gaulmin (551) ‖
202 στέψαθ' Hercher : στέφαθ' HUL : στέφηθ' V : στέφθεθ' Gaulmin ‖ 203 Κυθήρη
Gaulmin (551), Hercher : κυθερὼ H² (ὼ corr. ex ὲ), κὒθέρω V : καθαρὰ UL ‖
204 ἀλυκτοπέδῃσι HV : -πέδοισι UL

(ὁποῖα πάντως οἶδεν ὁ τρίπους λέγειν)
πολλοῖς λογισμοῖς ἐξέδω τοὺς ἀθλίους.
ὁ γὰρ ἐνεγκὼν τὴν Ῥοδάνθην εἰς βίον
210   (ὡς δὲ Στράτων καλοῖτο, γινώσκειν ἔχεις)
κακῶς τὸ χρησμῴδημα τοῦ θεοῦ κρίνων
ᾤμωζεν, ἐστέναζεν, ἦρχε δακρύων,
δοκῶν τὸν υἱὸν ἐκθανεῖν εὑρημένον,
στιγμὴν ἀμαθῶς εἰς τὸ 'βιοῦντας' τιθεὶς
215   κἄπειτα τοῖς ἔπειτα προσδιατρίβων.
Οὐ μὴν διέδρα καὶ Λύσιππον ὁ τρίπους,
γνοὺς δ' ἐξεσάφει καὶ Στράτωνι τὸν λόγον,
καλῶς διαγνοὺς τὸν σκοπὸν τῆς Πυθίας·
'ὡς ἄρα κατὰ Κύπρον εἰσὶν οἱ νέοι,
220   ὡς ἄρα καὶ βιοῦντας ἴσχοιμεν βλέπειν
οὓς οὔποτ' ἠλπίσαμεν ἐν βίῳ βλέπειν,
ὡς ἄρα συζευχθέντες ἀλλήλοις γάμῳ
ἡμῶν λάθοιντο, καὶ τελευτὴν ὁ τρίπους
τὴν λησμοσύνην εἶπε τῶν φυτοσπόρων.'
225   πεισθεὶς Λυσίππῳ ταῦτα φαμένῳ Στράτων,
'καὶ δεῦρο' φησί 'ξυμμολῶμεν εἰς Κύπρον·
κἂν προσμένοιεν οἱ φυγάδες τῷ βίῳ,
γάμου προσεμπλέξωμεν αὐτοῖς παστάδα,
ἐπεὶ δοκοῦσι ταῦτα τοῖς ἀθανάτοις.'
230   Ἔπεισεν εἰπὼν τὴν Λυσίππου καρδίαν·
κἀπεὶ διατρίψαντες οὐ μικρὸν δρόμον
ἐπιδράμοιεν τὴν Ἄβυδον Δελφόθεν,
εἰς Κύπρον ἐξώρμησαν εὐθὺς ὁμμάδην.
ἐπεὶ δὲ καὶ τὴν νῆσον εἰσβαῖεν μέσην,
235   παντὸς παρεισῆεισαν ἀνθρώπου δόμον,
ἀνδρῶν προσαιτῶν σχῆμα προσπεπλασμένοι
(οὐ γὰρ ὁ χρησμὸς εἶπε καὶ τὴν οἰκίαν).

---

212 cf. 8.300 ‖ 219-222 cf. Xenoph. Ephes. 1.7.2; Eustath. Macrembol. Amor.
10.13.3 ‖ 224a cf. Hesiodi Theog. 55; Soph. Ant. 151 ‖ 228 cf. 9.459; Prodromi Carm.
hist. 14.5 ‖ 233a 8.145 | 233b 5.90; 8.391 ‖ 236a cf. ev. Marci 10.46; ev. Ioannis 9.8 et al.

215 τοῖς HV : τοὺς UL ‖ 217 καὶ] τῷ Gaulmin, Hercher ‖ 221 οὓς UL : ὡς HV ‖
224 τῶν φυτοσπόρων HV : τὸν φυτοσπόρον UL ‖ 226 καὶ] ναὶ Hercher | ξυμμολῶμεν
UL : ξυμβολῶμεν HV ‖ 230 τὴν HV : τοῦ UL ‖ 232 ἐπιδράμοιεν Gaulmin : ἐπεὶ δρά-
μοιεν codd.

ἐπεὶ δὲ μακρῶν ἡμερῶν περιδρόμῳ
φθάσαιεν ὀψὲ καὶ τὸν οἶκον τῆς Στάλης,
240 ἰδοὺ Δοσικλῆς εἰς τὸν ὕπαιθρον δόμον.
Ὡς δὲ προκύψας εἶδε τοὺς γεραιτέρους
καὶ τίνες ἀνέγνωκεν ἐκ τῆς ἰδέας,
χαρὰν πεπονθὼς συμμεμιγμένην φόβῳ
καὶ τῇ Ῥοδάνθῃ προσπεσὼν καθημένῃ
245 'ὄνειρος' εἶπε 'ταῦτα, σεμνὴ παρθένε;
ὄνειρος' εἶπε 'ταῦτα καὶ φαντασία;
πλαστογραφία, ψεῦδος, ὀφθαλμοῦ πλάνη;
ἢ που καθ' ὕπνους τῷ Λυσίππῳ προσβλέπω
καὶ φασματοῦμαι τοῦ Στράτωνος τὴν θέαν;
250 ἄμφω γὰρ εἶδον εἰσιόντας τὴν θύραν.
εἴ που δ' ἀπιστεῖς, δεῦρο καὶ σύ, καὶ βλέπε·
κἂν μὴ θεάσῃ, φάσμα πάντως ἡ θέα.
εἰ δ' οὐχὶ φάσμα, πῶς γε μὴν προσιτέον,
σκοποῦ δέοιτ' ἂν καὶ σοφῆς ξυμβουλίας.
255 Φύγοιμεν ἢ σταίημεν ἐξ ἐναντίας;
φυγεῖν μὲν αἰσχρὸν καὶ λιπεῖν τοὺς πατέρας
μακρὸν δι' ἡμᾶς οἶμον ἐξηνυκότας·
στῆναι δὲ πρὸς πρόσωπον αἰδὼς καὶ φόβος.
πλὴν οὖν (τί γὰρ πάθωμεν;) ἐγγὺς ἰτέον
260 καὶ τοὺς τεκόντας γνησίως ἀσπαστέον.
ἐρυθριᾷς μέν, οἶδα, τὸν φυτοσπόρον,
ἐρυθριᾷς μὲν καὶ προσελθεῖν αἰσχύνῃ,
μή σε προσείπῃ λειπόπατριν ὁ Στράτων·
πλὴν ἀλλὰ γὰρ τὸν φύντα μὴ παροπτέον.
265 ἔχεις ἀφορμὴν τῆς φυγῆς τυραννίδα·
ὑβριστικῶς πρόσειπε τὸν Δοσικλέα

238b 1.2; Georg. Pis. Hexaem. 340 ‖ 240b 2.55 ‖ 245a 8.368–369 | 245b 9.164 ‖
246 8.378–379 ‖ 247a 2.332; 4.450 ‖ 250b 2.74 ‖ 252b 2.333; 3.312; 8.368 ‖ 254 9.93;
9.131 ‖ 255b 5.249; 7.284 ‖ 258b 8.296 ‖ 259 1.514; 2.81; 7.231; Nic. Eugen. 6.351 et
al. ‖ 263 Nic. Eugen. 5.110; 7.212; Nonni Dionys. 1.131 et saepius; AG 15.12.8 ‖
265 cf. 2.449–454

238 inscr. U: παρουσία τῶν πατέρων τῶν νέων πρὸς κύπρον καὶ πρὸς οἶκον
κράτωνος ‖ 240 ἰδοὺ HUL : ἰδὼν V ‖ 247 πλαστογραφία HV : πλαστηγραφία UL ‖
248 τῷ λυσίππῳ UL : τὸν λύσιππον H, τὸν λυσίππουν V ‖ 257 μακρὸν HVU : μα-
κρὰν L ‖ 259 πάθωμεν Hercher : πάθοιμεν codd. ‖ 263 προσείπῃ HV : προσείποι U :
προσείπει L

λῃστήν, βιαστήν, ἅρπαγα, κλέψαντά σε·
ναὶ γὰρ τετυράννηκα λῃστρικῷ νόμῳ,
ναὶ τὴν Ῥοδάνθην ἐκ βίας ἡρπασάμην.'

270   Τοσοῦτον εἶπεν ἢ τυχόν τι καὶ πλέον,
καὶ τῆς Ῥοδάνθης τῷ λόγῳ πεπεισμένης
ἅμα προσῆλθον τοῖς ἑαυτῶν πατράσι·
καὶ προσπεσόντες τοῖν ποδοῖν ἑκατέρου
(ὁ μὲν Λυσίππου, καὶ Στράτωνος ἡ κόρη),

275   ἔλουον αὐτοὺς ἄλλο λουτρὸν δακρύων,
ἡ μὲν σιγῶσα καὶ λέγειν αἰδουμένη,
ὁ δὲ προτείνων καὶ θεοὺς ἀθανάτους
καὶ σπλάγχνα πατρὸς καὶ φιλάνθρωπον φύσιν,
ὡς παντελῶς λάθοιτο τῆς παροινίας,

280   'ἀρκεῖ', λέγων, 'ὦ πάτερ, εἰς τιμωρίαν
ἡ λῃστρικὴ χείρ, ἡ τυραννίς, ἡ πλάνη·
ἀρκεῖ τὰ δεσμά, τῆς φυλακῆς τὸ σκότος,
ἡ φλόξ, τὰ ναυάγια, τὸ στίλβον ξίφος,
ὁ μυρίος θάνατος, οἱ συχνοὶ φόνοι·

285   ἀρκοῦσα, πάτερ, ἡ Τύχη ποινηλάτις,
δριμεῖα, ναὶ δριμεῖα τῷ Δοσικλεῖ
(ἧν ἐκ λόγων σύ, μὴ γὰρ ἐκ πείρας μάθοις).
    Καὶ σοὶ δὲ ταῦτα, δέσποτα Στράτων, λέγω·
ἐγὼ τὸ θυγάτριον ἐξέκλεψά σου

290   καὶ τῆς ποθεινῆς παιδὸς ἐστέρησά σε·
νῦν δ' ἀλλ' ἱλήκοις, κἂν πεπαρῴνηκά σε.
εἰ δ' ἐγκαλεῖν βούλοιο τὴν παροινίαν,
ἐγὼ διδοίην τοῦ κακοῦ τὰς εὐθύνας·
ἰδοὺ πρόκειμαι, μαστίγου, κόλαζέ με,

295   πλήσθητι σαρκῶν, αἱμάτων κόρον λάβε.
ὁ φώρ, ὁ λῃστὴς ἐν χεροῖν· δέσμει πόδας,

---

270 7. 137; 9. 1 || 271 2. 88 || 273 cf. 3. 157; 3. 168; 4. 22; 8. 15 || 275 = Nic. Eugen. 9. 219 || 278a 7. 311 || 281a 2. 414; 6. 357; 8. 266; 9. 106 || 282b 3. 244; 7. 250 || 283a cf. 8. 114–115 || 283b cf. Ps. 7. 13; Nahum 3. 3; Eurip. Andром. 1146 || 284b cf. 8. 395 || 285b cf. 3. 205; 5. 432; Nic. Eugen. 3. 112; 6. 37; Achmetis Onirocrit. 167 p. 145. 26 Drexl; Ioann. Tzetzae Chil. 3. 363 || 286 Io. Tzetzae Chil. 7. 863 (855) || 293 1. 343 || 294 cf. Heliod. 10. 38 || 295 cf. 8. 234–235 et 239

270 inscr. U: ἀναγνωρισμὸς τῶν πατέρων ῥοδάνθης καὶ δοσικλέος || 277 καὶ] τοὺς Gaulmin, Hercher || 291 σε Hercher : σοι codd.

πᾶσαν βάσανον ἐννόει, μιᾶς δίχα·
μὴ τὴν Ῥοδάνθην ἐξ ἐμοῦ διασπάσῃς
οἰκτρῷ μερισμῷ καὶ πικρᾷ διαιρέσει,
300   οὓς οἱ θεοὶ συνῆψαν ἐξ ὀνειράτων.'
    Οὕτω Δοσικλῆς καὶ λέγων καὶ δακρύων
ἐξιλεοῦν ἔσπευδε τοὺς φυτοσπόρους·
ὑποφθάσας δὲ τὸν Δοσικλῆν ὁ Στράτων
304   καὶ τὴν Ῥοδάνθην τῶν ποδῶν ἀνασπάσας,
308   'ὦ τέκνον, ὦ θύγατερ, ἀσπάσαιό με·
305   ὦ δεῦτε', φησί, 'τέκνα, προσπτύξασθέ με,
ὦ δεῦτε, προσπλάκητε τῷ φυτοσπόρῳ
καὶ χεῖρας εἰς τράχηλον ἀρτήσατέ μου.
309   ὦ δεῦρο, νύμφη, δεῦρο, λαμπρὲ νυμφίε·
310   ὡς εὐτυχὴς ὁ γάμος ὑμῶν, τεκνία,
τοῖς ἀθανάτοις ἐντυχὼν νυμφοστόλοις.
χρηστὴν τελευτὴν ἔσχεν ὑμῖν ἡ πλάνη·
ἔχεις, Δοσίκλεις, ἀνθ' ἑνὸς φύντας δύο,
ἔχεις, Ῥοδάνθη, μητέρων συζυγίαν.'
315   Οὕτως ἀνακραγόντες οἱ γηραλέοι
ἄμφω προσεπλέκοντο τοῖς νεανίαις,
καὶ σχηματισμὸν καινὸν ἐξεζωγράφουν·
ὡρῶντο γὰρ τέτταρες ἄνθρωποι κάτω
ὡς εἰς κεφαλὴν προσπεφυκότες μίαν..
320   εἶδον κἀγὼ πολλάκις ἐν πολλοῖς πέπλοις
(οὓς δημιουργεῖ Σηρικὴ μιτουργία,
μία μὲν οὖσα τῷ λόγῳ τῆς οὐσίας,
πολυχρόοις δὲ ταῖς βαφαῖς κεχρωσμένη)
τοιοῦτον εἰκόνισμα καινοῦ ζωγράφου,
325   ὑφαντικῆς εὕρημα δηλαδὴ τέχνης·
μίαν κεφαλὴν εἰς τετρακτὺν σωμάτων

298-299 3.427; 3.518 ‖ 300 cf. 3.69-75 ‖ 305-306 8.166-167; 8.380-381; 9.84 ‖ 307 2.34; 3.63; 7.232 ‖ 310 8.418 ‖ 311 6.314; Nic. Eugen. 9.186; Iosephi Ant. Iud. 5.8.6 et saepius ‖ 312a 9.132 ‖ 316 9.306; 9.338; 9.341; 9.466 ‖ 320 2.261; 2.267; 3.161; 5.199-200; 5.320; 6.93 ‖ 323 4.220

304 τοῖν ποδοῖν Gaulmin, Hercher ‖ 308 post v. 304 transtuli (cf. 9.432-435) | ἀσπάσαιό με HUL : ἀσπάσασθέ με V : ἀσπάζετέ με Gaulmin ‖ 311 ἐντυχὼν UL : εὐτυχῶν HV, Gaulmin, Hercher (qui τοὺς ἀθανάτους εὐτυχῶν νυμφοστόλους coniecit) ‖ 312 χρηστὴν HV : χρυσῆν UL | ὑμῖν HV : ἡμῖν UL ‖ 317 καί] τὸν Gaulmin, Hercher

διαιρεθεῖσαν, ἢ τετρακτὺν σωμάτων
οἷον συνιζηκυῖαν εἰς κάραν μίαν·
ζῷόν τι τετράσωμον, ἢ τοὐναντίον
330 μονοπρόσωπον τεττάρων ζῴων πλάσιν,
λέοντα καὶ λέοντας· οἱ γὰρ αὐχένες
ἅπαν τὸ λοιπὸν σῶμα τῆς οὐρᾶς μέχρι
τοῦ θηρὸς ἐπλήθυνον τῇ διαστάσει·
τῷ δὲ προσώπῳ πάντες ἦσαν εἷς λέων.
335 Τούτοις ὁμοιόσχημον ἤθελε γράφειν
ἡ τῆς χαρᾶς χείρ, ἡ σοφὴ γεωμέτρις,
τῶν πατέρων τὸ σχῆμα καὶ τῶν παιδίων,
ὅτε προσεπλάκησαν ἀλλήλοις ἅμα.
καὶ ῥᾷον ἄν τις συμφυεῖς πτόρθους δύο
340 λεπτῶς, χρονίως ἐμπλακέντας ἐκλύσοι,
ἢ τοὺς τεκόντας ἐμπλακέντας τοῖς τέκνοις.
ἀλλ' οἱ νέοι καὶ πάλιν οὐχ ἧττον νέοι·
εἰς τοὐμφανὲς φιλοῦσα τὸν φυτοσπόρον
κρύβδην ἐφίλει τὸν Δοσικλῆν ἡ κόρη·
345 κἀκεῖνος αὐτὰ ταῦτα παντοίως ἔδρα,
ἄκρον τὸ χεῖλος τῷ Λυσίππῳ προσπλέκων,
ὅλον δὲ διδοὺς τῇ Ῥοδάνθῃ τὸ στόμα,
σφᾶς οἷον αὐτοὺς ὥσπερ ἀνεγνωκότες.
καὶ τῶν φθασάντων φανερῶν φιλημάτων
350 πλείω παρεῖχον τὰ κλαπέντα τὴν χάριν·
τοσοῦτον ἐξήκμαζεν αὐτοῖς ἡ σχέσις.
ἐντεῦθεν, οἶμαι, τῶν παλαιῶν οἱ λόγοι
λέγουσιν ἀγένειον εἶναι τὸν Πόθον,
τὴν σφοδρὰν ἀκμὴν τοῦ θεοῦ δεδειγμένοι.
355 Ὡς γοῦν τὸ πλέγμα κἂν σχολῇ διεπλάκη,
πλατὺν Δοσικλῆς ἐξεκεκράγει λόγον·
'ὦ καὶ ξενισταὶ καὶ φίλοι καὶ δεσπόται,

329a cf. Georgii Syncelli Chronogr. p. 29. 30 Mosshammer ‖ 330a cf. Artemid. Oni-rocr. 2. 37 (p. 167. 9 Pack) ‖ 336b cf. 2. 250 ‖ 339 Nic. Eugen. 6. 81 ‖ 353 cf. 2. 422; Nic. Eu-gen. 3. 115; 4. 159; 6. 446; AG 5. 58. 1; 12. 78. 3; 12. 86. 4; Callim. Ep. 46. 8 et al.

333-334 om. V ‖ 333 τοῦ θηρὸς scripsi : τοὺς θῆρας codd. ‖ 340 λεπτῶς, χρονίως scripsi : λεπτοὺς χρονίους codd. ‖ 343 φιλοῦσα τὸν HV : γὰρ φιλοῦσα UL ‖ 355 γοῦν HV : οὖν UL ‖ 357 φίλοι] ξένοι Gaulmin, Hercher

Κράτων, φίλε Κράτανδρε, παγκάλη Στάλη,
ὦ δεῦτε, δεῦτε, συνεορτάζοιτέ μοι.'
360 ὡς δὲ Κράτανδρος κατιὼν πτηνῷ τάχει,
τίς ἡ χαρὰ πύθοιτο τοῦ Δοσικλέος,
καὶ τὸν Στράτωνα τόν τε Λύσιππον μάθοι,
ἀμφοῖν προσελθὼν καὶ φιλήσας εἰς στόμα
καὶ συλλαβὼν ἤνεγκεν εἰς τὸν πατέρα,
365 καὶ 'πάτερ', εἶπεν, 'αἱ προελθοῦσαι τύχαι,
οἶμαι, μικραὶ φανεῖεν εἰς χαρᾶς λόγον,
εἰ συγκρίνειν βούλοιο ταύτας ταῖς νέαις·
οἱ νῦν παρόντες ἄνδρες, οὓς δεῦρο βλέπεις,
πατὴρ Ῥοδάνθης καὶ πατὴρ Δοσικλέος.'
370 Μὴ γοῦν τὸ λοιπὸν καρτερήσας ὁ Κράτων
ὥς γε προβῆναι τὸν λόγον περαιτέρω,
στὰς ὄρθιος προσεῖπεν ἄμφω γνησίως·
'συμπατέρες, χαίροιτε, συγγηραλέοι
καὶ συμμερισταὶ τῆς ἐμῆς διπλῆς τύχης,
375 τῆς δυστυχοῦς πρὶν καὶ καλῆς ἐν ἐσχάτοις.
τὴν μητέρα, Κράτανδρε, συγκαλεστέον,
κρατῆρα καὶ τράπεζαν εὐτρεπιστέον·
ξενιστέον δὲ καὶ φιλοφρονητέον
οὓς ἄνδρας ὁ Ξένιος ἐξέπεμψέ μοι·
380 δειπνητέον δὲ καὶ πανηγυριστέον
τροφαῖς, κρατῆρσι, κυμβάλοις, βουθυσίαις,
ἅπασιν ἁπλῶς οἷς δυναίμεθα τρόποις.
αἰσχρὸν τὰ λῷστα τῶν θεῶν δωρουμένων
ἡμᾶς τὸ δῶρον ἐν σιγῇ παρατρέχειν
385 καὶ μὴ χαρᾶς τὸ πρᾶγμα ποιεῖν αἰτίαν.'
Ταῦτ' εἶπε, καὶ τὸ δεῖπνον ηὐτρεπισμένον·
καὶ συγκαθιζήσαντες οἱ πάντες κύκλῳ
ταῖς ἀρτυθείσαις τῶν τροφῶν ἐνετρύφων.

360b cf. 9.464–465 ‖ 363b 3.62; 3.283; 8.294; 9.446 ‖ 372b 4.509 ‖ 374 cf. 9.4 ‖ 376–380 cf. 9.20–26 ‖ 377 cf. 4.118 ‖ 378 cf. 4.107 ‖ 379 3.125; 9.16 ‖ 380b 8.404 ‖ 381b 9.484; Nic. Eugen. 5.427; 9.298 ‖ 383 4.36; Nic. Eugen. 7.329 ‖ 386b cf. 4.123 ‖ 387 3.99 ‖ 388 4.120; 8.413

362 τε] δὲ Gaulmin, Hercher ‖ 363 εἰς HV (cf. 446) : τὸ UL ‖ 367 ταύτας HV : ταύταις UL ‖ 371 γε scripsi : καὶ codd. ‖ 381 τροφαῖς HVL : τρυφαῖς U ‖ 386 inscr. U: δεῖπνον κράτωνος πρὸς τοὺς πατέρας τῶν νέων

ἐπεὶ δὲ μηδὲν μὴ Λύσιππος, μὴ Στράτων
390   ἔσθοιεν, ἡδὺ προσγελάσας ὁ Κράτων
'ἐπείπερ' εἶπ' (⟨οὐκ⟩ ἀγνοῶ⟨ν⟩ δὴ τὸν τρόπον),
'οὐδὲν φαγεῖν θέλοιτε τῶν προκειμένων,
ἐγὼ γελοίους ἐν μέσῳ προθεὶς λόγους
κἂν γοῦν δι' αὐτῶν ἑστιάσω τοὺς φίλους.
395   τὴν παιδικὴν γὰρ ἀνύων ἡλικίαν
πολλὰς διέγνων μυθικὰς ληρωδίας
γραὸς τιθήνης εὐπορῶν διδασκάλου.
ὡς γάρ ποτ' αὐτῆς ἀπορῶν ἐπυθόμην,
ἐφ' ᾧπερ ἀτροφοῦσιν οἱ γεγηθότες,
400   τοιοῦτον εἶπεν ἡ διδάσκαλος λόγον·
"ὡς ἄρα τρώγει τὴν χαρὰν ἡ καρδία·
κἂν εἰ περιττὸν καὶ κόρου μέχρι φάγοι,
μηκύνεται πρὸς πλάτος, ὀγκοῦται μέγα
καὶ πάντα πλατυνθεῖσα πληροῖ τὸν τόπον
405   (τὴν κοιλίαν, τὰ στέρνα καὶ τὸν αὐχένα)·
καὶ παντὸς ἐμπλησθέντος ἐντεῦθεν μέλους
ὅλην ὁ χαίρων ἀτροφεῖ τὴν ἡμέραν·
κενὸν γὰρ οὐδέν ἐστιν ἄγγος ἐντέρου
οὐδὲ τροφὴν δέξαιτο, κἂν φαγεῖν θέλῃ."
410   Ἡ μὲν τιθήνη ταῦτα διδάξασά με
γελᾶν παρέσχε μέχρι τοῦ δεῦρο χρόνου·
νῦν δ', ὡς ἔοικεν, εἰς ἅπαν τοὐναντίον
περιτραπῆναι κινδυνεύει τὸ δρᾶμα,
ὀρθῶς μὲν οὖν μάλιστα καὶ καλῶς ἔχον,
415   τῆς ἀκριβείας ⟨τ'⟩ ἄγαν ἐστοχασμένον.
εἴπερ γὰρ ἄλλως εἶχεν, οὐδ' ὑμεῖς, φίλοι,
ἄσιτον ἠνύσατε τὴν εὐωχίαν·
ἀλλ', ὡς ἔοικε, τῆς χαρᾶς ἡ πληρότης

392b 8. 229; 8. 246; 8. 286 ‖ 393 cf. Const. Manass. Itin. 4. 89 ss. ‖ 408b 9. 419; Timothei Pers. 73 ‖ 412–413 cf. Plat. Crat. 418 b 3; Plut. Stoic. repugn. 1036 F ‖ 418b 8. 331; Nic. Eugen. 7. 10

389 μὴ λύσιππος μὴ **HV** : λύσιππος μηδὲ **UL** ‖ 391 εἶπ' (⟨οὐκ⟩ ἀγνοῶ⟨ν⟩ scripsi (cf. 418–422) : εἶπεν ἀγνοῶ codd. | δὴ scripsi : δὲ codd. ‖ 393 ἐγὼ **HV** : ἐγὼ γοῦν **UL** (cf. 394) ‖ 402 περιττὴν Gaulmin, Hercher | κόρου μέχρι **H** : μέχρι κόρου **VUL** ‖ 403 μέγα **HUL** : πλέον **V** ‖ 408 ἄγγος **HV** : ἔγνως **UL** ‖ 409 οὐδὲ scripsi : ὁ τὴν codd. ‖ 413 περιτραπῆναι **HV** : ὑπεκτραπῆναι **UL** ‖ 415 τ' addidi

δεξαμενὴν ἔπλησε παντὸς ἐντέρου,
420 ὡς μηδὲ μίαν ἰσχύειν λαβεῖν ψίχα
ἤ τι κρέως μόριον, ἢ μικρὸν μέθυ,
ἤ τι πλακοῦντος, ἢ σισαμοῦντος μέρος.
ναὶ χαῖρε, τίτθη, γραῦς φιλοσοφωτάτη,
ὡς φυσικῶς ἔλυσας ἡμῖν τὸν λόγον.
425 ἦ που τυχὸν καὶ βίβλον Ἐμπεδοκλέος
καὶ δέλτον ἀνέγνωκας Ἀναξαγόρου,
κἀκ τῆς ἐρ⟨ε⟩ύνης τῶν φυσικῶν πυξίων
οὕτω προῆλθες εἰς τὸ τὰς πεύσεις λύειν;
ἐξ ὧν, δοκεῖ μοι, καὶ τὸ λημᾶν τὰς κόρας
430 ἔχεις, προσεγκύπτουσα πυκνὰ ταῖς βίβλοις.'
    Τὸν γοῦν Κράτωνος ἀνθυποφθάσας λόγον
'τοσαῦτα μὲν βέβρωκα χαρμονῆς κρέα,
τοσοῦτον ἐξέπιον ἡδονῆς μέθυ,
ὡς κἂν μυρίαν εἶχον ἐντέρων θέσιν',
435 Λύσιππος εἶπε, 'κἂν μυρίας γαστέρας,
πάσας ἂν ἐμπέπληκα τῇ θυμηδίᾳ,
ὄγκον λαβούσης, ὡς λέγεις, τῆς καρδίας.
ὅμως φυλάσσει καὶ τόπον τῇ φιλίᾳ,
ὡς μὴ Κράτων θλίβοιτο.' καὶ λέγων ἅμα
440 τοῦ κειμένου ξύνεγγυς ἥψατο κρέως.
    Οὕτω ξενίσας τοὺς γέροντας ὁ Κράτων
ἕως τελευτῆς ἡμερῶν δυοῖν ὅλων,
ἐπεὶ κατασχεῖν οὐ δεδύνητο πλέον,
εὐξάμενος τὰ λῷστα, χρηστοὺς ἀνέμους,
445 χρηστὴν θάλασσαν, ἡμερώτατον πλόον,
τέλος προσελθὼν καὶ φιλήσας εἰς στόμα
πέμπει τριταίους εἰς τὸν ἴδιον τόπον,
καλῷ προπομπῷ τῷ Κρατάνδρῳ χρωμένους.

422 cf. Aristoph. Ach. 1092; Thesmoph. 570; Pollucis Onom. 6.77 et 108 ‖ 431b 1.159; 5.517; Prodromi Carm. hist. 50.23 ‖ 433-436 cf. Ps.-Aristot. Probl. 27.3 p.947 b 39 – 948 b 3 ‖ 437 cf. 9.403-404 ‖ 445a cf. Alciphr. Ep. 1.1.1 ‖ 445b cf. 7.33 ‖ 446b cf. ad 9.363

422 σησαμοῦντος coni. Gaulmin (553) ‖ 423 ναὶ Hercher : καὶ codd. | φιλοσοφωτάτη codd. : ne temptes φίλη, σοφωτάτη (ut Hilberg 15), monet 2.434 φιλοσοφία ‖ 424 ἡμῖν UL : ἡ 'μὴ HV ‖ 427 ἐρεύνης Hercher : ἐρύνης H¹ (ut vid.) UL : ἐρήμης H²V ‖ 434 ὡς κἂν UL : οὐκ ἂν HV ‖ 438 φυλάσσει VUL : φυλάσσοι H ‖ 442 δυοῖν UL : δυεῖν HV ‖ 448 inscr. U: ἀπόπλους τῶν νέων μετὰ τῶν πατέρων αὐτῶν καὶ κρατάνδρου τοῦ φίλου εἰς τὴν ἑαυτῶν πατρίδα τὴν ἄβυδον | χρωμένους HV : χρωμένοις UL

ὃν ἠξίουν μὲν καὶ Λύσιππος καὶ Στράτων
450   ἀντιστραφῆναι πρὸς τὸ πατρῷον πέδον,
ἐπεὶ ξὺν αὐτοῖς ἦλθεν ἄχρις εἰς Ῥόδον·
οὐ μὴν ἔπειθον προσδραμεῖν τῇ πατρίδι,
ἕως μετ᾽ αὐτῶν γῆν πατήσας Ἀβύδου
ἴδοι Ῥοδάνθης καὶ Δοσικλέος γάμον.
455   ἐπεὶ δὲ προσπλεύσαντες αὐτῇ τῇ πόλει
ὁρᾶν ἔμελλον τὰς ἑαυτῶν οἰκίας,
ἐστασίαζον, τίς τὸν ἅτερον λάβοι
οἴκαδε καὶ τίς τὴν τράπεζαν ἀρτύσοι
καὶ πού ποτε πλέξαιεν αὐτὴν παστάδα
460   καὶ τὸν θεοῖς δοκοῦντα τῶν παίδων γάμον.
Οὕτως ἐκείνων στασιαζόντων ἅμα
γνωσθὲν τὸ πρᾶγμα τῇ Φιλίννῃ, τῇ Φρύνῃ,
ἄμφω πρὸς ἀκτὴν ἦγεν ἡλίκῳ δρόμῳ
(ἰδὼν ἂν εἶπες οὐ ποσί, πτεροῖς δέ γε
465   ὑπηνεμίους ὥσπερ οὐκ ἐν γῇ τρέχειν)·
καὶ προσπλακείσας τοῖς ἑαυτῶν ἐκγόνοις
(ὡς οἷα νεκροῖς ἐκ τάφων ἠγερμένοις)
καὶ δακρυσάσας ἄλλο χαρμονῆς δάκρυ,
ἡλίκον οἷον ἡδονῆς λαβεῖν γάνος
470   ἔπειθεν, ὡς μέγιστον, ὦ θεῶν γένη.
Αἱ μητέρες μέν, αἱ φίλων ὁμηγύρεις,
ὁ συμπολίτης ὄχλος αὐτοῖς τοῖς ξένοις
κοινῶς ἐπηγάλλοντο τῷ τελουμένῳ.
ὁ δ᾽ Ἑρμαϊκὸς ἱερεύς, ἔνθους φθάσας
475   μυστηριωδῶν ἄγγελος μηνυμάτων,
εἰς τὸν νεὼν ἅπαντας ἐλθεῖν προτρέπει,

453b cf. 8.152 ‖ 458b 7.499; 8.238 ‖ 459 9.228; Prodromi Carm. hist. 14.5 ‖
463b 9.133 ‖ 464–465 cf. 9.360; Theocr. 5.115 ‖ 466 9.316; 9.338; 9.341 ‖ 467 = Georg.
Pis. Hexaem. 1330. cf. Artemid. Onirocr. 2.55 (p.184.12 Pack) ‖ 468b 8.169; Eurip.
Hel. 654–655; H. F. 742; Nic. Eugen. 4.261; 5.68; 6.295; 7.40; 7.50; 9.166–167;
9.281 ‖ 471b cf. 8.138 ‖ 474–481 cf. Heliod. 10.40 ‖ 475 cf. 2.388; 8.488

449 ἠξίουν UL (cf. 452) : ἠξίου HV ‖ 453 γῆν Hercher (cf. 8.152) : γῆς codd. ‖
455 προσπλεύσαντες Gaulmin (553) : προσπνεύσαντες HV : πλεύσαντες UL ‖ 457 ἅτε-
ρον H : ἕτερον V²UL ‖ 459 πού scripsi : ποῖ codd. ‖ 462 φιλίννῃ HL : φιλίνῃ VU ‖
471 inscr. U: συνάφεια γάμου [δροσίλλης] ῥοδάνθης καὶ [χαρικλέος] δοσικλέος ‖
474 ἔνθους HUL : ἔνθα V

ὡς ἂν Ῥοδάνθη συζυγῇ Δοσικλέι·
'Ἑρμῇ γὰρ οὕτω ξυνδοκεῖ ποιεῖν' ἔφη.
ἔλεξε ταῦτα καὶ κλάδους κιττοῦ δύο
480 ἀμφοῖν ὀρέξας ἐν χεροῖν τοῖν νυμφίοιν
εἰς τὸν νεὼν ἤνεγκε πάντας τοὺς ὄχλους.
ἐνταῦθα συζυγέντες οἱ νεανίαι
ἤχθησαν εἰς τὸν οἶκον οἵῳ τῷ κρότῳ,
οἵαις λαλαγαῖς καὶ χοροῖς καὶ κυμβάλοις.
485 καὶ τῆς ἑορτῆς τῆς τελουμένης πέρας·
ἔγνω Δοσικλῆν ἡ Ῥοδάνθη νυμφίον.

---

478 cf. 3.69–75; 6.395–396; 6.432–433; 6.471–472; 8.529–530 ‖ 479b cf. Luciani
Amor. 12 ‖ 482–486 cf. Nic. Eugen. 9.295–300; Heliod. 10.41 ‖ 484b 9.381; Nic. Eugen.
9.298 ‖ 486 cf. 3.67; Menandri fr. 382.5 Koerte; Gen. 4.1; ev. Matthaei 1.25; Heliod.
1.8

480 τοῖν νυμφίοιν HV : τοῖς νυμφίοις UL ‖ 486 subscriptio in U: τέλος τῶν κατὰ ῥο-
δάνθην καὶ δοσικλέα. addunt UL:

κάλλη λόγων θαύμαζε, τοὺς τρόπους δ' ἔα,
καὶ τοὺς σαπροὺς ἔρωτας ὡς λύμην φύγε,
μή πως ἁλούς, ἄνθρωπε, καὶ παρ' ἐλπίδα
χράνῃς τὸ σῶμα, νοῦ σχάσας τὰς ἡνίας.

INDEX NOMINVM

Asterisco (*) vox emendata indicatur

Ἄβυδος 2. 171. Ἀβύδου 2. 482; 6. 363; 9. 453. Ἄβυδον 3. 71; 3. 74; 9. 232. Ἀβυδόθεν 3. 58; 3. 435
Ἀγαθοσθένης 2. 41. -σθένους 2. 45; 3. 87. -σθένει 3. 81.
Ἄιδης 4. 225; 4. 251. Ἄιδος 1. 491; 2. 372
Ἀθηνᾶ 4. 203
Ἀλεξανδρεύς 6. 249
Ἀναξαγόρας 9. 426
Ἀνδροκλῆς 1. 320; 1. 364. Ἀνδροκλέος 1. 163; 1. 270; 1. 319; 1. 356. Ἀνδροκλέι 1. 358. Ἀνδροκλέα 1. 179; 1. 203. Ἀνδροκλῆν 1. 403
Ἀραβία 4. 290
Ἀρεϊκός 5. 117
Ἄρης 4. 262; 6. 121; 8. 103. Ἄρεος 6. 6. Ἄρες 5. 180; 5. 291; 8. 117
Ἀρταξάνης 4. 9; 4. 21; 4. 125; 4. 130; 4. 132; 4. 174; 4. 209; 4. 213; 4. 232; 4. 317; 4. 414; 5. 42; 5. 52; 5. 480; 6. 81; 8. 126. Ἀρταξάνου 4. 227. Ἀρταξάνῃ 4. 119; 4. 507; 5. 85; 7. 450. Ἀρταξάνην 4. 12; 4. 105; 4. 114; 4. 211; 5. 76. Ἀρταξάνη 4. 154; 4. 190
Ἀρτάπης 5. 512; 6. 174; 7. 286; 8. 126. Ἀρτάπῃ 5. 479. Ἀρτάπην 5. 506
Ἄρτεμις 1. 41
Ἀφρογένεια 9. 203
Ἀφροδίτη 9. 199. Ἀφροδίτην 7. 9
Ἀχερούσιος 6. 432

Βάκχαι 4. 367; 4. 397
Βρύα 1. 178
Βρυάξης 4. 30; 4. 32; 4. 453; 4. 458; 5. 7; 5. 33; 5. 45; 5. 73; 5. 109; 5. 216; 5. 226; 5. 246; 5. 415; 5. 476; 6. 4; 6. 22; 6. 282; 6. 504; 7. 283; 7. 303; 7. 320; 7. 338; 7. 355; 7. 416; 7. 446; 7. 516; 8. 118; 8. 126; 8. 130; 8. 141. Βρυάξου 4. 9;

4. 76; 4. 93; 4. 105; 4. 299; 5. 24; 5. 42; 5. 108; 5. 123; 5. 179; 5. 243; 5. 290; 5. 330; 5. 358; 5. 431; 5. 493; 5. 506; 6. 81; 6. 96; 7. 386; 8. 10; 8. 15; 8. 125; 8. 135; 8. 325. Βρυάξη 4. 420; 4. 423; 4. 505; 5. 44; 5. 499; 6. 107; 7. 30; 7. 287; 8. 1. Βρυάξην 4. 60; 4. 65; 4. 511; 5. 512; 7. 344; 9. 107. Βρυάξη 4. 491; 5. 53

Γλαύκων 2. 47; 2. 95; 2. 151; 2. 166; 2. 455; 2. 466; 2. 491; 3. 89; 3. 122. Γλαύκωνος 2. 90; 2. 159; 3. 77. Γλαύκωνα 2. 136; 3. 117. Γλαύκων 2. 39; 2. 171; 2. 485
Γωβρύας 1. 438; 1. 497; 3. 110; 3. 150; 3. 185; 3. 243; 3. 264; 3. 320; 3. 399; 3. 425; 3. 437; 3. 506; 4. 28; 4. 74; 4. 114; 4. 119; 4. 189; 4. 209; 4. 211; 4. 235; 4. 327; 5. 16; 5. 41; 6. 27; 6. 52; 7. 247. Γωβρύου 1. 473; 1. 476; 3. 273; 3. 362; 3. 405; 4. 214; 4. 300; 4. 319; 4. 413; 6. 159. Γωβρύᾳ 1. 466; 3. 268; 3. 452; 3. 461; 3. 470; 3. 522; 4. 26; 4. 421. Γωβρύαν 1. 62; 3. 160; 3. 285; 3. 350; 4. 111; 4. 131; 4. 418; 5. 10. Γωβρύα 1. 448; 1. 495; 3. 189; 3. 204; 3. 221; 3. 251; 3. 376; 3. 510; 4. 106; 4. 173; 4. 294; 6. 308; 6. 316

Δελφοί : Δελφόθεν 9. 232. Δελφόσε 9. 191
Δημήτρα 4. 261
Δίκη 9. 74. Δίκης 1. 322; 4. 69; 5. 228; 5. 314; 5. 360; 7. 389; 8. 461. Δίκῃ 5. 207. Δίκην 3. 226. Δίκη 5. 357. cf. δίκη
Διόνυσος 4. 365. Διονύσου 3. 10. Διονύσῳ 4. 377
Δοσικλῆς 1. 37; 1. 87; 1. 154; 1. 391; 1. 427; 1. 431; 1. 512; 2. 310; 2. 314; 3. 41; 3. 132; 3. 298; 3. 304; 3. 319; 3. 374;

INDEX VERBORVM POTIORVM

αἰχμαλωσία 1.78; 7.2; 7.288
αἰχμαλωτίζω 6.272
αἰχμάλωτος 1.115; 1.136; 1.436; 3.170; 3.383; 3.525; 7.358
ἀκάμας 6.2
ἀκαρδίως 1.255
ἄκαρπος 1.229
ἀκατάπληκτος 1.501
ἀκαταπτόητος 4.297
ἄκαυστος 1.389; 1.399; 4.162
ἀκίνδυνος 5.20
ἀκλινής 4.103
ἀκμάζω 1.221
ἀκμή 7.440; 9.354
ἀκμήτης 6.142
ἀκοή 2.114; 7.164. ἀκοαί 6.475
ἀκολουθία 7.363
ἀκόλουθος 2.189
ἀκονάω 4.217; *5.312
ἀκοντίζω 3.463
ἀκοντίζομαι 2.193; 6.477
ἀκούω 1.168; 3.399; 4.13; 5.5; 5.73; 5.511; 6.100; 7.48; 7.50; 7.169; 7.210; 7.446; 7.503; 7.516; 8.491
ἀκράδαντος 3.138
ἀκραιφνής 6.319
ἄκρατος (sc. οἶνος) 3.90; 4.315; 4.320; 5.418; 5.433
ἀκρίβεια 9.415
ἀκριβής 6.398. ἀκριβέστερον adv. 9.90. ἀκριβεστέρως 5.136. ἀκριβεστάτως 5.14
ἀκρίτως 2.311; 7.386
ἀκροάομαι 2.159; 3.520; 4.481; 7.186
ἄκρος 1.416; 3.85; 5.307; 6.439; 9.346. τὸ ἄκρον 5.466
ἀκτή 1.8; 8.150; 9.463. ἀκταί 5.474; 6.76; 6.494
ἄκων 1.335; 2.441; 4.52; 4.410; 4.503; 6.133; 6.185
ἀλαλαγή 7.272; 8.5
ἀλαλάζω 1.202; 1.275
ἄλας: ἀλάτων 2.51; 2.92; 9.62
ἀλάστωρ 9.120
ἀλγέω 4.327; 6.161; 6.165; 8.168
ἀλγηδών 1.241
ἄλγος 7.42; 7.43
ἀλγύνομαι 2.297
ἀλέκτωρ 1.430; 2.320

ἄλη *4.91
ἀληθεύω 4.484; 9.135
ἀληθής 5.122; 6.337; 6.401. ἀληθεῖς 6.341; 6.394. ἀληθῶς 4.360
ἄληκτος 5.393; 5.396. ἄληκτα adv. 8.283
ἁλιεύω 7.98
ἀλίκλυστος 9.198
ἁλικράτωρ 5.422
ἁλίπλοος 1.461
ἁλίσκομαι 1.164 (ἥλων); 1.166; 1.382; 2.142; 2.409; 6.445; 6.447; 7.240. οἱ ἁλόντες 1.71; 1.78; 1.422; 4.63; 4.67; 5.127; 5.502; 6.174
ἀλκή 2.254; 2.421; 4.262
ἀλλαγή 1.234; 7.75
ἀλλάσσομαι 4.86
ἀλληλέγγυος 4.2
ἀλληλοπενθής 6.168
ἀλληλουχία 1.43
ἀλλήλων 3.148; 4.1; 5.221; 5.296; 5.412; 8.318; 9.222; 9.338
ἄλλος 1.15; 1.16; 1.17; 1.481; 2.223; 2.311; 3.17; 3.183; 3.188; 3.219; 3.280; 3.352; 5.277; 5.278; 5.307; 5.419; 6.48; 6.282; 6.347; 7.31; 7.162; 7.288; 7.347. ἄλλοι 1.19; 1.33; 1.462; 2.111; 2.115; 2.120; 2.129; 2.136; 3.1; 3.107; 3.109; 3.204; 4.355; 4.363; 6.153 bis; 7.99. ἄλλη 3.267; 3.514; 4.403; 4.405; 5.277; 7.398; 8.203; 8.205; 8.388; 8.442; 9.104. ἄλλαι 5.265 bis. ἄλλο 1.44 bis; 3.178; 4.34; 4.305; 5.224; 5.227; 5.289; 7.417; 8.79 bis; 8.379; 9.275; 9.468. ἄλλα 2.40; 4.35; 4.37; 8.493. τἄλλα 1.60; 2.133; 7.209; 8.62. ἄλλως 1.332; 2.83; 2.253; 3.239; 4.186; 5.196; 5.378; 7.422; 9.416
ἀλλότριος 1.245; 2.71; 3.514; 5.267. ἀλλότριοι 3.136; 4.462
ἅλμη 6.67
ἅλς 5.97; 5.99
ἁλυκτοπέδαι 9.204
ἄλυσις 6.140; 6.157; 6.158. ἁλύσεις 7.29
ἄλυτος 9.108
ἅλων 3.477
ἅλωσις 6.117
ἅμα 2.491; 7.306; 8.486; 9.83; 9.272; 9.338; 9.439; 9.461

γυνή 1. 119; 2. 53; 2. 54; 2. 69; 2. 75; 2. 215; 2. 361; 3. 65; 3. 273; 3. 412; 9. 119. *γυναῖκες* 4. 180; 5. 60; 6. 118; 6. 134; 6. 176; 6. 229; 7. 121; 7. 291; 8. 160

δαδουχία (*νυμφική*) 1. 218; 3. 259; 6. 383
δαιμονάω 5. 304
δάκρυ 3. 158; 4. 302; 8. 502; 9. 9; 9. 178; 9. 468. *δάκρυα* 8. 394
δάκρυον 1. 240; 1. 477; 3. 407; 6. 161; 6. 189; 6. 440; 6. 460; 7. 42; 7. 43. *δάκρυα* : *δακρύων* 1. 138; 1. 150; 1. 314; 1. 510; 2. 44; 2. 48; 2. 165; 3. 86; 3. 488; 3. 528; 4. 232; 6. 39; 7. 272; 7. 454; 8. 48; 8. 94; 8. 169; 8. 279; 8. 371; 9. 275
δακρυρροέω 7. 189
δακρύω 1. 87; 1. 149; 1. 263; 2. 168; 2. 300; 2. 360; 2. 361; 2. 362; 2. 491; 3. 168; 7. 44; 7. 45; 7. 161; 7. 181; 7. 190; 7. 204; 7. 212; 8. 156; 8. 271; 8. 276; 8. 300; 8. 384; 8. 509; 9. 212; 9. 301; 9. 468 *(δάκρυ)*
δακτύλιος 6. 135
δάκτυλος 2. 332; 4. 333; 4. 375. *δάκτυλοι* 1. 56; 3. 279; 4. 357; 4. 397; 5. 102; 8. 187 bis; 8. 302; 8. 454
δαμάζω : *δμήσατο* 9. 204
δαπανάομαι 8. 179
δάφνη 4. 6
δαψιλής : *δαψιλῶς* 4. 175
δέησις 3. 222
δεῖγμα 4. 90
δείδω : *δέδοικα* 4. 152; 5. 204
δείκνυμι (*δεικνύω*) 1. 452; 1. 455; 2. 473; 3. 32; 4. 159; 4. 163; 4. 169; 4. 255; 4. 411; 5. 167; 5. 213; 5. 245; 6. 191; 8. 121; 8. 372; 8. 411; 9. 117
δείλαιος 6. 346; 7. 457; 8. 38
δειλία 4. 81; 5. 478
δειλιάω 5. 77
δεινός 5. 220; 8. 43. *τὰ δεινά* 5. 334; 6. 492 bis. *δεινόν* adv. 5. 46
δειπνέω 2. 485; 8. 53; 9. 380
δεῖπνον 2. 140; 2. 162; 2. 197; 4. 122; 6. 377; 8. 255; 8. 314; 8. 429; 8. 440; 9. 386. *δεῖπνος* 4. 305; 6. 303. *δεῖπνα* 1. 488
δειπνοφαγία 8. 241

δέκα 1. 468; 9. 166
δέκατος 3. 396
δέλτος 9. 426
δένδρον 1. 224; 4. 265. *δένδρα* 6. 300
δεξαμενή 9. 419
δεξιόομαι 8. 228
δεξιός 2. 99; 9. 141. *ἡ δεξιὰ* (*χείρ*) 2. 255; 3. 21; 3. 44; 4. 473; 5. 418. *δεξιοί* 5. 236; 5. 306. *τὰ δεξιὰ* (*μέρη*) 8. 467. *δεξιῶς* 1. 44; 2. 40; 3. 22; 5. 238
δέρχομαι 9. 201. *δέδορκα* 3. 56; 3. 416; 5. 99; 6. 284; 6. 486; 7. 302; 8. 254
δέρμα 8. 474
δεσμέω 1. 33; 2. 25; 3. 109; 3. 117; 5. 490; 9. 296. *-ομαι* 6. 166
δέσμιος 4. 63; 5. 502
δεσμός 2. 67; 6. 164; 7. 84; 7. 250. *δεσμά* 1. 64; 1. 113; 1. 307; 3. 431; 4. 51; 4. 506; 5. 499; 6. 289; 7. 29; 8. 461 (*τῆς Δίκης*); 9. 108; 9. 282. *δεσμοί* 8. 206
δέσποινα 7. 8; 7. 50; 7. 197; 7. 200; 7. 206; 7. 240
δεσπότης 1. 179; 3. 156; 3. 167; 4. 10; 4. 60; 4. 110; 4. 135; 4. 155; 4. 300; 5. 19; 5. 38; 5. 247; 5. 508; 5. 513; 6. 113; 6. 138; 6. 143; 7. 6; 7. 7; 7. 30; 7. 31; 7. 149; 7. 151; 7. 287; 7. 294; 7. 300; 8. 325; 8. 346; 8. 347 bis; 9. 288. *δεσπόται* 5. 36; 6. 153; 7. 14; 7. 201; 7. 279; 7. 361; 7. 370; 7. 384; 7. 467; 8. 128; 9. 357
δεσπότις 1. 200
δεῦρο 2. 49; 2. 81; 2. 92; 3. 315; 7. 267 (*χρόνου*); 9. 226; 9. 251; 9. 368; 9. 411 (*χρόνου*). *ὦ δεῦρο* 1. 495; 3. 274; 8. 380; 8. 381; 9. 309 bis. *ὦ δεῦτε* 9. 305; 9. 306; 9. 359 bis
δευτερεύω 3. 221
δεύτερος 1. 424; 2. 379; 2. 393; 3. 321; 5. 451; 5. 494; 6. 209; 8. 204; 8. 403; 9. 111. *ἐν δευτέρῳ* (*τόπῳ*) 2. 239; 2. 378; 3. 220. *δεύτεροι* 2. 320; 5. 500
δέχομαι 1. 258; 1. 357; 2. 262; 3. 60; 4. 343; 7. 425; 9. 409. *δεδέξομαι* 1. 172
δέω = vincio 3. 493; 6. 273; 6. 289
δέω = indigeo 3. 235. *δεῖ* = oportet 2. 247; 4. 184; 5. 242; 7. 103. *ἔδει* 3. 50; 6. 152; 8. 481. *δεόντως* 7. 212. *δέομαι* 7. 345. *δέοιτο* 7. 95; 8. 241; 9. 55; 9. 98; 9. 131; 9. 254

INDEX VERBORVM POTIORVM

δηλαδή 9. 325
δηλητήριος 8. 437
δῆλος 1. 167
δηλόω 2. 404; 5. 190
δημηγορικός 1. 326
δημηγόρος 2. 433; 5. 416
δημιουργέω 2. 324; 9. 321
δῆτα 8. 429
διά : δι᾿ cum gen. 1. 167; 3. 330; 4. 374;
  5. 221; 8. 433; 9. 394. cum accus.
  2. 297; 3. 423; 3. 430; 6. 347; 7. 127;
  8. 354; 9. 257
διαβρέχω 3. 495
διαγινώσκω 8. 302; 9. 66; 9. 191; 9. 218;
  9. 396
διαδιδράσκω 6. 428; 9. 216
διάζευξις 6. 205
διαθρύπτω 1. 196
διαίρεσις 6. 177; 9. 299
διαιρέω 4. 126; 6. 174; 6. 487; 9. 327
διαίρω 1. 368
διαπλέκομαι 9. 355
διαπλέω 6. 432
διαρπάζω 6. 179
διαρραίνω 3. 91
διαρρήγνυμι 3. 426. -μαι 6. 126
διαρτία 2. 248 (ἀρτία); 8. 62; 9. 32
διασκοπέω 1. 409
διάσπασις 3. 451
διασπάω 3. 254; 3. 427; 3. 513; 3. 518;
  4. 126; 6. 16; 9. 298. -ομαι 6. 487; 7. 175
διασπείρομαι 2. 448
διασπουδάζω 4. 34; 7. 474
διάστασις 5. 277; 5. 282; 5. 283; 9. 333
διαστρέφω 4. 11
διατρίβω 9. 231
διαυγής 4. 270
διαχράομαι 3. 437
διαψεύδομαι 6. 395
διδάσκαλος 9. 29; 9. 86; 9. 397; 9. 400. δι-
  δάσκαλοι 7. 396; 8. 520
διδάσκω 7. 360; 9. 410
δίδωμι 1. 509; 3. 517; 4. 25; 4. 262; 4. 463;
  7. 376; 7. 377; 7. 406; 8. 32; 9. 93; 9. 159;
  9. 293; 9. 347. διδοῖς 2. 78. διδοῖ 2. 146;
  5. 44; 8. 440. διδοῦσι 6. 251. δώσω
  1. 345; 1. 449; 2. 375; 3. 201; 3. 354;
  *4. 182 (δώσοι); 8. 49. ἔδωκα 1. 343;
  1. 354; 1. 456; 3. 242; 3. 253; 3. 514;

4. 480; 4. 482; 4. 510; 5. 314; 5. 356;
  5. 388; 5. 439; 6. 100; 6. 277; 6. 399;
  6. 466; 7. 393; 7. 485; 8. 38; 8. 50; 8. 82;
  8. 83; 8. 99; 8. 181; 9. 113; 9. 139. ἔδων
  4. 376; 8. 63; 8. 517. δέδωκα 1. 241;
  3. 191; 3. 198; 3. 218; 3. 223; 3. 263;
  7. 123; 8. 409; 8. 414; 8. 452; 9. 136. δί-
  δομαι 3. 128; 6. 437; 8. 129; 9. 18; 9. 31
διέρχομαι : διῆλθον 1. 2; 4. 74; 5. 510 bis;
  9. 116
διευρύνω 4. 177
διέχω : διασχών 2. 77
δίζημαι 9. 197
διήγησις 1. 515; 2. 471; 2. 486; 7. 254;
  9. 157
διίσταμαι : διαστάς 2. 345
δίκαιος 1. 259; 4. 457; 5. 171. δικαίως
  7. 514
δικασπόλος 2. 380. δικασπόλοι 1. 297;
  1. 315; 1. 351; 1. 385; 1. 396
δικαστής 1. 321
δίκη 1. 328; 1. 329; 1. 372; 5. 491; *7. 67.
  δίκαι 8. 38. δίκην adv. 1. 20; 3. 348;
  8. 446. cf. Δίκη
δίκτυον : δίκτυα 7. 95; 8. 432
δινέω 2. 16
διπλοῦς 7. 374
δίς 1. 468; 6. 272
διφρεύς (Ἥλιος) 4. 243; 4. 248; 4. 253;
  4. 258; 4. 263; 4. 268; 4. 273; 4. 278;
  4. 283; 4. 288; 4. 293; 4. 298; 4. 303;
  4. 308
δίφρος (Ἡλίου) 6. 2. τὸ δίφρον (Ἡλίου)
  1. 1
δίχα cum gen. 2. 66; 2. 328; 7. 94; 7. 106;
  7. 296; 9. 297
διχάζομαι 4. 204; 5. 367; 6. 75; 6. 197
διχῇ 1. 16; 6. 126; 6. 174
διωθέω 5. 308
διώκτης 9. 120
δοκέω 1. 298; 1. 355; 2. 423; 3. 37; 6. 443;
  6. 505; 7. 300; 7. 445; 9. 213; 9. 229;
  9. 460. δοκεῖ 1. 299; 1. 428; 7. 441;
  7. 476; 9. 52; 9. 429. δοκεῖν 2. 472;
  6. 337; 6. 341; 8. 304. δοκοῦν 1. 358;
  5. 85. ἔδοξε 1. 385; 2. 341; 2. 436; 3. 11;
  6. 474; 7. 461; 8. 418; 9. 54. δόξοιτε
  5. 353. δόξαν 4. 421; 7. 307; 7. 385. δε-
  δογμένον 7. 205

179

7. 346; 7. 356. ἑαυτῆς 1. 75; 1. 181; 3. 413; 6. 241. ἑαυτήν 6. 63; 8. 184; 8. 298. ἑαυτῶν 1. 80; 1. 200; 1. 458; 4. 357; 4. 397; 5. 302; 5. 323; 5. 354; 5. 401; 6. 109; 6. 167; 8. 136; 8. 218; 9. 22; 9. 272; 9. 456; 9. 466. ἑαυτοῖς 5. 256. ἑαυτούς 5. 261; 7. 339. – αὑτοῦ 3. 462; 4. 110. αὑτῷ 5. 310. αὑτόν 1. 324; 2. 203. αὑτῆς 1. 169; 7. 15. αὑτῶν 5. 281; 5. 286; 5. 301; 5. 312. αὑτούς *1. 30

ἐγγελάω 4. 212

ἐγγίζω 4. 236; 7. 475; 8. 201

ἐγγυάομαι 2. 312; 3. 398; 9. 105

ἐγγύη 3. 472; 6. 401; 7. 112. ἐγγύαι 2. 78; 2. 313; 3. 479; 6. 332; 7. 26; 7. 90

ἐγγύθεν 3. 335; 4. 344; 8. 202

ἐγγύς 1. 417; 3. 56; 4. 232; 8. 107; 8. 289; 9. 259

ἐγείρω 7. 182. -ομαι 4. 239. ἠγερμένος 9. 467

ἐγκαθιδρύω 3. 260

ἐγκαλέω 1. 305; 3. 261; 4. 456; 9. 292

ἔγκατα 3. 458; 4. 143; 6. 103; 9. 80

ἐγκατασπαράσσομαι 1. 209

ἐγκάτοικος 2. 480

ἐγκελεύω 4. 117

ἐγκλείω 2. 176; 5. 518. -ομαι 7. 280

ἐγκοτέω 5. 359; 9. 118

ἐγκρατής 7. 150. ἐγκρατεῖς 5. 315

ἐγκυμονέω 4. 171; 4. 188

ἐγκύμων 5. 58; 6. 126; 6. 367

ἐγχέω 3. 5

ἐγχρονίζω 7. 146

ἐγχωριάζω 3. 247

ἐγχώριος : ἐγχώριοι 3. 107; 7. 324

ἐγώ 1. 112; 1. 129; 1. 160; 1. 230; 1. 256; 1. 293; 1. 347; 2. 69; 2. 103; 2. 122; 2. 228; 2. 317; 2. 334; 2. 365; 2. 369; 2. 417; 2. 459; 2. 468; 2. 470; 2. 481; 3. 44; 3. 174; 3. 222; 3. 379; 3. 459; 3. 519; 4. 47; 4. 488; 4. 493; 5. 65; 5. 81; 5. 198; 6. 180; 6. 334; 6. 350; 6. 446; 6. 467; 7. 59; 7. 139; 7. 459; 8. 269; 9. 59; 9. 153; 9. 289; 9. 293; 9. 320; 9. 393. ἐμοῦ 1. 318; 4. 425; 6. 318; 6. 448; 7. 58; 7. 66; 7. 76; 7. 240; 7. 296; 9. 298. μου 1. 95; 2. 264; 4. 135; 4. 155; 4. 300; 5. 508; 5. 509; 6. 311; 7. 276; 7. 503;

8. 34; 8. 75; 8. 322; 9. 307. ἐμοί 2. 112; 2. 119; 2. 134; 2. 138; 2. 172; 2. 174; 2. 234; 2. 251; 2. 357; 2. 477; 3. 387; 3. 465; 3. 508; 7. 513; 9. 50; 9. 51; 9. 114. μοι 1. 154; 1. 162; 1. 169; 1. 191; 1. 295; 1. 305; 1. 323; 1. 337; 1. 350; 1. 427; 2. 41; 2. 63; 2. 126 bis; 2. 296; 2. 340; 2. 397; 2. 402; 3. 33; 3. 67; 3. 187; 3. 213; 3. 304; 3. 410; 3. 411; 3. 514; 4. 36; 4. 38; 4. 59; 4. 448; 4. 496; 5. 259; 5. 395; 5. 408; 6. 53; 7. 27; 7. 44; 7. 89; 7. 142; 7. 149; 7. 153; 7. 197; 7. 223; 7. 237 bis; 7. 305; 7. 388; 7. 451; 7. 496; 8. 49; 8. 93; 8. 101; 8. 368; 8. 373; 8. 385 bis; 8. 457; 9. 18; 9. 87; 9. 105; 9. 359; 9. 379; 9. 429. ἐμέ 2. 379; 6. 413; 7. 289; 7. 294. με 1. 89 bis; 1. 90; 1. 91; 1. 94; 1. 157; 1. 296; 1. 303; 1. 316; 1. 357; 1. 495; 2. 60; 2. 227; 2. 230; 2. 260; 2. 342. 3. 119; 3. 223; 3. 254; 3. 274; 3. 292; 3. 293; 3. 513; 3. 515; 4. 52; 5. 485; 6. 178; 6. 283; 7. 38; 7. 39; 7. 40; 7. 48; 7. 54; 7. 66; 7. 123; 7. 235; 7. 244; 7. 277; 7. 384; 7. 391; 7. 425; 7. 454; 7. 463; 8. 31; 8. 34; 8. 36; 8. 84; 8. 86; 8. 96; 8. 104; 8. 326; 8. 327; 8. 332; 8. 357; 8. 380; 9. 68; 9. 96; 9. 108; 9. 109; 9. 110; *9. 122; 9. 161; 9. 294; 9. 305; 9. 308; 9. 410

ἕδρα 1. 395

ἐθέλω v. θέλω

ἐθίζομαι 1. 119; 2. 83; 8. 155

ἔθος 2. 440

ἔθω : εἴωθα 6. 340; 8. 174; 8. 192

εἶδος 1. 41; 1. 338

εἴδωλον : εἴδωλα 2. 330; 3. 31; 8. 372

εἰέν 6. 147; 6. 409

εἴθε 2. 221; 2. 222; 2. 224; 3. 435

εἰκάζω 4. 351

εἰκόνισμα 9. 324

εἴκοσι 3. 177

εἴκω 4. 286

εἰκών 1. 40. εἰκόνες 4. 343

εἰμί 1. 116; 2. 69; 4. 48; 6. 467; 7. 149. ἐστί(ν) 1. 110; 1. 245; 1. 376; 1. 380; 2. 246; 2. 378; 2. 410; 2. 422; 3. 175; 3. 366; 4. 70; 4. 323; 4. 457; 4. 496; 4. 497; 5. 185; 5. 284; 5. 373; 6. 71; 6. 84; 7. 494; 8. 109; 9. 33; 9. 97; 9. 408. οὐκ

ἐκλανθάνομαι 9. 62. ἐκλελησμένος 1. 369; 6. 167

ἐκλείπω 1.24; 1.64; 2.454; 3.285; 6.410; 6.411; 6.430; 8.355

ἔκλυτος: ἐκλύτως 5. 192

ἐκλύω 9. 340. -ομαι 4. 231; 5. 213

ἐκμανθάνω 5. 45; 5. 510; 8. 11; 8. 305

ἐκμόργνυμι 3. 528

ἐκπέμπω 6. 354; 9. 109; 9. 379

ἐκπέτομαι: ἐκπτάν 5. 346

ἐκπιμπράω 1. 12

ἐκπίνω 2. 265; 4. 321; 8. 170; 8. 267; 8. 444; 9. 433

ἐκπίπτω 3. 454

ἐκπλέω 2. 483; 9. 147

ἔκπληξις 1. 199; 7. 222

ἐκπλήσσω 8. 6. -ομαι 1. 198; 1. 202; 1. 443

ἐκπνέω 1. 269; 4. 301; 7. 434

ἐκποδών 6. 285; 6. 429; 8. 200

ἐκπορεύομαι 9. 24

ἐκπτύω 5. 105; 8. 206

ἐκρίπτω 6. 483

ἐκροφάω 3. 24; 5. 433; 6. 393; 6. 433; 8. 182; *8. 247

ἐκσαφέω 9. 217

ἐκσπάω 3. 200; 4. 369

ἔκστασις 8. 442; 9. 10

ἐκστατικός 3. 497

ἐκτείνω 8. 198

ἐκτελέω 8. 530

ἐκτέμνω 8. 19

ἐκτήκομαι 2. 87

ἐκτίθεμαι 5. 323

ἐκτίκτω 4. 179

ἐκτινάσσω *1. 175

ἐκτός 1. 51; 1. 439; 4. 91; 4. 127; 6. 127; 6. 244; 6. 483; 8. 241. cum gen. 1. 376; 1. 503; 2. 178; 5. 474; 6. 232; 7. 64

ἐκτραυματίζομαι 3. 166

ἐκτρέπομαι 6. 402

ἐκτρέφομαι 4. 185

ἐκφεύγω 1. 182; 5. 347; 5. 378; 6. 79; 8. 52; 8. 312; 9. 45; 9. 47; 9. 88; 9. 96; 9. 99

ἐκφλέγομαι 8. 175

ἐκφοβέω 4. 211

ἐκφυγγάνω 2. 304; 5. 394

ἐκφωνέω 6. 332

ἐκχέω 3. 158; *5. 420

ἔκχυσις 4. 183

ἑκών 4. 494; 4. 500

ἐλαφρία 5. 341

ἐλαφρύνω 1. 146

ἐλέγκτριος 1. 374

ἐλεύθερος 1. 64; 1. 371; 6. 255; 6. 284; 7. 28; 7. 81; 7. 302; 7. 365; 8. 131; 8. 135; 8. 340; 9. 19

ἐλευθερόω 1. 453

ἕλιξ 4. 394

ἕλκω 1. 280; 1. 297; 3. 217; 4. 172; 5. 48; 6. 140; 6. 329. -ομαι 3. 451. ἑλκύω 6. 2; 6. 42; 9. 77. -ομαι 8. 296

ἐλλιμενίζω 1. 7

ἐλπίζω 1. 194; 3. 333; 4. 207; 7. 55; 9. 221. -ομαι 6. 367; 9. 75

ἐλπίς 1. 230; 3. 321; 3. 404; 5. 445; 6. 283; 7. 352; 8. 420; 8. 423. ἐλπίδες 3. 95; 6. 362; 6. 372; 6. 393; 7. 4; 7. 298; 8. 20; 8. 139; 8. 515; 9. 137

ἐμαυτοῦ 3. 379; *3. 464. ἐμαυτόν 1. 274; 3. 457; 4. 46; 6. 181; 8. 514

ἐμβαίνω 1. 413; 2. 452; 6. 236 (ἐμβεβῶσα)

ἐμβάλλω 1. 8; 1. 73; 2. 315; 3. 458. -ομαι 6. 503

ἐμβιβάζω 5. 232

ἐμβλέπω 7. 242

ἐμβοάω 1. 384. -ομαι 7. 268

ἐμβολή 2. 202

ἐμβρέχομαι 4. 324

ἔμβρυον 4. 198. ἔμβρυα 4. 162; 4. 171

ἐμβρυοτρόφος 4. 193

ἐμμανής: ἐμμανῶς 2. 145; 2. 203

ἐμμείγνυμαι 6. 431

ἐμμελής: ἐμμελῶς 2. 108; 4. 313

ἐμμένω 6. 59

ἐμμερίζω 7. 173; 7. 339

ἐμός 7. 232; 7. 300; 8. 74; 9. 17. ἐμοί 1. 357; 2. 400; 5. 125; 6. 266; 8. 75. ἐμή 1. 98; 1. 244; 1. 267; 1. 342; 1. 359; 2. 38; 2. 61; 2. 68; 2. 222; 2. 240; 3. 176; 3. 275; 3. 388; 3. 409; 3. 450; 3. 513; 4. 58; 4. 177; 4. 436; 4. 493; 4. 497; 5. 87; 5. 171; 5. 230; 5. 487; 5. 507; 6. 180; 7. 150; 7. 453; 8. 62; 8. 352; 9. 374. ἐμαί 1. 158; 1. 325; 2. 201; 2. 399; 3. 175; 7. 199; 7. 203; 8. 36; 8. 323. ἐμόν 9. 178. ἐμά 2. 476; 7. 109; 7. 444; 9. 175. τἀμά 1. 425; 7. 145; 8. 513

ἐμπαθής 4. 97. ἐμπαθέστερον adv. 2. 72

ζωή 1. 294; 2. 38; 3. 403; 5. 366; 5. 396;
*6. 201; 6. 204; 9. 166
ζῷον 9. 329. ζῷα 8. 482; 9. 330
ζωοτρόφος *9. 198
ζωόω 8. 478; 8. 506
ζωπυρέομαι 4. 200
ζώπυρον 2. 229
ζωστήρ 5. 451
ζωώτρια 8. 523

ἤ *5. 62; *5. 385; 6. 422. ἤ γάρ 4. 53;
5. 162; 7. 373; 7. 412; 9. 30. ἤ μήν
3. 293; 3. 367; 3. 369; 5. 204; 7. 192;
7. 273; 8. 45; 8. 67; 8. 518. ἤ που 2. 162;
2. 164; 2. 226; 2. 229; 2. 284; 3. 305;
*8. 238; 8. 370; 9. 248; 9. 425
ἡβάω 8. 84; 8. 160
ἥβη 6. 291
ἡγέομαι 2. 108; 3. 207
ἤδη 1. 1; 1. 312; 1. 339; 1. 414; 2. 185;
2. 261; 5. 148; 5. 297; 6. 96; 6. 238;
6. 409; 7. 143; 7. 323; 8. 41; 8. 85
ἡδονή 6. 121; 8. 165; 8. 169; 8. 405; 8. 412;
9. 433; 9. 469
ἡδύς 2. 111; 2. 121 bis. ἡδύ adv. 9. 390.
ἡδέως 8. 230
ἦθος 4. 442; 7. 456
ἥκω 8. 149
ἡλικία 6. 131; 6. 292; 7. 226; 7. 455; 9. 395
ἡλικιώτης 7. 79
ἡλίκος 4. 334; 7. 222; 7. 236; 8. 109; 8. 197;
8. 257; 9. 463; 9. 469. ἡλίκον adv. 8. 295
ἥλιος 1. 86; 1. 433; 2. 368; 2. 483; 7. 72.
ἥλιοι 3. 395. cf. Ἥλιος
ἡμεδαπός 5. 268
ἡμεῖς 1. 287; 2. 3; 2. 102; 2. 411; 2. 495;
3. 76; 6. 455. ἡμῶν 1. 367; 2. 311; 3. 99;
3. 376; 3. 393; 3. 423; 3. 426; 3. 512;
4. 64; 5. 34; *5. 194; 5. 292 bis; 5. 338;
5. 355; 5. 401; 7. 61; 8. 272; 8. 516;
*9. 34; 9. 223. ἡμῖν 1. 240; 1. 373;
1. 508; 2. 21; 2. 47; 2. 50; 2. 78; 2. 171;
2. 224; 2. 313; 3. 118; 3. 195; 3. 205;
3. 348; 3. 397; 3. 432; 4. 55; 4. 183;
4. 430; 4. 456; 5. 313; 5. 367; 5. 370;
5. 382; *5. 386; 5. 399; 7. 135; 7. 250;
7. 254; 8. 398; 9. 20; 9. 103; 9. 424. ἡμᾶς
1. 4; 1. 140; 1. 289; 1. 333; 1. 344; 1. 404;
1. 506; 1. 511; 2. 29; 2. 72; 2. 82; 2. 96;

2. 104; 2. 157; 2. 297; 3. 67; 3. 116;
3. 118; 3. 197; 3. 209; 3. 423; 4. 54; 4. 62;
4. 434; 4. 492; 5. 181; 5. 269; 5. 296;
5. 486; 5. 501; 6. 3; 6. 281; 6. 362; 7. 248;
8. 59; 8. 106; 8. 317; 8. 342; 9. 146;
9. 257; 9. 348
ἡμέρα 2. 2; 2. 85; 2. 185; 2. 344; 3. 31;
3. 396; 4. 200; 5. 520; 6. 246; 6. 435;
7. 28; 7. 176; 7. 302; 7. 307; 8. 89; 8. 132;
8. 177; 8. 373; 9. 407. ἡμέραι 1. 312;
3. 6; 3. 402; 9. 238; 9. 442
ἡμερόομαι 7. 182
ἥμερος 2. 462. ἡμερώτερος 4. 287. ἡμερώ-
τατος 9. 445
ἡμί: ἦν δ’ ἐγώ 2. 369; 2. 417; 2. 459;
2. 481. ἤ δ’ ὅς 7. 402; 7. 405; 7. 411;
7. 414; 7. 419; 7. 422; 7. 426; 7. 438;
7. 445
ἡμικύκλιον 1. 47
ἡμιπληξία 8. 466
ἡμιτελεσφόρητος 4. 199 (de Baccho)
ἡνία 5. 375
ἤπειρος 4. 261
ἠρέμα 4. 404
ἠρεμαῖος 7. 321
ἠρεμέω 3. 89; 5. 360; 5. 457
ἤρεμος 1. 365
ἡρωικός 6. 116
ἡσυχάζω 6. 346
ἡσυχία 5. 430. ἡσυχίαι 7. 34
ἧττα 5. 360
ἡττάω 5. 174. -ομαι 5. 414
ἥττων: ἧττον adv. 9. 332
ἠχέω 7. 260

θάλαμος 1. 119; 1. 171; 1. 339; 3. 224;
6. 125; 6. 268
θάλασσα 1. 410; 2. 451; 3. 446; 3. 449;
3. 457; 4. 284; 4. 292; 5. 93; 5. 102;
5. 129; 5. 450; 6. 13; 6. 45; 6. 78; 6. 87;
6. 211; 6. 218; 6. 219; 6. 258; 6. 287;
6. 404; 6. 485; 7. 19; 7. 32; 7. 74; 7. 96;
7. 299; 8. 312; 9. 189; 9. 445. θάλαττα
(ob parechesin) 4. 250; *4. 259; 5. 426;
6. 373. θάλασσαι 3. 485; 6. 463
θαλάσσιος 1. 460; 4. 275; 6. 5; 6. 269. θα-
λάττιος 5. 327; 5. 419; 5. 421
θαλασσόω 7. 97
θάλλω: τέθηλεν 4. 265

INDEX VERBORVM POTIORVM

θάλπω 2.463; 6.283; 6.362
θαμά 6.261; 6.323
θάμβος 1.256; 4.130; 7.221
θανατάω 2.314
θανατόομαι 1.107
θάνατος 1.106; 1.109; 1.309; 2.42; 6.62;
  6.78; 6.312; 6.453; 9.40; 9.284
θανή 3. 87; 5. 387 bis; 5. 391; 5. 399;
  6.417; 7.472
θάπτομαι 3. 97
θαρραλέος 2. 255
θαρρέω 2.364; 2.409; 5.206; 7.76; 7.109;
  7.117; 7.481
θάρσος 1.395; 7.473
θαῦμα 4.144
θαυμάζω 3.171; 8.91; 8.481
θαυμάσιος 1.68; 2.137; 2.138. τὸ θαυμά-
  σιον 4.123
θαυματουργέω 7.98
θαυματουργός 4.215; 5.85
θεά 1.63; 1.66; 1.375
θέα 1. 61; 1. 128; 1. 198; 1. 455; 2. 32;
  2. 231; 2. 357; 3. 310; 3. 315; 3. 334;
  3.337; 3.366; 3.378; 4.86; 4.132; 6.64;
  7. 160; 7. 494; 8. 352; 8. 376; 8. 480;
  9.249; 9.252
θέαμα 1. 68; 1. 238 (τοῖς θεωμένοις);
  4.329 (τοῖς θεωμένοις); 6.39; 7.142
θεάομαι 1.283; 3.48; 4.329; 9.252
θειόδετος 9.204
θεῖος 1.40; 2.217; 2.463; 3.249; 7.134;
  8. 65; 8. 506. ἡ θεία κρίσις 1. 354;
  8. 30. ἡ θεία χάρις 2. 219; 3. 127;
  8.506. τὸ θεῖον 7.400
θέλησις 3. 234; 4. 158; 4. 172; 5. 63;
  9.89
θέλω 2.282; 2.354; 2.441; *3.202; 3.270;
  3.307; 3.390; 3.489; 4.35; 4.45; 4.47;
  4. 138; 4. 199; 4. 379; 4. 433; 4. 484;
  5. 68; 5. 217; 5. 261; 5. 429 bis; 6. 59;
  6. 340; 7. 203; 7. 392; 7. 475; 8. 101;
  8. 402; 9. 27; 9. 102; 9. 110; 9. 392;
  9.409. ἐθέλω 2.394; 4.38; 9.335
θέμεθλα 3.145
θεμιτός 7.205
θεοκλυτέω 6.222
θεοκλύτημα 6.385
θεόρρητος 6.394
θεός 3. 10; 4. 379; 4. 400; 6. 472; 7.238;

9. 94; 9. 192; 9. 211; 9. 354. ἡ θεός
1. 393. θεοί 3. 203; 3. 205; 3. 233;
3.245; 3.520; 6.88; 6.400; 7.91; 7.413;
7.435; 7.490; 7.498; 8.33; 8.53; 8.81;
8. 101; 8. 349; 8. 518; 9. 117; 9. 139;
9. 300. θεῶν 1. 322; 1. 457; 1. 471;
2.219; 2.455; 2.488; 3.8; 3.75; 3.127;
3. 187; 3. 221; 3. 246; 3. 249; 3. 325;
4. 194; 4. 246; 4. 305; 5. 82; 5. 206;
5.228; 5.313; 5.361; 6.5; 6.95; 6.115;
6. 232; 6. 349; 6. 422; 6. 472; 7. 132;
7.141; 7.329; 7.463; 7.506; 8.30; 8.54;
8. 65; 8. 106; 8. 117; 8. 133; 8. 147;
8.317; 8.321 bis; 8.390; 8.461; 9.150;
9. 156; 9. 383; 9. 470. θεοῖς 1. 449;
1. 456; 1. 460; 1. 506; 1. 507; 3. 68;
3. 172; 3. 198; 3. 211; 3. 241; 3. 242;
3. 252; *3. 263; 3. 276; 4. 206; 7. 205;
7. 324; 7. 427; 7. 440; 7. 443; 7. 461;
7.475; 7.486; 7.495; 7.501; 8.32; 8.50;
8. 51; 8. 140; 8. 268; 8. 392; 8. 414;
9. 110; 9. 460. θεούς 1. 278; 2. 408;
3. 257; 3. 359; 4. 191; 6. 386; 7. 326;
7. 397; 7. 467; 7. 492; 7. 497; 8. 74;
8. 111; 9.105; 9.277. θεοί voc. 1.153;
5. 421; 6. 335; 6. 427; 6. 486; 7. 65;
7. 218; 8. 128; 8. 368; 8. 375; 8. 377;
8.383; 8.512; 8.527
θεόσδοτος 2. 217
θεραπεύω 3. 196
θερμός 1.110; 3.158; 4.425. θερμοί 2.44;
3. 86; 3. 488. τὸ θερμόν 2.337. θερμῶς
3.154
θέσις 1.58; 2.105; 4.341; 5.274; 5.299;
5.465; 5.469; 8.61; 8.302; 9.434
θεσμός: θεσμά 1.245; 4.33; 4.51; 5.245;
6.429; 7.333 (ἄθεσμα); 7.389 (τῆς Δί-
κης)
θεσμοφύλαξ 4. 48
θεσπίζω 6.505; 7.303
θεωρέω 8.177; 8.357
θεωρία 2.73; 2.228; 2.232; 2.260; 2.305
θήγω 8.520
θηλυπρεπής 1.150
θηλύφρων 5.271
θήρ 1.226; 4.272; *9.333
θήρα 5.350; 8.498
θηραγρευτής 5.306
θηράω 8.465 bis

191

INDEX VERBORVM POTIORVM

7. 390; 7. 402; 7. 475; 7. 513; 9. 122;
9. 218; 9. 414
καλύβη 9. 53; 9. 54
καλώδιον 6. 146
κάλως 1. 412; 2. 24; 3. 228; 8. 249
κάμηλος 4. 291
κάμινος 1. 147; 1. 393
καμμύω 4. 70
κάμνω 5. 297
κάμπτω 1. 428; 3. 30; 4. 464
κανονίζομαι 7. 225. κεκανονισμένως 2. 249
κανών 7. 366
καπνός 7. 133
κάρα : κάραν 1. 196; 3. 114; 4. 23; 4. 129;
4. 396; 6. 449; 7. 432; 8. 363; 9. 328
καραδοκέω 6. 364
καρδία 3. 499; 6. 187; 7. 89; 8. 179; 9. 401.
καρδίας 1. 17; 2. 315; 2. 426; 3. 409;
3. 464; 4. 78; 4. 440; 4. 460; 5. 123;
5. 276; 5. 363; 6. 320; 7. 53; 8. 93; 8. 223;
8. 282; 8. 353; 8. 448; 9. 35; 9. 437. καρ-
δία 1. 104; 1. 487; 5. 149; 5. 153; 5. 262;
6. 40; 8. 213. καρδίαν 1. 99; 1. 501;
2. 149; 2. 191; 2. 225; 2. 297; 2. 349;
3. 155; 3. 289; 3. 311; 3. 401; 3. 457;
3. 491; 5. 514; 5. 516; 6. 58; 6. 188; 7. 88;
7. 170; 7. 449; 7. 453; 8. 490; 9. 230.
καρδία voc. 1. 223; 3. 331; 6. 404;
7. 311. καρδίαι 2. 428; 3. 313; 5. 260;
8. 199; 9. 65
καρπός 6. 301; 6. 370 (ὀσφύος); 7. 105
καρπός = prima palmae pars 8. 301
καρτερέω 1. 112; 3. 225; 3. 418; 3. 480;
4. 187; 6. 97; 8. 425; 9. 370
καρτερός 3. 137; 5. 179; 6. 72. καρτερῶς
1. 485
κατά cum gen. 1. 274; 1. 349; 1. 367;
2. 203; 2. 315; 2. 359; 2. 426; 3. 462;
4. 65; 5. 20; 5. 34; 5. 49; 5. 50; 5. 54;
5. 55; 5. 128; 5. 208; 5. 263; 5. 281;
5. 286; 5. 292; 5. 301; 5. 308; 5. 312;
6. 103; 6. 184; 6. 415; 6. 442; 7. 15; 7. 16;
7. 128; 9. 34; 9. 80. cum acc. 1. 4;
1. 126; 1. 171; 1. 324; 1. 506; 2. 259;
2. 333; 2. 335; 2. 364; 3. 25; 3. 72; 3. 305;
3. 308; 4. 54; 4. 152; 4. 153; 5. 240; 6. 23;
6. 25; 6. 202; 6. 484; 7. 338; 8. 59; 8. 177;
9. 219; 9. 248
καταβλάπτω 3. 209

καταγγέλλω 3. 515
κατάγομαι : κατηγμένος 3. 237; 3. 445;
6. 326; 7. 36
κατάγχω 5. 425. -ομαι 7. 29
κατακλάω 1. 11. -ομαι 7. 449
κατακλίνομαι 1. 85
κατακλύζω 3. 238; 3. 484
κατακρατέω 3. 35; 4. 455
κατακρίνω 1. 91; 1. 400. -ομαι 9. 46
κατάκριτος 3. 248
καταλαμβάνω 3. 80
καταναλόω 9. 181
καταπίπτω 4. 371
καταπλέω 7. 245
κατάπληξις 1. 70; 1. 256
καταπλήσσομαι 1. 445; 1. 500; 3. 152; 5. 65
κατάπτερος 4. 162; 5. 72
κατάπυκνος 3. 55
καταρραθυμέω 5. 186
καταρραίνω 2. 323; 3. 407
καταρρήγνυμαι 8. 122
κατάρρυτος 3. 447; 6. 268
κατάρχω 1. 211; 8. 488
κατασκάπτω 3. 162
κατασκεπάζομαι 5. 452
κατάσκοπος : κατασκόπως 6. 49
κατασκυλεύω 3. 438
κατασπάω 1. 98; 2. 274; 7. 448; 8. 2
καταστέλλω 6. 474
καταστορέννυμαι 7. 299
καταστρέφω 1. 22; 2. 272; 3. 163. -ομαι
7. 285; 7. 368 (κατέστραπτο)
κατάστρωσις 4. 108
κατασφάζω 6. 38. κατασφάττω 3. 108.
-ομαι 7. 331
κατάσφιγκτος *1. 55; *4. 337
κατάσχετος 2. 457
κατατρέχω 5. 250
κατατροπόομαι 5. 177; 5. 193
κατατρυφάω 8. 176
καταφράγνυμι 7. 165. καταφράττω 6. 333
κατάφρακτος 2. 18
καταφρονέω 5. 134; 6. 62; 7. 314. -ομαι
5. 194
κατάψυχρος 3. 421
κατεγγυάω 1. 169; 2. 384; 2. 391; 3. 172;
3. 189; 3. 432. -ομαι 3. 359; 5. 379
κάτειμι 1. 491; 9. 360
κατεξανίσταμαι 5. 154

194

κατεργάζομαι 5. 440; 6. 94
κατέρχομαι 1. 410; 2. 451
κατεσθίω 5. 349; 8. 246
κατευστοχέω 1. 17; 1. 192; 6. 102
κατεύχομαι 5. 289
κατέχω 1. 86; 3. 396; 3. 440; 6. 111; 6. 281;
   7. 248; 9. 443. κατέχομαι 1. 141; 1. 142
κατηγορέω 1. 363
κατήγορος 1. 348
κάτισχνος 2. 87; 4. 221
κατισχύω 2. 241; 5. 78
κατοικία 1. 342; 1. 435; 3. 245; 6. 351
κάτοικος 1. 27; 3. 439
κατοικτείρω 2. 343
κατοπτεύω 3. 306
κάτω 1. 454; 2. 8; 3. 237; 5. 449; 6. 12;
   9. 318. τὰ κάτω 1. 414; 6. 1; 6. 412;
   6. 425; 6. 431; 8. 45. κατωτέρω 2. 103
κάτωθεν 5. 110; 6. 34; 6. 213
κάχληξ 6. 488
κεῖμαι 3. 29; 3. 272; 4. 231; 6. 343; 6. 406;
   6. 437; 9. 440
κείρω 3. 85. -ομαι 1. 207; 8. 423 (κέκαρτο)
κέλευθος 9. 197
κέλευσις 5. 22. κελεύσει 4. 142; 4. 158;
   4. 214; 4. 254; 4. 311; 5. 16; 5. 64
κέλευσμα 4. 238; 7. 201
κελεύω 1. 114; 1. 437; 1. 466; 4. 20; 4. 166;
   5. 68; 5. 435
κέλλης 6. 236
κενός 4. 492; 5. 53; 6. 392; 9. 408. κενοί
   1. 24; 6. 109; 7. 4; 8. 27 (ἐν κενοῖς);
   8. 255 (ἐν κενοῖς). κενῶς 1. 225
κεντέομαι 7. 187
κεντρίον 2. 303; 7. 187
κέντρον 5. 114
κεραμεύς 8. 69; 8. 75
κεράμιον 4. 363; 8. 69; 8. 76
κέρας 6. 90 (τῆς ὁλκάδος)
κέρασμα : κερασμάτων 2. 48; 2. 164; 3. 101
κεραύνιος 3. 478 (Ζεύς)
κεραυνόβλητος 8. 104
κεραυνός 3. 482; 4. 197
κερδαίνω 2. 294; 3. 124; 3. 178; 3. 353;
   5. 254; 5. 259; 6. 137
κερδαλέος 9. 164
κέρδος 5. 352; 6. 267; 6. 464; 7. 156
κεφαλή 1. 15; 1. 207; 1. 248; 3. 14; 4. 203;
   5. 31; 9. 171; 9. 319; 9. 326

κήδευμα : κηδευμάτων 3. 372; 3. 385
κηδεύω 2. 355
κήδομαι 7. 466; 8. 513
κηπίον 2. 93; 3. 78
κῆρυξ 3. 342
κηρύττω 5. 25
κῆτος 6. 491
κητῶος 4. 276
κινάβρα *7. 434
κινδυνεύω 9. 413
κινέω 4. 65; 5. 34; 5. 50; 5. 53; 5. 208;
   5. 435; 8. 249; 8. 447. -ομαι 7. 234;
   8. 456; 8. 526. κινουμένη 7. 229; 8. 447;
   8. 453; 8. 467; 8. 496; 8. 507; 8. 511
κίνημα 3. 32
κίνησις 4. 87; 8. 526
κινητικός : κινητικώτατος 1. 236
κιρνάω 2. 144; 8. 170; 9. 70
κιττός 6. 294; 9. 479
κλάδος 6. 200. κλάδοι 1. 232; 3. 54; 8. 473;
   9. 479
κλαίω *1. 450; 1. 451; 5. 104; 6. 169
   (κλάων); 6. 450; 7. 20 (κλάειν); 8. 168;
   8. 213; 8. 393 (κλάε). ἔκλαυσα 1. 482;
   3. 88; 6. 128; 6. 129; 6. 450; 7. 42 bis;
   8. 284; 9. 170
κλαυθμός 1. 510
κλαυθμυρισμός 6. 118
κλείω 1. 422; 6. 288. -ομαι 1. 174; 3. 74;
   7. 301; 8. 434 (κέκλειστο)
κλέος 8. 171
κλέπτω 5. 491 (τὴν δίκην); 8. 424; 9. 267.
   -ομαι 3. 194; 9. 350
κλῆμα 4. 394
κληρόομαι 6. 314
κληρουχία 5. 266
κλῆσις 6. 265; 7. 214; 7. 252
κλίνη 1. 85; 1. 96; 1. 180; 1. 274; 1. 432;
   2. 64; 2. 95; 3. 299; 3. 421; 3. 467; 4. 108;
   4. 416; 6. 4; 7. 188. κλῖναι 9. 11
κλινίδιον 3. 29; 3. 300. κλινίδια 5. 269
κλίνω 1. 494; 2. 185; 3. 98; 4. 23; 6. 31;
   7. 342; 7. 471; 8. 363. -ομαι 1. 432;
   8. 524
κλοιός : κλοιοί 1. 34; 7. 3
κλόνος 6. 258; 7. 299
κλύδων 4. 286; 6. 217; 6. 350; 6. 357;
   6. 495; 7. 33; 9. 153
κλυδώνιον 2. 318; 6. 500

INDEX VERBORVM POTIORVM

κνέφος *6. 285
κοιλία 3. 42; 4. 177; 8. 61; 9. 405
κοιμάομαι 2. 196; 2. 286; 5. 361; 7. 180
κοινός 1. 246; 1. 423; 6. 139 bis; 6. 217;
  6. 222; 6. 231; 6. 312; 6. 313; 7. 271 bis;
  8. 54; 8. 163 bis; 8. 164; 8. 183; 8. 415;
  9. 8 bis; 9. 97. κοινοί 2. 92; 6. 314. κοινῇ
  2. 47; 2. 50; 2. 51; 6. 222. κοινῶς 5. 416;
  9. 473
κοινωνία 1. 144; 1. 310; 3. 135; 3. 343. ἡ
  γάμου κοινωνία 1. 307; 2. 280; 2. 412;
  3. 173; 3. 201
κοινωνός 8. 188
κοίρανος 6. 376 (τῶν ὑγρῶν)
κοίτη 6. 365
κοκκινέω 9. 175
κολάζω 9. 294
κόλασις 1. 113
κολλάομαι 1. 44
κόλπος 2. 351; 8. 320; 8. 503; 9. 186
κομάω 2. 236; 4. 264
κόμη : κόμην 1. 207; 3. 85; 4. 222; 4. 385;
  6. 439; 9. 171
κομιδῇ 1. 55; 2. 18
κομίζω 2. 153
κομψεύομαι 3. 213
κόνδυ 2. 124; 2. 164; 3. 22
κόνδυλος 7. 15; 7. 127
κόνις 1. 208; 6. 443
κόπος 1. 81; 2. 86. κόποι 2. 243
κόπτω 4. 349; 7. 132
κοράσιον 8. 427
κορέννυμαι *2. 258; 6. 414
κόρη 1. 39; 1. 102; 1. 167; 1. 171; 1. 203;
  1. 261; 1. 276; 1. 292; 1. 346; 1. 503;
  2. 88; 2. 146; 2. 167; 2. 174; 2. 179;
  2. 211; 2. 287; 2. 335; 2. 339; 2. 409;
  2. 416; 3. 65; 3. 118; 3. 175; 3. 194;
  3. 198; 3. 223; 3. 265; 3. 270; 3. 284;
  3. 328; 3. 519; 6. 149; 6. 163; 6. 251;
  6. 321; 6. 382; 6. 426; 6. 447; 6. 453;
  7. 161; 7. 173; 7. 189; 8. 290; 8. 306;
  8. 408; 8. 501; 8. 505; 8. 513; 9. 126;
  9. 160; 9. 173; 9. 274; 9. 344. κόραι
  4. 384. κόρη = pupilla 1. 48; 7. 224. κό-
  ραι 2. 73; 2. 177; 2. 199; 2. 326; 3. 15;
  3. 151; 3. 294; 3. 444; 8. 36; 8. 88; 8. 201;
  8. 243; 9. 429
κόρος 1. 490; 5. 144; 5. 145 bis; 5. 146;

5. 147; 5. 158; 5. 159; 5. 160; 5. 410;
  6. 277; 9. 295; 9. 402
κόρυζα 7. 429
κορυφαῖος 2. 97; 7. 211
κορυφή 1. 208; 6. 295; 6. 443; 9. 158. κορυ-
  φαί 1. 416
κόσμιος 2. 215
κόσμος 7. 383
κοτύλη 6. 433
κουφίζω 1. 157; 1. 429
κούφισμα 6. 156
κοῦφος : κούφως 6. 235
κράζω 1. 88; 1. 202; 1. 401; 2. 107; 6. 92;
  7. 17; 8. 12; 8. 128
κράνος 5. 31; 7. 377; 7. 378
κραταιός 2. 254; 4. 245; 5. 180 (Ἄρης). κρα-
  ταιῶς 1. 384; 5. 172
κρατέω 3. 278; 3. 393; 4. 42 bis; 4. 79;
  4. 372; 4. 498; 5. 9; 5. 26; 5. 41; 5. 114;
  5. 124; 5. 141; 5. 274; 5. 294; 5. 299;
  5. 322; 5. 356; 5. 413; 6. 317; 7. 303;
  7. 362 (τὸ κρατοῦν). -ομαι 7. 362
κρατήρ 2. 143; 2. 146; 2. 197; 3. 102;
  4. 118; 4. 325; 4. 327; 8. 52; 8. 169;
  8. 230; 8. 267; 8. 385; 8. 441; 9. 377.
  κρατῆρες 3. 140; 4. 121; 9. 381
κράτος 3. 478; 4. 39; 4. 93; 4. 155; 4. 437;
  4. 491; 5. 65; 5. 135; 5. 212; 7. 285;
  8. 321. κράτη 4. 37
κραυγάζω 6. 54
κρέας 3. 91; 7. 410; 8. 32; 8. 55; 8. 68.
  κρέως 2. 258; 3. 100; 3. 102; 9. 421;
  9. 440. κρέατος 7. 387; 8. 66. κρέα
  2. 263; 3. 97; 6. 122; 6. 461; 7. 487;
  9. 432
κρείττων 1. 31; 3. 339; 5. 367; 5. 370;
  7. 312; 7. 327. τὸ κρεῖττον 6. 26; 7. 264;
  7. 327; 7. 409; 7. 412. τὰ κρείττω
  5. 314; 5. 361. οἱ κρείττονες 7. 412. κρά-
  τιστος 7. 451
κρηπίς 4. 196
κρίνον : κρίνα 6. 296; 6. 300
κρίνω 1. 31; 1. 266 (οἱ κρίνοντες); 1. 330;
  1. 354; 1. 357; 1. 372; 1. 397 (κρίσιν);
  2. 232; 2. 259; 2. 380; 3. 12 (τὸ κρίνον);
  3. 403; 4. 40; 4. 328; 7. 514; 7. 515;
  9. 122; 9. 211. -ομαι 2. 5
κριός 3. 82
κρίσις 1. 259; 1. 296; 1. 316; 1. 334; 1. 354

INDEX VERBORVM POTIORVM

λανθάνω 7. 68; 7. 167. ἔλαθον 2. 152;
5. 193; 6. 79; 6. 138; 8. 330; 9. 23; 9. 96.
λέληθα 1. 178; 4. 321; 9. 30; 9. 68. λαν-
θάνομαι 8. 332; 9. 223; 9. 279
λαρός 2. 144
λαφυραγωγία 5. 333
λάφυρον 3. 175. λάφυρα 5. 316; 5. 335;
5. 413
λέγω 1. 151; 1. 320; 1. 336; 1. 390; 1. 423;
2. 60; 2. 151; 2. 405; 2. 432; 2. 455; 3. 39;
3. 248; 3. 375; 4. 29; 4. 176; 5. 319;
5. 468; 6. 10; 6. 92; 6. 264; 6. 422 (λό-
γον); 7. 254; 7. 279; 7. 390; 7. 403;
7. 411; 7. 415; 7. 481; 8. 254; 8. 260;
9. 156; 9. 157; 9. 288; 9. 353; 9. 437. λέ-
γοιμι 1. 155; 2. 155; 2. 158; 2. 167 bis;
3. 303 bis; 5. 100. λέγων 1. 156; 1. 212;
1. 277; 1. 299; 2. 54; 2. 363; 4. 242; 5. 97;
6. 340 (λόγον); 6. 475; 6. 477; 9. 83;
9. 173; 9. 280; 9. 301; 9. 439. λέγειν
1. 158; 1. 164; 1. 385; 1. 427; 2. 170;
2. 394; 3. 490; 5. 100; 5. 491; 7. 199;
7. 223; 7. 230; 7. 273; 7. 481; 7. 485;
7. 502; 7. 513; 8. 457; 9. 3; 9. 143; 9. 177;
9. 207; 9. 276. ἔλεξε(ν) 1. 159; 1. 494;
2. 43; 2. 381; 3. 74; 3. 98; 3. 159; 3. 282;
3. 409; 4. 134; 4. 174; 5. 52 (λόγον);
5. 74; 5. 89; 5. 112; 6. 103; 6. 182; 6. 414;
8. 286; 8. 333; 8. 501; 9. 479. λέγομαι
3. 211
λεία 1. 26 (Μυσῶν)
λειοκύμων 4. 284
λειότης 7. 33
λειπόπατρις 9. 263
λείπω : λείπων 6. 496; 7. 380; 7. 381. τὸ λεῖ-
πον 6. 69; 7. 439; 8. 273. λιπών 1. 4;
1. 282; 2. 7; 2. 30; 2. 197; 6. 109; 7. 67.
λιπεῖν 9. 256
λείψανον 6. 391
λέκτρον : λέκτρα 6. 124; 6. 133; 6. 366;
7. 22; 7. 109; 8. 422
λέξις 5. 484
λεπτός : λεπτῶς *9. 340
λεύκασμα 4. 282
λευκός 1. 42; 2. 131; 4. 4; 7. 434; 8. 14;
8. 410; 8. 471
λευκότης 7. 221
λευκόχρους 8. 472
λεύσσω *9. 201 (λεύσετε)

λέχος 6. 125; 6. 268; 7. 116. λέχη 8. 424
λέων 1. 226; 4. 291; 9. 331; 9. 334. λέοντες
5. 189; 9. 331
λήγω 8. 428; 8. 430
λήθη 2. 245; 3. 475; 5. 124. cf. Λήθη
λημάω 7. 431; 9. 429
ληνοβάτης 4. 390
ληνός 4. 356
λῆξις = finis 8. 280; 8. 315
ληρωδία 9. 396
λησμοσύνη 9. 224
ληστάναξ 1. 102; 1. 434; 1. 441; 3. 112;
3. 159; 3. 181; 4. 75
λήστευμα 2. 475
ληστής 1. 62; 1. 70; 1. 253; 1. 341; 3. 425;
6. 316; 9. 106; 9. 267; 9. 296. λησταί
1. 141; 2. 475; 3. 510; 9. 120
ληστοκράτωρ 5. 3
ληστρικός 1. 5; 1. 23; 1. 32; 1. 100; 2. 414;
3. 292; 3. 418; 5. 233; 6. 354; 6. 357;
7. 246; 8. 266; 9. 268; 9. 281. λη-
στρικώτερος 3. 267. ληστρικοί 6. 281
λίαν 1. 84; 4. 422; 5. 447; 6. 407
λιβανωτός 7. 488
λιγυρός : λιγυρῶς 2. 107
λίθινος 4. 358
λιθόβλητος 1. 290; 1. 345
λιθοβόλημα 7. 69
λιθοξοέω 3. 70; 4. 333
λιθοξόος 3. 69; 4. 332; 4. 342; 4. 380
λίθος 1. 187; 1. 196; 1. 248; 1. 266; 1. 268;
1. 302; 1. 341; 1. 346; 4. 280; 4. 331;
4. 354; 6. 48; 6. 248; 8. 95. λίθοι 1. 183;
1. 269; 1. 300 bis; 1. 301; 2. 18; 3. 481;
7. 80; 8. 251
λικμάω 3. 476
λιμαγχονέομαι 2. 58
λιμήν 1. 7; 2. 3; 2. 6; 2. 9; 2. 459; 6. 172
λίμνη 6. 432 (Ἀχερουσία)
λιμός 1. 124; 3. 424
λινόκλωστος 4. 271
λίνον 9. 182. λίνα 8. 432
λιπαρέω 6. 241
λίχνος 2. 182. λίχνον adv. 5. 317; 6. 278
λογίζομαι 3. 187; 6. 398 (λογιστέον)
λογικός 3. 498
λόγιος 8. 529 (Ἑρμῆς)
λογισμός 2. 202; 2. 326; 3. 15; 4. 83; 7. 174;
9. 208

198

μαστιγόω 9. 294
μάστιξ: μάστιγες 5. 157; 7. 156; 7. 317
μάτην 1. 225; 2. 432; 8. 26; 8. 28
μάχαιρα 1. 19; 2. 264; 3. 455; 5. 166;
5. 228; 5. 233; 5. 404; 6. 91; 6. 101;
6. 123. μάχαιραι 2. 445; 3. 106
μάχη 2. 205; 2. 256; 2. 447; 3. 304; 3. 316;
4. 53; 4. 463; 4. 470; 4. 495; 5. 7; 5. 15;
5. 24; 5. 27 bis; 5. 40 bis; 5. 51; 5. 53;
5. 57; 5. 83; 5. 116; 5. 134; 5. 167; 5. 172;
5. 186; 5. 188; 5. 191; 5. 204; 5. 221;
5. 226; 5. 241; 5. 249; 5. 263; 5. 272;
5. 284; 5. 285; 5. 286; 5. 292; 5. 370;
5. 378; 5. 394; 5. 398; 5. 482; 5. 492;
5. 495; 5. 496; 5. 515; 6. 7; 6. 24; 6. 25;
6. 37; 6. 106; 7. 284; 7. 373; 8. 111. μά-
χαι 1. 116; 2. 243; 2. 254; 2. 261; 3. 161;
3. 197; 4. 166; 4. 262; 4. 297; 5. 120;
5. 126; 5. 141; 5. 200; 5. 211; 5. 321
μαχησμός 4. 52
μαχητής 5. 311. μαχηταί 5. 163; 5. 223;
5. 236
μεγαλόδοξος 3. 364
μεγαλοψυχία 6. 343
μέγας 2. 173; 2. 402; 4. 12; 4. 16; 4. 30;
4. 31; 4. 178; 4. 224; 4. 260; 4. 266;
4. 315; 4. 377; 4. 424; 4. 448; 4. 507;
4. 511; 5. 56; 5. 132; 5. 198; 5. 215;
5. 305; 5. 423; 6. 165; 6. 232. μέγα
1. 224; 2. 340; 3. 147; 4. 130; 4. 144;
5. 175; 8. 151. μέγα adv. 1. 482; 3. 11;
5. 25; 5. 91; 6. 441; 8. 12; 8. 168; 8. 265;
9. 403. μείζων: τὸ μεῖζον 7. 81. μέγι-
στος 2. 214; 2. 216; 2. 235; 2. 237;
3. 277; 3. 357; 4. 155; 4. 190; 4. 208;
4. 238; 4. 247; 4. 420; 4. 423; 5. 4; 7. 470;
8. 17; 9. 470. μέγιστοι 2. 19; 5. 471;
7. 208. μέγιστον adv. 7. 517; 9. 176
μεγιστότης 8. 331
μεθέλκω 1. 297 (ἕλκω); 4. 172 (ἕλκω)
μέθη 3. 28; 3. 34; 3. 501; 4. 318; 4. 383;
4. 414; 4. 508; 8. 170. μέθαι 3. 144;
4. 322
μεθιζάνω 4. 393
μεθίημι 7. 459
μεθιστάω 4. 138; 4. 176
μέθυ 3. 500; 9. 421; 9. 433
μεθύσκω 7. 265. -ομαι 3. 499; 8. 56
μείγνυμι 1. 308; 1. 309

μειδίαμα 2. 340
μειδιάω 2. 348; 7. 307; 8. 264
μειρακίσκος 2. 141; 4. 404
μείραξ 2. 151
μελαγχολάω 7. 262; 8. 111
μελαίνομαι 1. 249
μελανία 4. 97; 5. 94
μέλας 4. 97; 4. 282; 5. 93; 5. 100. μελάντα-
τος 1. 48. ἡ μέλαινα 5. 178
μελίκρατον: μελίκρατα 7. 409; 8. 64
μέλλω 3. 131; 5. 259; 6. 308; 6. 369; 7. 324;
8. 450; 9. 456. τὸ μέλλον 2. 420
μέλος = membrum 1. 43; 8. 476; 9. 406.
μέλη 5. 303; 8. 459; 8. 525; 9. 73. μέ-
λος = carmen 2. 111; 4. 314; 4. 399
μέλω: μελήσας 3. 326; 8. 485. μέλον
(ἐστίν) 1. 507
μελῳδία 2. 115; 5. 146
μεμπτός 6. 465
μέντοι 7. 424; 8. 148; 8. 463; 9. 49
μένω 1. 222; 2. 177; 2. 341; 3. 465; 4. 82;
4. 503; 5. 381; 6. 14; 6. 481; 7. 383
μερίζομαι 6. 197
μέριμνα 7. 173
μερισμός 1. 467; 1. 470; 3. 427; 9. 299
μέρος 3. 231; 4. 494; 4. 500; 5. 227; 6. 66;
6. 76; 8. 286; 8. 457; 9. 422. μεροῖν
4. 341; 6. 198. μέρη 1. 317; 1. 353
μεσημβρία 6. 210 (μέση)
μεσιτεύω 4. 483
μέσος 1. 422; 2. 351; 4. 198; 4. 409; 5. 461;
7. 54; 7. 192; 7. 295; 7. 348; 7. 476. μέ-
σοι 6. 387; 9. 186. μέση 1. 379; 1. 388;
2. 2; 2. 426; 3. 74; 3. 155; 3. 450;
4. 127; 4. 356; 5. 153; 5. 370; 5. 398;
6. 58; 6. 80; 6. 131; 6. 185; 6. 210; 6. 484;
7. 195; 7. 373; 7. 488; 8. 144; 8. 310;
8. 326; 9. 45; 9. 234. μέσαι 1. 13;
3. 6; 3. 53; 3. 138; 3. 144; 4. 25;
4. 166; 4. 297; 4. 345; 4. 382; 6. 203;
7. 16; 7. 175; 8. 465; 9. 11. μέσον 3. 29;
4. 406; 5. 48; 5. 240; 5. 438; 6. 181;
8. 245; 8. 353; 8. 440. μέσα 2. 480;
3. 462; 5. 269; 5. 308; 9. 80. τὸ μέσον
7. 37. μέσον adv. 4. 204; 4. 226; 5. 97;
5. 277; 5. 367; 6. 75; 7. 72; 7. 282; 8. 262;
8. 365. εἰς μέσον 4. 215; 5. 323; 6. 197;
8. 333. ἐκ μέσου 1. 213; 2. 244; 2. 494;
3. 94; 5. 372; 8. 178. ἐν μέσῳ 3. 402;

ξεστήρ 1. 57
ξηρός 7. 100
ξίφος 1. 16; 1. 27; 1. 28; 1. 107; 1. 476;
 2. 258; 2. 314; 2. 359; 3. 176; 3. 448;
 3. 449; 3. 458; 3. 465; 3. 522; 4. 57;
 4. 204; 5. 295; 5. 307; 5. 309; 5. 387;
 6. 38; 6. 62; 6. 97; 6. 122; 6. 197; 7. 346;
 7. 380; 7. 381; 8. 21; 8. 40; 8. 41; 8. 520;
 9. 283. ξίφη 3. 463; 5. 518; 6. 463
ξύλινος 1. 175; 5. 102
ξύλον 6. 236; 7. 38; 7. 41; 9. 154; 9. 159.
 ξύλα 1. 183; 6. 248 (εὐώδη); 8. 224
ξυν- v. συν-
ξυρέομαι 4. 222 (ἐξυρημένος)

ὄγκος 3. 370; 5. 132; 9. 437
ὀγκόω 3. 474. -ομαι 9. 403
ὅδε 2. 479; 6. 169; 7. 452. τόδε 9. 200
ὁδίτης 6. 356
ὁδός 3. 267
ὁδούς : ὀδόντας 5. 468 (τειχῶν); 7. 431;
 8. 34; 8. 60
ὀδύνη 1. 147
ὀδυρμός 8. 278
ὅθεν 8. 341
οἶδα 1. 510; 2. 235; 2. 269 bis; 3. 111 (οἴ-
 δας); 3. 136; 4. 148; 5. 320; *7. 6; 7. 132;
 7. 279; 7. 298; 7. 464; 7. 465; 7. 515;
 8. 198; 8. 355; 9. 29 (οἶσθα); 9. 207;
 9. 261. εἰδώς 2. 401; 5. 199; 5. 205. εἰδέ-
 ναι 8. 309; 9. 34
οἴκαδε 8. 139; 9. 458
οἰκεῖος 1. 280; 2. 195; 3. 322; 5. 311; 9. 9
 bis
οἰκέτις 2. 381
οἰκέω 1. 143; 3. 244; 3. 420; 7. 32; 7. 383;
 8. 311; 9. 179
οἴκημα 3. 249
οἰκία 1. 197; 1. 406; 8. 227; 8. 356; 9. 5;
 9. 237. οἰκίαι 8. 218; 9. 456
οἰκίζομαι 7. 371
οἰκίσκος 1. 423
οἶκος 1. 474; 2. 284; 3. 121; 3. 248; 6. 270;
 7. 23; 8. 157; 8. 486; 9. 239. οἶκοι 6. 117
οἶκτος 6. 40; 6. 130; 6. 232; 7. 452; 7. 463;
 8. 25; 8. 50
οἰκτρός 1. 211; 1. 310; 2. 42; 3. 427; 3. 444
 bis; 3. 449; 5. 87; 5. 325; 9. 299. οἰκτροί
 6. 462; 8. 488. οἰκτρῶς 1. 498; 3. 108;

3. 131. οἰκτρόν adv. 1. 269; 1. 483. οἴκ-
 τιστος 8. 16
οἶμαι 1. 134; 3. 25; 3. 323; 4. 352; 5. 6;
 6. 470; 7. 490; 9. 352; 9. 366. ᾠόμην
 2. 124
οἶμος 8. 455; 9. 257
οἰμωγή 6. 460
οἰμώζω 7. 12; 9. 212. ᾤμωξα 1. 238; 1. 482;
 3. 87; 6. 132; 6. 264; 6. 441; 7. 195;
 8. 274
οἶνος 2. 120; 3. 3; 3. 18; 3. 24; 3. 28; 3. 37;
 3. 38; 3. 41; 3. 51; 4. 267; 4. 318; 4. 356;
 4. 363; 8. 66; 8. 402
οἷος 1. 84; 2. 410; 4. 32 bis; 4. 84; 4. 390;
 5. 448; 7. 35; 7. 455; 8. 16; 9. 133; 9. 483.
 οἷοι 2. 410. οἷα 3. 366; 5. 120; 5. 121;
 7. 25; 8. 490. οἷαι 9. 28; 9. 484. οἷον
 1. 278; 2. 334; 3. 368; 5. 137; 6. 319;
 7. 184; 7. 219; 7. 359; 7. 520; 8. 151;
 9. 130; 9. 145; 9. 469. οἷα 7. 23; 7. 24;
 8. 491. οἷον adv. 1. 258; 1. 275; 1. 443;
 *2. 324; 3. 408; 4. 99; 4. 152; 5. 49;
 5. 304; 5. 466; 6. 54; 6. 75; 7. 517; 8. 234;
 8. 295; 9. 328; 9. 348. ὡς οἷον 3. 42;
 4. 57; 4. 392. οἷα adv. 1. 432; 5. 114;
 8. 235. ὡς οἷα 1. 85; 3. 22; 4. 415;
 5. 189; 5. 427; 6. 113; 6. 236; 7. 187;
 7. 466; 8. 180; 9. 467
ὀιστεύω 5. 467. -ομαι 8. 209
ὀιστός 8. 193
οἴχομαι 1. 281; 1. 283; 3. 293; 6. 55; 7. 457;
 8. 479
οἰώνισμα 1. 284
ὀκρίβας 4. 16
ὄλβιος 2. 213; 5. 82; 5. 357 (Δίκη); 8. 522.
 ὀλβιώτερος 1. 328. ὄλβιοι 4. 191 (θεοί)
ὄλβος 7. 24; 8. 356
ὀλίγος 5. 343
ὁλκάς 1. 411; 1. 419; 2. 27; 2. 456; 6. 90;
 6. 175; 6. 185; 6. 262; 6. 501; 7. 20;
 7. 248; 7. 290; 7. 291. ὁλκάδες 1. 12;
 2. 16; 2. 19; 5. 101; 5. 519; 6. 109; 6. 192;
 6. 239; 7. 95; 7. 293
ὁλκός 4. 185
ὄλλυμαι 7. 508 (ὄλωλα); 8. 87
ὀλολύζω 1. 482; 9. 176
ὅλος 4. 97; 5. 79. ὅλοι 4. 252; 5. 169;
 9. 119. ὅλη 2. 85; 3. 403; 3. 438; 5. 93;
 6. 63; 6. 64; 6. 279; 7. 168; 7. 220; 8. 182;

9.32; 9.166. ὅλαι 3.485; 5.251; 9.442.
ὅλον 9.347. ὅλα 4.477; 8.196
ὄμβρος 4.281; 8.122. ὄμβροι 7.70; 7.272
ὁμευνέτις 1.483
ὁμήγυρις : ὁμηγύρεις 8.138; 9.471
ὁμιλέω 4.246
ὁμιλία 2.76; 2.308
ὅμιλος 8.162
ὄμμα 4.69 (τῆς Δίκης). ὄμματα 3.158;
  3.298; 6.260
ὀμμάδην 5.90; 8.391; 9.233. ὀμμαδόν
  3.116
ὄμνυμι 2.366 (ὀμνύει); 7.192; 8.352;
  9.105
ὁμόζυγος : ἡ ὁμόζυγος 1.478; 6.132
ὁμοιοσχήμων 9.335
ὁμοῦ 1.72; 2.98; 6.502
ὅμως 1.125; 1.377; 1.514; 2.396; 3.20;
  3.490; 4.101; 4.151; 5.157; 5.165;
  5.397; 6.190; 6.470; 7.231; 7.503;
  9.155; 9.438
ὄνειρος 2.348; 8.369; 8.376; 9.245;
  9.246. ὀνειράτων 2.345; 3.305; 3.433;
  3.434; 9.300. ὀνείρων 3.308. ὀνείροις
  3.318. ὀνείρους 1.127
ὀνειρώττω 3.43; 6.365
ὄνομα 1.337; 9.200
ὀξύς : ὀξύτερον adv. 7.137
ὀπαδός 2.187
ὄπισθεν : τοὔπισθεν 7.306; 8.296
ὁπλίζω 4.466; 5.31
ὁπλίτης 7.377; 7.378. ὁπλῖται 2.269;
  4.167
ὅπλον : ὅπλα 1.142; 5.163; 5.376; 6.29
ὅποι 7.274; 7.275
ὁποῖος 4.380; 8.68. ὁποῖον 4.383; 7.385.
  ὁποῖα 3.307; 8.198; 9.207
ὅπου 2.94
ὀπτάω 5.345; 8.68. -ομαι 3.82
ὀπτός 4.124; 5.70; 7.487; 8.57; 8.64
ὅπως adv. 1.397; 5.487; 7.358; 7.474.
  coni. 5.12; 7.322; 9.72; 9.141
ὁπωσοῦν 8.507. ὁπωστιοῦν 7.146
ὁράω 1.396; 3.120; 4.50; 4.134; 4.139;
  4.154; 7.62; 8.107; 8.318; 8.374;
  9.456. ὁρῶν 1.239; 3.453; 6.166;
  8.245; 8.289; 8.480. ὄψομαι 3.460;
  8.29. εἶδον 1.217; 2.336; 2.346;
  4.471; 4.475; 5.66 bis; 5.69; 5.442;

6.385; 7.36; 7.37; 7.41; 8.147; 8.152;
8.499; 9.116; 9.241; 9.250; 9.320. ἴδοι
5.520; 8.137; 9.454. ἰδών 1.102; 2.89;
2.188; 3.49; 3.151; 4.352; 7.54; 9.464.
ἰδεῖν 3.445; 6.39; 6.435; 7.218; 8.210.
ἑώρακας 4.344; 6.387; 6.390; 7.38;
7.39; 7.40. ὁράομαι 2.346; 3.339;
9.318. ἰδέσθαι 5.92; 5.446; 6.114;
6.224. – ἰδού adv. 1.336; 1.379;
1.496; 2.186; 3.304; 3.511; 8.343;
8.393; 8.394; 9.240; 9.294
ὄργανον 3.498; 7.102
ὀργή 2.293; 4.79; 4.80; 5.149; 5.158;
5.514
ὀργίζομαι 2.423; 7.426
ὀρέγω 3.44; 9.480. -ομαι 3.22
ὀρεινός 4.274
ὄρθιος 3.80; 9.372
ὀρθός 2.79; 2.208. ὀρθῶς 9.414
ὁρίζομαι 1.170; 5.402
ὅρκος 7.112
ὁρμαθός 3.61; 7.79
ὁρμάω 1.347; 3.283; 4.7; 4.80; 4.126;
5.316; 6.415; 8.157
ὄρνις 4.141 bis; 4.275
ὄρος 1.227; 1.416
ὅρος 4.50; 4.497; 4.504
ὀρχέομαι 2.110 (ὄρχησιν); 6.119
ὄρχησις 2.110; 3.31; 5.147
ὀρύττω 2.271
ὅς *4.192; 5.343; 7.89; 7.402; 7.405;
7.411; 7.414; 7.419; 7.422; 7.426;
7.438; 7.445; *8.7; 8.352; 9.79. οὖ
1.344; 5.288; 6.53; 7.12; 7.87; 7.247;
7.512. ᾧ 1.354; 2.312; 4.175; 4.376;
9.155. ὅν 2.63; 3.69; 3.430; 4.332;
6.340; 7.61; 7.63; 7.247; 7.338; 8.272;
8.354; 8.356; 8.409; 9.47; 9.449. οἵ
6.243. ὧν 1.37; 1.51; 2.432; 3.234;
6.233; 6.267; 7.175. οἷς 3.235; 3.344;
3.345; 3.372; 6.76; 6.171; 7.251; 9.52;
9.382. οὕς 1.27; 1.28; 1.455; 4.56;
4.57; 4.351; 5.231; 5.233; 5.490 bis;
6.9; 6.32; 6.348; 7.193; 8.356; 8.418;
9.221; 9.300; 9.321; 9.368; 9.379. ἥ
2.456; 3.349. ἧς 2.366; 6.310; 8.471;
8.517; 9.4; 9.32; 9.116. ἥν 1.171;
2.367; 2.368; 2.474; 3.171; 5.55;
5.349; 5.495; 7.65; 7.103; 7.125 bis;

παρρησία 8. 263
πᾶς 1.23; 7.334; 7.365; 7.376; 8.195. παν-
τός 1. 6; 2. 70; 2. 305; 3. 186; 3. 352;
9. 235. πάντα 3. 228 (πάντως); 7. 379
(πάντων); 8. 249; 9. 404. πάντες 1. 25;
1. 142; 1. 188; 1. 201; 1. 462; 1. 500;
2.106; 2.446; 2.458; 3.80; 5.276; 6.146;
6. 172; 6. 221; 6. 335; 7. 273; 7. 484;
8.125; 8.166; 8.229; 8.231; 8.386; 9.11;
9. 334; 9. 387. πάντων 1. 320; 1. 469;
3.100; 3.184 bis; 4.231; 7.296; 7.379;
7.451; 7.508. πᾶσι(ν) 2.40; 3.89; 4.29;
5.25; 9.5. πάντας 2.89; 2.93; 2.277; 3.1;
4. 224; 5. 250; 5. 384; 6. 111; 7. 193;
7.344; 8.6; 8.106; 8.206; 8.209; 8.251;
9.481. πᾶσα 1.60; 4.272; 6.290; 7.238;
8. 445; 8. 446; 8. 475. πᾶσαν 1. 120;
2. 308; 2. 430; 3. 166; 3. 483; 4. 502;
5. 258; 8. 423; 8. 505; 9. 115; 9. 181;
9.297. πᾶσαι 8.167. πάσαις 9.21. πάσας
5. 23; 9. 436. πᾶν 4. 272; 8. 80. παντός
1.43; 1.45; 1. 362; 5.144; 5.159; 7.75;
7.350; 7.504; 8.443; 9.406; 9.419. πᾶν
acc. 1.45; 1.471; 4.491; 4.496; 5.513;
7. 285; 8. 279. πάντα 6. 392; 8. 62.
πάντων 3. 169; 3. 476; 5. 507; 6. 61;
8.435. πάντα acc. 2.430; 3.470; 7.361;
7. 369; 9. 2; 9. 58. – τὸ πᾶν = summa
5.257; 5.408; 8.360; 9.93. τὸ πᾶν = uni-
versum 1.86; 3.484; 4.195; 7.368. εἰς τὸ
πᾶν = πάντως 2.304; 3.16; 4.49; 5.392;
8. 514. τὰ πάντα nom. 6. 139; 6. 492;
7.364; 8.415. τὰ πάντα acc. 3.351; 4.11;
4. 176; 6. 149; 8. 343; 8. 435. πάντως
1. 50; 1. 65; 1. 144 bis; 1. 238; 1. 280;
1.299; 1.345; 1.451; 1.460; 2.17; 2.375;
3.7; 3.191; 3.214; 3.228; 3.255; 3.456;
3. 520; 4. 58; 4. 66 bis; 4. 184; 4. 425;
4. 454; 5. 182; 5. 282; 5. 291; 5. 341;
7. 371; 7. 407; 7. 411; 7. 421; 8. 198;
9. 207; 9. 252
παστάς 6. 269; 6. 369; 6. 381; 7. 25; 7. 63;
9. 228; 9. 459. παστάδες 1. 216; 2. 63;
3. 260; 6. 373; 9. 43
παστοπήγιον : παστοπήγια 7. 172
πάσχω 1.122; 1.123; 2.296; 2.297; 4.81;
4. 100; 4. 104; 5. 300; 8. 210; 9. 66.
ἔπαθον 1. 114; 2. 150; 3. 451; 3. 499;
4. 503; 5. 341; 8. 265; 8. 492; 9. 61;

9.148 (καὶ μαθόντα). τί γὰρ
πάθω(μεν); 1.514; 2.81; 7.231; 9.259.
πέπονθα 1.145; 1.394; 2.226; 2.228;
2. 334; 3. 155; 4. 95; 4. 207; 6. 446;
7.138; 8.283; 9.68; 9.243
πατάσσομαι 1. 269
πατέομαι : πεπασμένος 1. 208; 3. 469
πατέω 1. 11; 1. 389; 5. 111; 7. 64; 7. 65;
7.509; 8.152; 9.453
πατήρ 1.206; 1.238; 2.172; 2.175; 2.377;
6.128; 6.141; 7.313; 8.29; 8.38; 8.269;
8.324; 9.369 bis. πατρός 1.214; 1.223;
6.275; 7.253; 7.311; 8.269; 9.278. πα-
τρί 7.312; 8.20; 8.82; 8.83; 8.99. πα-
τέρα 2. 278; 8. 153; 9. 364. πάτερ
1. 292; 2. 468 (Ζεῦ); 2. 488 (Ζεῦ);
6. 380; 8. 116 (Κρόνε); 8. 133; 8. 254;
8. 386; 9. 280; 9. 285; 9. 365. πατέ-
ρες : πατέρων 9.337. πατράσι(ν) 6.389;
8. 136; 9. 195; 9. 272. πατέρας 1. 478;
9.256
πάτρη 9. 201
πατρικός 1.237; 5.258; 6.274 (γῆ); 7.312
πάτριος : θεοὶ οἱ πάτριοι 3.68; 3. 359
πατρίς 1.75; 1.160; 1.421; 1.452; 2.154;
2.156; 2.171; 3.413; 5.2; 5.43; 5.374;
5. 381; 7. 249; 7. 252; 8. 355; 9. 109;
9.452. πατρίδες 1.464; 7.207
πατρῷος 1. 273 (πέδον); 3. 95; 5. 264;
8.450 (πέδον)
πατταλεύω 8.36; 8.37
παῦλα 1.231; 2.490; 6.238
παύω 4.216. παύομαι 1.137; 2.432; 3.1;
3. 132; 3. 311; 3. 504; 4. 190; 5. 53;
5.157; 8.46
πάχος 9. 69
παχύς 5.452; 7.260; 7.407
πέδη : πέδαι 7. 3
πέδον 1.273; 4.274; 7.77; 8.324; 9.450
πεζός 2. 429. πεζῇ adv. 5. 482; 6. 82;
6.110
πειθαρχέω 7. 384
πείθω : ἔπειθον 9. 452; 9. 470. πείσω
3. 389. ἔπεισα 2. 280; 3. 356; 4. 171;
5. 215; 8. 287; 8. 332; 9. 230. πείθο-
μαι : πεισθείς 5. 19; 7. 363; 9. 225. πε-
πεισμένος 2. 88; 2. 413; 9. 271. πεποι-
θώς 5. 208
πειθώ 6. 419

ῥιψοκίνδυνος: ῥιψοκινδύνως 6. 424
ῥόδον 6. 293; 8. 471; 8. 472 bis
ῥοή 1. 150; 1. 249; 2. 180; 8. 48. ῥοαί
  1. 138; 1. 510
ῥοιά 6. 299
ῥόπαλον 1. 184
ῥοπή 6. 323; 6. 418
ῥοφάω 3. 36; 3. 37; 6. 491; 7. 46
ῥύομαι 4. 67; 7. 460; 8. 319; 8. 327; 9. 111
ῥυπαίνομαι 2. 179
ῥυτίς 8. 24
ῥώννυμι 8. 506. -μαι: ἔρρωσο 4. 73; 4. 504

σαθρός 3. 145; 7. 35
σαίρω: σεσηρός 4. 388
σαλεύομαι 4. 319 (τὸν νοῦν)
σαπρός 7. 35; 8. 44; 8. 291; 8. 396
σαπροσκελής 7. 430
σάπφειρος 4. 331
σαρκίον 1. 42; 1. 81; 2. 179; 7. 322; 8. 234;
  8. 443; 8. 478; 8. 495; 9. 71
σάρξ 1. 120; 2. 87; 3. 166; 5. 302; 6. 297;
  6. 304; 8. 239; 8. 446; 8. 452; 8. 505.
  σάρκες 8. 57; 8. 64; 8. 292; 9. 295
σατραπεύω 7. 30
σατράπης 3. 112; 3. 150; 3. 160; 3. 186;
  3. 188; 3. 195; 3. 266; 3. 277; 3. 320;
  3. 333; 3. 386; 3. 389; 3. 425; 4. 9; 4. 20;
  4. 23; 4. 105; 4. 129; 4. 134; 4. 299;
  4. 448; 4. 507; 5. 4; 5. 10; 5. 42; 5. 479;
  5. 506; 5. 508; 6. 52; 6. 81; 7. 450. σατρά-
  παιν 4. 216. σατράπαι 3. 183; 4. 92;
  4. 120; 4. 154; 4. 190; 4. 241; 4. 295;
  5. 46; 5. 203; 6. 108; 7. 451; 8. 125
σατραπικός 3. 467; 4. 18; 4. 115
σαυτοῦ v. σεαυτοῦ
σαφής 4. 442. σαφῶς 2. 61; 2. 68; 2. 71;
  3. 136; 3. 340; 8. 309
σβέννυμι 1. 147 (σβεννύει). -μαι 1. 408 (ἔσ-
  βετο)
σεαυτοῦ 1. 151; 1. 155; 2. 312; 6. 408;
  6. 442. σαυτοῦ 2. 167; 3. 217; 3. 396;
  4. 464; 4. 465; 7. 56; 8. 349
σέβω 2. 220; 7. 400; 7. 403; 7. 492. σέβομαι
  7. 397
σεισμός 3. 486
σεμνός 1. 60; 1. 250; 1. 364; 2. 66; 2. 77;
  2. 133; 2. 207; 2. 215; 5. 252; 8. 207;
  9. 164; 9. 245. σεμνῶς 7. 13

σεπτός 1. 40; 1. 277; 3. 249
σημεῖον 4. 438
σήμερον 3. 115
σθένος 3. 234
σιαγών 4. 382
σιγάω: σιγῶν 3. 322; 4. 82; 6. 343; 8. 3;
  9. 276
σιγή 7. 357; 8. 130; 9. 384
σιδηρένδυτος 5. 28 (στολή)
σίδηρος 9. 204
σιδηροῦς 1. 34; 6. 10; 6. 37; 7. 3
σίελον 3. 23; 3. 36; 3. 38; 3. 40
σιμόω 1. 228
σισαμοῦς 9. 422
σιτίον 2. 106
σιωπάω 1. 325
σιωπή 1. 365; 1. 369
σκαιός 6. 286. σκαιῶς 1. 255
σκαιωρία 2. 147; 9. 7; 9. 85
σκάφος 2. 21; 6. 230; 6. 498; 7. 35; 7. 40.
  σκάφη 1. 420; 6. 218; 9. 146
σκέλος: σκέλη 1. 428; 7. 343
σκέμμα 6. 14
σκέπη 1. 232
σκέπτομαι 5. 27; 9. 22 (σκεπτέον)
σκεῦος 5. 324; 7. 424
σκέψις 8. 1
σκῆπτρον: σκῆπτρα 4. 41; 7. 23
σκιά 1. 231; 3. 312. σκιαί 2. 331; 5. 76;
  7. 93
σκιαγράφος 2. 332
σκιρτάω 8. 391 bis
σκληρός 3. 113; 6. 287
σκολιός 9. 197
σκοπέω 2. 435; 7. 522; 9. 123; 9. 128;
  9. 141. -ομαι 2. 436. ἐσκοπημένως
  4. 422
σκοπός 5. 408; 7. 155; 9. 93; 9. 131; 9. 218;
  9. 254
σκοτεινός 1. 4; 7. 281
σκοτίζομαι 3. 12
σκότος, τό 5. 234; 5. 517; 7. 250; 9. 282. ὁ
  σκότος 7. 20. σκότῳ 4. 427 (οἱ ἐν
  σκότῳ); 9. 42. σκότον 2. 323; 6. 428
σκυθρωπάζω 4. 112
σκύλαξ 4. 169; 4. 179
σκυλεύω 3. 439; 5. 332; 5. 339. τὰ ἐσκυλευ-
  μένα 5. 255
σκῦλον: σκῦλα 1. 467

INDEX VERBORVM POTIORVM

6. 333; 6. 395; 6. 442; 7. 233; 7. 257;
8.60; 8.294; 8.456; 9.82; 9.347; 9.363;
9. 446. – στόμα τῆς μαχαίρας 1. 19;
2. 264; 5. 166; 5. 404; 6. 101. μάχης
στόμα 2. 256; 6. 7. πόντου (θαλάσσης)
στόμα 3. 454; 5. 48; 5. 240; 6. 181;
6. 219; 8. 312. φυλακῆς στόμα 3. 119;
3. 420; 5. 232
στόνος 8. 215
στορέννυμαι: ἐστορεσμένος 6. 259
στοχάζομαι 3. 376; 9. 415
στρατάρχης 1. 76; 4. 182; 4. 187; 5. 115
στράτευμα: στρατευμάτων 2. 204; 5. 179;
5. 239
στρατηγέτης 5. 236
στρατηγέω 2. 269
στρατηγία 2. 277; 5. 115; 5. 125; 5. 223;
5. 453. στρατηγίαι 2. 242
στρατηγός 2. 173
στρατιά 1. 71; 4. 18; 5. 184; 5. 267; 5. 477;
5. 503. στρατιαί 4. 445
στρατιώτης: στρατιῶται 4. 67; 4. 167;
5. 116
στρατός 4. 449; 4. 467; 4. 475; 5. 164;
5. 183; 5. 196; 5. 205; 5. 214; 5. 225;
5. 273. στρατοί 2. 273 bis; 9. 119
στρέμμα 2. 116
στρέφω 1. 70. -ομαι 1. 257; 1. 332; 1. 421;
3. 512; 9. 117 (στρεπτέον)
στροβέω 3. 401
στρουθίον: στρουθία 4. 139; 4. 147; 4. 159
στρουθοπάτωρ 4. 160; 5. 70
στρουθός: στρουθοί 4. 128; 4. 255; 4. 256
στρωμνή 1. 82; 2. 198
στρωφάομαι 6. 328
στυγνάζω 4. 94
στυγνός 1. 271; 2. 324
στωμυλία 1. 329
σύ 1. 155; 1. 261; 1. 290; 1. 426; 1. 508;
2. 83; 2. 296; 2. 396; 3. 171; 3. 221;
3. 231; 3. 239; 3. 258; 3. 466; 3. 480;
4. 49; 4. 106 bis; 4. 207; 4. 247; 4. 254;
4. 294; 4. 299; 4. 306; 4. 432; 4. 485;
6. 321; 6. 377; 6. 409; 6. 465; 6. 481;
7. 54; 7. 65; 7. 124; 7. 138; 7. 148; 7. 204;
7. 415; 7. 478; 7. 514; 8. 109; 9. 44; 9. 87;
9. 95; 9. 251; 9. 287. σοῦ 3. 220; 3. 355;
3. 523; 4. 65; 4. 475; 5. 427; 5. 508;
*6. 413; 7. 57; 7. 86; 7. 89; 7. 92; 7. 485;

8. 351; 9. 289. σοί 1. 218; 1. 247; 1. 287;
2. 36; 2. 76; 2. 456; 2. 479; 2. 485; 3. 96;
3. 168; 3. 218; 3. 291; 3. 337; 3. 349;
3. 358; 3. 389; 3. 398; 3. 456; 3. 506;
3. 521; 4. 48; 4. 246; 4. 250; 4. 264 bis;
4. 265 bis; 4. 266; 4. 269; 4. 270; 4. 271
bis; 4. 272; 4. 274 bis; 4. 275 bis; 4. 276
bis; 4. 277 bis; 4. 279 bis; 4. 280; 4. 281
ter; 4. 282 bis; 4. 284; 4. 285; 4. 286 bis;
4. 287; 4. 289 bis; 4. 290; 4. 292; 4. 428;
4. 435; 5. 485; 6. 55; 6. 85; 6. 266; 6. 267;
6. 296; 6. 443; 6. 464; 6. 467; 7. 90;
7. 110; 7. 111; 7. 400; 7. 405; 7. 426;
7. 469; 8. 269; 8. 272; 8. 273; 8. 328;
9.329; 8.494; 8.516; 9.86; 9.92; 9.122;
9. 288. σέ 1. 129; 1. 229; 1. 284; 1. 392;
2. 371; 3. 229; 3. 277; 3. 347; 3. 436;
3. 437; 3. 440; 3. 460; 3. 511; 4. 61;
4.249; 4.272; 4.425; 4.431; 6.95; 6.98;
6. 279; 6. 288; 6. 289; 6. 345; 6. 352;
6. 354; 6. 360; 6. 405; 6. 411; 6. 479;
6. 482; 6. 483; 6. 486; 6. 487; 6. 488;
6.489; 6.491; 7.19; 7.46; 7.47; 7.145;
7. 152; 7. 210; 8. 23; 8. 338; 8. 339;
8.341; 8.349; 8.358; 8.359; 9.30; 9.87;
9. 125; 9. 148; 9. 156; 9. 169; 9. 170;
9.176; 9.263; 9.167; 9.290; *9.291
συγγενής 3. 343; 3. 347; 3. 355; 4. 323;
5.283; 6.352; 6.451; 7.226. συγγενεῖς
1. 92; 3. 414; 5. 118; 8. 138
συγγενικός 6. 361
συγγεύομαι 2. 92
συγγηραλέος 9. 373
συγγνωστέος 5. 397
συγγνωστός 6. 457
συγκαθέζομαι 3. 99; 4. 119
συγκαθίζω 9. 387 (συγκαθιζήσαντες)
συγκαλέω 1. 296; 1. 316; 1. 334; 2. 49;
2. 53; 2. 60; 4. 52; 4. 418; 9. 376. -ομαι
5. 12
συγκαλύπτω 1. 264
συγκαταροφάω 6. 279
συγκατασπάω 5. 318; 6. 12
συγκαταστέλλω 1. 69
συγκατέχω: συγκατέσχον 3. 2; 3. 174;
3. 181; 3. 279; 3. 436; 3. 489; 4. 444;
5. 489
συγκατοικέω 3. 241
συγκινέω 3. 228 (πάντα κάλων); 3. 326;

218

INDEX VERBORVM POTIORVM

συναγείρω 4. 467 (συναγήγερκας)
συνάγω 4. 470 (συνῆξας); 5. 409
συναιχμάλωτος 3. 411; 7. 256; 8. 348
συναντάω 2. 230
συναποξενόομαι 1. 140
συνάπτω 2. 63; 3. 136; 3. 277; 5. 499;
8. 318; 9. 300. -ομαι 3. 356; 3. 365;
3. 524; 6. 149; 8. 181
συναρήγω 2. 402; 2. 415
συνατροφέω 8. 242
συναυλία 6. 451
συναφή 2. 282; 3. 452; 5. 276; 9. 183
σύνδεσις 2. 65
σύνδεσμος 8. 526
συνδετικός 3. 498
συνδέω 9. 108. -ομαι 1. 66; 3. 492; 6. 151;
6. 157; 6. 158
συνδοκέω 7. 484. συνδοκεῖ 7. 513; 9. 122;
9. 478. συνδοκοῦν 1. 352; 4. 312
σύνδουλος 7. 10; 7. 11
σύνδρομος 3. 234
σύνεγγυς 9. 100; 9. 440
συνεγκλείομαι: ὁ συνεγκεκλεισμένος 1. 83;
3. 355
συνέδριον 1. 405; 2. 236
σύνεδρος 1. 322; 8. 411
σύνειμι: συνών 3. 134; 8. 177
σύνειμι: συνιών 1. 317; 3. 460
συνείσειμι 8. 227
συνεκθνήσκω 5. 333
συνεκλείπω 3. 287; 6. 160; 7. 351
συνεκπήγνυμαι *6. 381
συνεκρήγνυμι 6. 56 (ψυχήν)
συνεκροφάω 3. 23
συνεκτέμνω 6. 204. -ομαι *6. 135
συνεκτικός 8. 458 (λόγος). συνεκτικώτερος
1. 51
συνέλκομαι 6. 323
συνεμπίπτω 2. 447; 5. 181
συνεμπλέκω 4. 361
συμεμπλέω 3. 61
συνέμπορος 2. 29; 2. 35; 2. 98
συνεξαλλάσσομαι 4. 89
συνεξεμέω 6. 68 (ψυχήν)
συνεορτάζω 9. 359
συνέπομαι 7. 110; 7. 111
συνεργάτις 5. 83
συνεργέω 4. 72
συνεργία 7. 241. θεῶν συνεργία 5. 206;

8. 147
συνεργός 2. 458; 5. 226
συνέρχομαι: συνῆλθον 2. 221; 2. 336; 3. 57;
3. 466. συνελθεῖν 3. 356; 3. 389; 3. 506;
4. 361; 5. 13; 6. 309; 6. 426; 7. 126;
8. 451
συνεσθίω 2. 75 (συμφάγω); 4. 247
συνευνέτης 8. 153
συνευνέτις 8. 154
συνεχής 6. 195; 6. 199
συνεχίζω 2. 470 (τὸν λόγον); *6. 74 (συνεχι-
στέον)
συνέχω 1. 94; 4. 56. συνέχομαι 1. 38; 4. 321
συνηγορέω 1. 348
συνήγορος 1. 321
συνήθης 1. 242; 4. 240
συντρεφής 3. 54
συνθολόω 2. 326; 3. 15
συνθρύπτω 1. 248; 2. 7; 4. 325; 4. 413;
6. 228; 6. 449; 8. 70
συνιζάνω 4. 388
συνίζω 9. 328
συνιστάω 2. 273; 4. 358
συνναγέω 6. 413
συννεώτερος *1. 511
συννοέω 3. 379; 8. 4
σύνοιδα 5. 493; 6. 355; 6. 356; 6. 359; 9. 45
συνοικέτης 1. 181
συνοικία 7. 140
συνοίχομαι 6. 55
συνομαρτέω 4. 322
συνούλωσις 4. 374
συνουσία 3. 262; 3. 275; 8. 176
συνοχή 3. 55
συνταγή 7. 367
συνταράσσω 3. 486. -ομαι 2. 446
συντελεστής 2. 476
συντελέω 3. 516
συντέμνω 3. 131; 8. 20
συντήκομαι 1. 81; 9. 6
συντίθεμαι 1. 170
συντρέφομαι 1. 116; 5. 163
συντρίβω 2. 276. -ομαι 5. 368
συντυγχάνω: συντυχών 8. 9; 9. 86
συνυφαρπάζω 4. 68
συρρήγνυμαι 2. 8; 5. 57
συρροή 2. 322
σῦς 5. 305
συσβέννυμι 2. 419

220

INDEX VERBORVM POTIORVM

8. 308. ἐφάνην 3. 65; 3. 323; 5. 200;
5. 369; 7. 14; 9. 366
φαλακρός 7. 432
φανερός 9. 349
φαντασία 7. 171; 8. 378; 8. 379; 9. 246
φάραγξ 1. 30
φάρμακον 3. 410; 9. 31. φάρμακα 9. 70
φαρμακτός 8. 199
φάρος 4. 3; 4. 219; 4. 271
φάρυγξ 4. 251
φάσις : φάσεις 2. 330; 3. 305
φάσκω 2. 137
φάσμα 2. 333; 3. 312; 8. 368; 8. 375;
9. 252; 9. 253. φάσματα 3. 27; 3. 306
φασματόομαι 9. 249. φασματούμενος
3. 20; 6. 366
φαῦλος 5. 394
φέγγος 6. 375
φείδομαι 3. 464; 5. 302
φέρω 1. 139; 1. 513; 2. 301; 3. 52; 3. 342;
4. 499; 7. 424; 8. 330; 9. 89. φέρει
1. 145; 1. 399; 2. 93; 2. 333; 2. 421;
2. 427; 3. 368; 3. 475; 4. 144; 5. 282;
7. 153; 8. 119. φέρων 2. 471; 6. 193;
7. 341. φέρειν 1. 128; 1. 355; 4. 193;
4. 502; 7. 385; 7. 495. ἤνεγκα 1. 333;
2. 368; 3. 193; 3. 226; 3. 232; 5. 181;
5. 368; 6. 360; 9. 209; 9. 364; 9. 481. ἡ
ἐνεγκοῦσα = μήτηρ 1. 139
φεῦ 1. 195 bis; 3. 122 bis; 3. 450 bis; 3. 508
bis; 6. 231; 7. 65; 7. 86; 7. 87; 8. 383 bis;
8. 489; 8. 493
φεύγω 5. 382; 5. 411; 7. 154. ἔφυγον
2. 182; 5. 398; 6. 87; 9. 104; 9. 255.
φυγών 3. 284; 5. 372; 5. 404; 6. 83;
7. 151; 8. 266; 9. 53. φυγεῖν 1. 409;
2. 183; 3. 413; 5. 220; 5. 337; 9. 256. πέ-
φευγα 5. 391; 6. 78. φευκτέον 9. 21;
9. 52
φευκτός 1. 330
φημί 1. 137; 1. 396; 1. 495; 1. 505; 2. 91;
2. 158; 2. 460; 2. 469; 3. 250; 3. 273;
3. 336; 4. 189; 4. 192; 4. 237; 5. 434;
6. 178; 7. 379; 7. 417; 7. 422; 8. 329;
8. 522; 9. 226; 9. 305. φάθι 7. 416.
φαίην 1. 52; 3. 255; 4. 61; 4. 205; 5. 197;
5. 199; 5. 222. ἔφην 1. 391; 1. 512;
2. 408; 2. 433; 2. 455; 2. 466; 3. 41; 3. 49;
3. 504; 3. 507; 4. 106; 4. 359; 5. 4; 5. 159;

6. 207; 6. 225; 6. 421; 7. 196; 7. 276;
7. 357; 7. 407; 7. 413; 7. 416; 7. 420;
7. 427; 7. 439; 7. 442; 7. 451; 7. 470;
7. 517; 8. 115; 8. 130; 8. 274; 8. 335;
8. 346; 8. 361; 8. 464; 8. 477; 9. 13; 9. 56;
9. 165; 9. 170; 9. 478. φήσας 7. 468. φά-
ναι 2. 437; 6. 51; 7. 344. φάμενος
1. 347; 4. 111; 5. 486; 8. 141; 9. 225
φθάνω 1. 158; 2. 430; 6. 318; 6. 499; 7. 145.
φθάσοι 5. 108; 6. 85. ἔφθασα 4. 39;
6. 173; 8. 93; 9. 239. φθάσας 1. 229;
3. 189; 3. 192; 3. 505; 5. 349; 5. 386;
6. 32; 6. 177; 8. 7; 8. 260; 9. 56; 9. 474.
φθάσασα 5. 133; 5. 142; 7. 158; 9. 142.
φθάσαντες 3. 77; *5. 437. φθάσαντα
3. 476; 5. 137; 9. 349
φθέγγομαι 7. 234
φθέγμα 2. 113
φθείρω 3. 484
φθινόπωρον *6. 302
φθίνω 6. 299
φθονέω 5. 162
φθόνος 1. 215; 6. 95; 6. 223; 6. 372; 7. 125;
8. 430; 8. 434; 9. 6; 9. 26; 9. 30; 9. 63;
9. 69. cf. Φθόνος
φθορά 2. 245; 3. 231
φθόρος 6. 124
φιάλη 3. 26; 3. 90; 4. 320; 4. 339; 4. 387;
4. 413; 8. 285; 9. 31
φιλανθρωπία 8. 51
φιλάνθρωπος 2. 460 (τύχαι); 9. 278 (φύσις)
φιλέω 2. 401; 4. 440; 7. 121; 8. 137. φιλέω
τὸ στόμα 3. 62; 3. 283; 7. 235; 8. 46;
8. 294; 9. 343; 9. 344; 9. 363; 9. 446. φι-
λούμενος 8. 214. φιλεῖ = solet 2. 327;
3. 3; 3. 314; 3. 495; 4. 322; 7. 263
φίλημα 4. 405. φιλήματα : φιλημάτων
3. 64; 3. 66; 3. 76; 6. 296; 7. 114; 8. 214;
9. 349
φιλία 4. 480; 4. 492; 9. 438
φιλογνώμων 2. 492
φιλόκτονος 5. 272
φιλοξένημα 3. 124
φιλόξενος 2. 137; 2. 492
φίλος = carus 1. 238; 1. 294; 2. 62; 2. 353;
2. 411; 3. 92; 3. 527; 6. 275; 7. 108;
7. 314; 8. 173; 8. 175; 9. 144. φίλε
2. 153; 2. 171; 2. 485; 3. 111; 9. 358. φί-
λοι 2. 477; 3. 415; 7. 78; 8. 138. φίλη

1. 239; 1. 435; 2. 357; 2. 464; 2. 477;
3.291; 5.119; 5.186; 6.275; 6.351 bis;
6.452; 6. 457; 7. 77; 7. 160; 7.292. *φί-*
λαι 4. 302. *φίλον* 1. 460; 3. 88; 7. 486.
φίλα 2. 345; 3. 101; 5. 119; 8. 424. *(ὁ)*
φίλος = amicus 1. 514; 2. 29; 2. 31;
2.33; 2.98; 2.468; 3.143; 4.45; 4.208;
5. 508; 9. 103. *(οἱ) φίλοι* 1. 92; 2. 56;
2. 91; 2. 458; 2. 468; 3. 142; 5. 243;
5. 244; 6. 452; 6. 502; 7. 243; 8. 386;
9.357; 9.394; 9.416; 9.471. *ὁ φίλτατος*
8. 298; 8. 398. *οἱ φίλτατοι* 4. 42;
7.120
φιλοσοφία 2. 434
φιλόσοφος : *φιλοσοφωτάτη* 9. 423
φιλόστοργος 1. 463
φιλότεκνος 6. 389
φιλοτιμία 5. 401
φιλότιμος 5. 38
φιλοφρονέω 4.107; 9.378 *(φιλοφρονητέον)*
φίλτρον 2.405; 3.34; 3.138; 4.450; 4.461;
5. 498; 7.113
φλεγμονή 4. 376
φλέγω 1.392; 3.237; 4.148; 4.149; 4.152;
4.153; 4.257; *8.202 (intrans.); 8.219.
φλέγομαι 4. 96; 8. 221
φλογίζω 2. 427; 8.225
φλόξ 1.103; 1.166; 1.374; 1.379; 1.388;
2. 418; 2. 473; 4. 150; 5. 148; 7. 488;
8. 123; 8. 124; 8. 222; 9. 283. *φλόγες*
3.482; 4.98; 7.70
φοβέομαι 4.93; 4.212
φόβος 1. 28; 1. 65; 1. 98; 1. 199; 2. 420;
3.123; 3.141; 4.79; 4.101; 4.438; 5.6;
5. 220; 5. 386; 5. 411; 7. 153; 7. 463;
7.470; 7.519; 8.6; 8.296; 9.243; 9.258.
φόβοι 7. 4
φοινικοῦς 8. 474
φονεύς 6. 350 bis
φονευτής 1. 261; 1. 316; 1. 358; 1. 383;
1. 387. *φονευταί* 9. 121
φονεύω 1.303; 6.98. -ομαι 3. 123; 4.310;
4.475
φόνος 1.205; 1.262; 1.287; 1.290; 1.295;
1. 301; 1. 305; 1. 344; 1. 370; 1. 376;
1. 392; 5. 311; 5. 319; 5. 325; 5. 329;
5. 366; 5. 368; 5. 379; 5. 387; 5. 440;
6. 35; 6. 94; 6. 464; 7. 349; 8. 52; 8. 55;
8.74; 8.81; 8.441; 9.47. *φόνοι* 1.361;

2. 266; 4. 446; 4. 471; 4. 487; 6. 117;
6.463; 7. 489; 8. 11; 8. 33; 9.284
φονουργία 1.111; 1.382; 1.398
φοράδην 4. 416
φορητέος 6. 444
φόρος : *φόροι* 4. 59; 4. 292
φορταγωγός : *ὁλκάς* 1. 12; 1.411
φορτίον 3. 477
φορτίς 1.74; 6.346; 6.497; 7.124; 7.244.
φορτίδες 4.285; 5. 129; 5. 471; 6. 207;
6.225
φόρτος 1.13; 1.74; 1.418; 5.130; 6.228;
9.152
φράζω 3.505; 7.305; 7.478; 9.124
φράσις 5. 190
φράττω *2. 272
φρενιτιάω 3. 11
φρήν : *φρενῶν* 3.256; 3.477; 3.497 *(ἐκστα-*
τικός); 5.341; 6.497; 8.442 *(ἔκστασις)*;
9.76 *(ἀφεστάναι). φρένας* 4.231 *(ἐκλε-*
λυμένος); 7. 265. *σεσύληται φρένας*
2.218; 4.426; 5.79
φρίσσω 1.228; 7.471; 7.519
φρονέω 5. 173; 7. 475. *τὸ φρονοῦν* 3. 12
φρόνησις 7. 456
φροντίζω 1.506 *(φροντιστέον)*; 3.525
φροντίς 1. 146; 7. 177; 9. 55. *φροντίδες*
2.322; 3.254
φροῦδος 6. 392
φρουρά 6.503; 7.281
φρουρέω 2.439; 4.34; 4.47
φυγάς 7. 245; 8. 479. *φυγάδες* 5. 383;
9.190; 9.227
φυγή : *φυγῆς* 9. 265. *φυγήν* 1. 91; 1. 413;
3. 59; 3. 424; 5. 348; 5. 375; 5. 390;
5.414; 6.31
φυχίον 8. 257 *(τῆς χαρᾶς)*
φύλαγμα 6. 384
φυλακή 1.143; 1.438; 1.448; 1.504; 2.27;
2. 178; 3. 119; 3. 244; 3. 271; 3. 405;
3. 420; 5. 232; 6. 288; 7. 20; 7. 250;
9.282. *φυλακαί* 7.2
φυλακίζομαι : *(ὁ) πεφυλακισμένος* 1. 436;
3.170; 3.431
φυλάκισσα 1. 178
φύλαξ 4.449. *φύλακες* 4.56; 5.231; 5.489
φυλάσσω 7. 193; 9. 438. -ομαι 3. 521;
7.204; 9.26 *(φυλακτέον)*
φυλλάς 3. 55

BIBLIOTHECA

SCRIPTORVM GRAECORVM ET ROMANORVM

TEVBNERIANA

£50.01